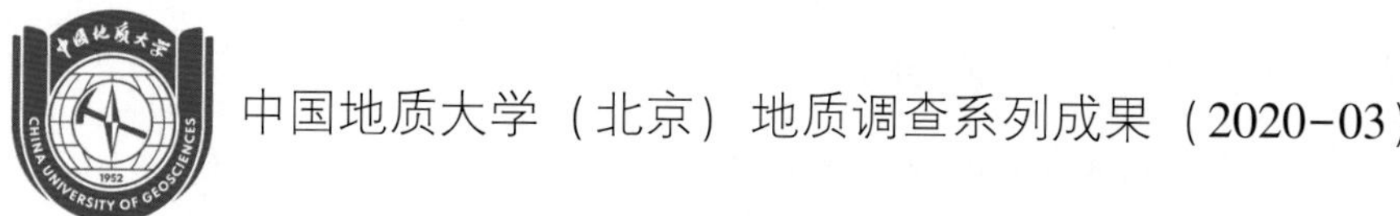

中国地质大学（北京）地质调查系列成果（2020-03）

中国镍矿典型矿床地球化学找矿模型集

龚庆杰　严桃桃　刘荣梅　吴　轩　向运川
李睿堃　夏　凡　李金哲　张　通　李花花　著

北　京
冶　金　工　业　出　版　社
2022

内 容 提 要

本书针对镍矿典型矿床地球化学找矿模型的建立，提出了从矿床基本信息、矿床地质特征、勘查地球化学特征构建典型矿床地球化学找矿模型的工作流程。在调研前人研究成果的基础上，确定了元素的边界品位，基于风化过程微量元素行为定量表征的经验方程，给出了确定微量元素异常下限及异常分级评价的地球化学七级异常划分方案，旨在利用元素背景值和边界品位两把标尺来确定和评价单元素地球化学异常。按照所提出的工作流程，建立了我国 15 个典型镍矿床的地球化学找矿模型，并汇集形成本书。

本书以实例形式阐述建立典型矿床地球化学找矿模型的工作流程，对产、学、研领域的广大地质工作者和高等院校矿床学、地球化学、资源勘查等专业的师生具有一定的参考价值。

图书在版编目(CIP)数据

中国镍矿典型矿床地球化学找矿模型集/龚庆杰等著.—北京：冶金工业出版社，2022.6

ISBN 978-7-5024-9148-2

Ⅰ.①中… Ⅱ.①龚… Ⅲ.①镍矿床—地球化学勘探—找矿模式—中国 Ⅳ.①P618.63

中国版本图书馆 CIP 数据核字(2022)第 074875 号

中国镍矿典型矿床地球化学找矿模型集

出版发行	冶金工业出版社	**电　　话**	(010)64027926
地　　址	北京市东城区嵩祝院北巷 39 号	**邮　　编**	100009
网　　址	www.mip1953.com	**电子信箱**	service@mip1953.com

责任编辑　王　颖　美术编辑　彭子赫　版式设计　郑小利

责任校对　王永欣　责任印制　李玉山

北京捷迅佳彩印刷有限公司印刷

2022 年 6 月第 1 版，2022 年 6 月第 1 次印刷

787mm×1092mm　1/16；12.25 印张；244 千字；187 页

定价 199.00 元

投稿电话　(010)64027932　投稿信箱　tougao@cnmip.com.cn

营销中心电话　(010)64044283

冶金工业出版社天猫旗舰店　yjgycbs.tmall.com

(本书如有印装质量问题，本社营销中心负责退换)

前　言

全国矿产资源潜力评价项目是我国矿产资源方面的一次重要的国情调查。区域地球化学调查获得的海量数据为全国矿产资源潜力评价提供了坚实的基础，如何应用区域地球化学资料来进行矿产资源潜力评价成为摆在化探工作者面前的紧迫任务。全国矿产资源潜力评价化探项目组提出了我国典型矿床地球化学建模的科研任务。为研究典型矿床地球化学建模的方法技术，中国地质调查局发展研究中心委托中国地质大学（北京）开展中国镍矿典型矿床地球化学建模的科研课题。自2012年至今，课题组在充分吸收前人研究成果的基础上，提出了从矿床基本信息、矿床地质特征、勘查地球化学特征构建典型矿床地球化学找矿模型的工作流程。基于所提出的工作流程，建立了我国15个典型镍矿床的地球化学找矿模型，并汇集形成本书。本书主体内容完成于2017年3月，在出版编辑过程中进行了部分完善和补充。

典型矿床地球化学建模（建立地球化学找矿模型）是针对已知典型矿床的地质特征和地球化学特征进行系统对照研究，在此基础上归纳总结出寻找该类矿床的地球化学找矿指标和评判依据。因此典型矿床地球化学建模的研究主要包括矿床的地质特征和勘查地球化学特征两个方面的内容，勘查地球化学特征则主要是阐述地球化学找矿指标及其定量评判依据。

典型矿床地球化学建模是基于特定的研究对象，即某一研究程度相对较高的矿床来开展工作的，因此矿床的基本信息首先需要明确。针对某一典型矿床，其基本信息主要包括经济矿种、矿床名称、行政隶属地、矿床规模、经济矿种（与伴生矿种）资源量、矿体出露状态等信息。矿床地质特征主要包括区域地质特征、矿区地质特征、矿体地质特征、勘查开发概况和矿床类型等方面的内容。勘查地球化学特征主要包括区域化探、化探普查、土壤化探详查和岩石地球化学勘查等方面的内容。针对矿床基本信息、矿床地质特征和勘查地球化学特征三个方面的内容最终简化归纳为一个简表，作为典型矿床地球化学模型集数据库的一条记录，本书包含了我国15个典型镍矿床的地球化学找矿模型记录。

在调研前人研究成果的基础上，本书收集、归纳并提出了29种微量元素的边界品位，基于风化过程微量元素行为定量表征的经验方程，提出了确定微量元素异常下限及异常分级评价的地球化学七级异常划分方案，旨在基于元素背景值和边界品位这两把标尺来确定和评价单元素地球化学异常。这是典型矿床地球化学建模的核心技术，该技术成果于2018年在《全国矿产资源潜力评价化探资料应用研究》专著和国际期刊 *Journal of Geochemical Exploration* 上进行了报道。

本书是在项目研究基础上系统归纳总结而成的。编写分工为前言由龚庆杰、向运川编写；第1章由龚庆杰、严桃桃编写；第2章由龚庆杰、刘荣梅、吴轩编写；第3章由李睿堃、夏凡、李金哲、张通、李花花编写；第4章由龚庆杰、严桃桃编写。全书由龚庆杰、严桃桃统稿。

本书内容所涉及的工作和研究是在中国地质调查局、中国地质调查局发展研究中心等相关领导和专家的指导下开展的。中国地质调查局牟绪赞、奚小环，中国地质科学院地球物理地球化学勘查研究所任天祥、张华，中国地质大学（武汉）马振东，中国地质大学（北京）汪明启、刘宁强、冯海艳、毛健、姜涛、张明涛等对本书内容涉及的有关项目研究给予了大力支持和指导，提出了许多宝贵的建议和修改意见。对以上单位和个人，在此一并表示衷心的感谢！

由于作者水平所限，书中疏漏和不妥之处，敬请广大读者批评指正。

作　者

2021年12月

目　　录

1 中国镍矿床概论

矿床是指在地壳中由地质作用形成的，其所含有用矿物资源的数量和质量，在一定的经济技术条件下能被开采利用的综合地质体（翟裕生等，2011）。矿床的这一概念包含矿床的产出空间、矿床的成因、矿石矿物、矿石品位、矿床规模、矿体形态等方面的内容，本章从勘查地球化学的视角对我国镍矿床进行概述。

1.1 镍矿床基本术语

1.1.1 矿石矿物

矿石矿物是指可被利用的金属和非金属矿物，也称有用矿物；脉石矿物是指矿体中不能被利用的矿物，也称无用矿物；矿石矿物与脉石矿物的划分是相对于一个具体的矿床而言的（翟裕生等，2011）。针对镍矿床而言，矿石矿物即为镍矿物和含镍的矿物。

目前在地壳中发现近 20 种含镍矿物，其中以硫化物形式存在的有镍黄铁矿、紫硫镍铁矿、针镍矿、硫镍矿、方硫镍矿、马基诺矿等；以砷化物形式存在的有红砷镍矿、砷镍矿、辉砷镍矿等；以硅酸盐形式存在的有镍绿泥石、绿高岭石、暗镍蛇纹石等；以氧化物形式存在的有绿镍矿、镍磁铁矿等；以硫酸盐形式存在的有镍矿、碧矾等；以碳酸盐岩形式存在的有翠镍矿等（DZ/T 0214—2002）。

在中国主要镍矿床中，与镍矿物经常共生的常见金属矿物主要有黄铜矿、方黄铜矿、墨铜矿、磁黄铁矿、砷钴矿、闪锌矿、方铅矿、钛铁矿、铬尖晶石、锐钛矿、白铁矿、褐铁矿、赤铁矿、自然金、沥青铀矿、辉钼矿等（DZ/T 0214—2002）。

相对于上陆壳岩石、地表土壤和水系沉积物而言，上述近 20 种含镍矿物及与其常见共生矿物所涉及的微量元素有 Ni、Co、Cr、As、Cu、Au、Pb、Zn、U、Mo、S 共 11 种，涉及的主量元素有 Fe、Mg、CO_2。我国区域地球化学调查所分析的 39 种元素包含有 Ni、Co、Cr、As、Cu、Au、Pb、Zn、U、Mo、Fe、Mg 这 12 种元素，且 Fe、Mg 通常以氧化物（Fe_2O_3、MgO）形式表示（向运川等，2010）。从勘查地球化学的视角来看，若不考虑主量元素，上述 Ni、Co、Cr、As、Cu、Au、Pb、Zn、U、Mo 计 10 种微量元素均有可能成为镍矿勘查的找矿指示元素。

1.1.2 矿石品位

矿石品位是指矿石中有用组分的含量，一般用质量分数（%）来表示；但因矿种不同，矿石品位的表示方法也不同（翟裕生等，2011）。

1.1.2.1 镍矿石品位

针对镍矿床而言，矿石品位是指矿石中 Ni 的质量分数，通常以%表示。按照

DZ/T 0214—2002 行业标准，原生矿石的边界品位一般为 0.2%～0.3%，最低工业品位一般为 0.3%～0.5%。在勘查地球化学中对单个样品评价其是否为矿样时，建议取上述品位的最小值 0.2% 作为划分矿与非矿的界限，即镍的边界品位（或最低可采品位）为 0.2%（或 2000μg/g）。

1.1.2.2　伴生有益组分的品位

伴生有益组分是指除主要经济矿种外，矿石中可综合利用的组分或能改善冶炼产品性能的组分。按照 DZ/T 0214—2002 行业标准，镍矿床伴生有益组分的边界品位参考值见表 1-1。

表 1-1　镍矿床伴生有益组分的边界品位参考值　（μg/g）

组分	Co	Au	Ag	Pt	Pd	Os	Ru	Rh	Se	Te	Mo	Bi	Cu	As	Sb	V	U
含量	100	0.05	1.0	0.03	0.03	0.02	0.02	0.02	6	2							

注：据 DZ/T 0214—2002 行业标准。

上述伴生有益组分涉及的微量元素有 17 种，其中 Cu、Co、V、Au、Ag、Mo、Bi、As、Sb、U 共 10 种元素包含在我国区域地球化学调查分析的 39 种元素之中，因此这 10 种微量元素均有可能成为镍矿勘查的找矿指示元素。

若将矿石矿物中所涉及的 10 种微量元素与伴生有益组分中所涉及的 10 种微量元素合并，则共有 Ni、Co、V、Cr、Cu、Au、Ag、As、Sb、Pb、Zn、Mo、Bi、U 14 种元素均有可能成为镍矿勘查的找矿指示元素。

1.1.3　矿床规模

矿床规模通常采用矿床主经济矿种的矿产资源储量规模来表示。针对镍矿床而言，矿床规模通常用 Ni 的资源储量来划分。

按照国土资源部 2000 年 4 月 24 日发布资料，镍资源量大于 10 万吨为大型矿床，介于 2 万～10 万吨为中型矿床，小于 2 万吨为小型矿床。除大型、中型和小型三种规模之外，还有超大型和矿点两级别矿床。超大型矿床是指储量达到大型矿床最低标准储量 5 倍以上的矿床，如超大型镍矿床 Ni 的储量应达 50 万吨以上。矿点和小型矿床之间尚无规定的划分标准，按照陈毓川和王登红（2010b）的观点，矿点是指储量不及小型矿床最高储量 1/10 者，如镍矿点的 Ni 储量应小于 0.2 万吨。

1.1.4　矿体形态

矿体是地壳演化过程中形成的、占有一定空间位置（具有一定几何形态），并由矿石（可有部分夹石）组成的地质体，它是矿床的基本组成单位，是开采和利用的对象（翟裕生等，2011）。矿体形态是指矿体在地壳中占据三度空间（位置）的几何状态，如层状、脉状、透镜状等。

针对镍矿床而言，常见的矿体形态主要有似层状、透镜状、脉状、网脉状、层状、扁豆状、巢状等（DZ/T 0214—2002）。

1.1.5　矿体产状

矿体产状是指矿体产出的空间位置和地质环境，它主要包括矿体的空间位置、矿体的

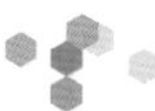

埋藏情况、矿体与围岩层理和片理的关系、矿体与岩浆岩的空间关系、矿体与控矿构造的空间关系等（翟裕生等，2011）。对于脉状、似脉状、层状、似层状矿体，矿体的空间位置一般是由矿体的走向、倾向和倾角三个产状要素来确定。

矿体的埋藏情况或矿体的出露状态一般直接影响地球化学勘查的难易程度，从勘查地球化学视角可将矿体的出露状态划分为三种类型：出露矿体、半出露矿体和隐伏矿体。出露矿体是指矿体遭受剥蚀直接暴露到地表，即赋矿介质（岩石、土壤或沉积物）中有用组分的含量大于等于边界品位（如镍含量不小于2000μg/g）。隐伏矿体是指不仅矿体（如镍含量不小于2000μg/g）在地表不出露，而且矿体的地球化学晕（指主成矿元素或其伴生有益元素的含量大于等于其异常下限，但小于其边界品位的介质）也不出露于地表。半出露矿体是指出露状态介于出露矿体与隐伏矿体之间的矿体，即矿体在地表不出露，但矿体的地球化学晕在地表出露。

1.1.6 矿石组构

矿石的结构和构造可统称为矿石的组构（翟裕生等，2011）。

针对镍矿床而言，常见的矿石结构主要有他形-半自形粒状结构、他形粒状结构、粒状嵌晶结构、固溶体分离结构、乳滴状结构、交代熔（或溶）蚀结构、交代残余结构、交代条纹结构等，矿石的构造主要有浸染状构造、斑点状构造、斑杂状构造、海绵晶铁状构造、细脉浸染状构造、脉状构造、网脉状构造、块状构造、角砾状构造等（汤中立等，1994）。

1.1.7 围岩蚀变

围岩有两重含义，一是指侵入体周围的岩石，二是指矿体周围的岩石。矿床学中主要指后者，即围岩是指在当前技术经济条件下矿体周围（包括顶底板）无实际开采利用价值的岩石（翟裕生等，2011）。矿体与围岩的界线可以是清晰的（如脉状矿体），也可以是模糊、逐渐过渡的（如斑岩型矿床的矿体）。在一般情况下，矿体和围岩的边界是通过系统的取样分析，根据一定的工业指标圈定的。

针对镍矿床而言，常见的围岩蚀变因矿床类型不同而存在明显差异。例如，对于岩浆就地熔离矿床其矿体与围岩呈渐变过渡关系，对于岩浆深部熔离-贯入矿床其矿体与围岩呈突变接触，形成截然的界线或穿插关系。常见围岩蚀变主要有蛇纹石化、碳酸盐化、滑石化、绿泥石化等（汤中立等，1994）。

1.2 镍矿床分类

对于矿床学来说，分类问题始终是研究的一个重要问题（翟裕生等，2011）。针对镍矿床，其分类仍是值得探讨和完善的问题。

1.2.1 镍矿床成因分类

对于镍矿床分类，一般是按其成因划分为岩浆熔离矿床、热液矿床、风化矿床。汤中立等（1994）在《中国矿床（上册）》第四章的中国镍矿床中，将镍矿床按成因不同划分为岩浆熔离矿床和风化壳矿床两大类。针对岩浆熔离矿床，按照熔离作用发生的场所不同划分为就地熔离矿床和深部熔离-贯入矿床两个亚类。针对深部熔离-贯入矿床亚类，再按照成矿方式不同进一步划分为单式贯入、复式贯入、脉冲式贯入和晚期贯入四个次类。针对晚期贯入次类，再依据围岩与矿浆的生成关系划分为岩内贯入矿床和岩外贯入矿床两个小类。

上述镍矿床分类没有热液矿床类型，但其分类方案在1999年科学出版社出版的《中国矿情　第二卷：金属矿产》第十章的镍矿中继续被采用（项仁杰，1999）。

1.2.2 镍矿床工业分类

由于镍矿床的成因分类方案在工业生产及找矿实践中存在使用局限性，矿床研究者提出了镍矿床的工业分类方案。按照DZ/T 0214—2002行业标准，镍矿床的工业分类可以划分为4类，其具体地质特征、矿体形状及矿床实例见表1-2。

表1-2　中国镍矿床主要工业类型简表

矿床工业类型	成矿地质特征	矿体形状	矿床实例
超基性岩铜镍矿	产于超基性岩体的中、下部或分布在脉状岩体中	似层状、不连续大透镜状、大脉状	甘肃金川、吉林红旗岭、四川力马河
热液脉状硫化镍-砷化镍矿	产于中酸性岩体裂隙及其与围岩的接触带	脉状、网脉状、似层状、透镜状、管状	辽宁柜子哈达、万宝钵
沉积型硫化镍矿	分布于黑色页岩中，沿层产出	层状、透镜状、扁豆状	湖南大浒
风化壳型镍矿	产于超基性岩风化残坡积层中	层状、似层状、巢状	云南墨江

注：据DZ/T 0214—2002。

上述镍矿床的工业分类方案将镍矿床成因分类方案中的岩浆熔离矿床不再细分，统一归入超基性岩铜镍矿中；同时又增加了热液脉状硫化镍-砷化镍矿、沉积型硫化镍矿两种类型。

镍矿床成因分类中的岩外贯入矿床（属于岩浆深部熔离-晚期贯入矿床）对围岩没有特殊选择性，矿体若以脉状硫化物产出时，其类型容易与热液脉状硫化镍-砷化镍矿床类型相混淆。但从工业类型角度来看，岩外贯入型矿床可划入热液脉状硫化镍-砷化镍矿床类型中。

1.2.3 镍矿产预测类型

在“全国矿产资源潜力评价”项目开展过程中，针对大范围的成矿区带研究，陈毓川和王登红（2010a）在镍矿床成因类型和工业类型研究的基础上提出了镍矿产预测类型划分方案，将划分“矿床类型”更改为划分“矿产预测类型”，这是从预测的角度对矿产资源的一种分类方案。该方案将镍矿产预测类型划分为三个类型：基性-超基性铜-镍硫化物型、海相沉积型和风化壳型，该分类方案中没有单独划分出热液脉状硫化物型矿床。

上述分类方案将矿床成因分类和矿床工业分类相结合，便于矿产勘查和成矿规律研究。因此在“全国矿产资源潜力评价”项目开展过程中所制定的《重要矿产和区域成矿规律研究技术要求》（陈毓川和王登红，2010b）中基本采用该分类方案。但技术要求

中：(1) 采用“岩浆型”较粗略的表述，而不是“超基性岩铜镍矿”；(2) 增加“热液型”较粗略表述的分类，而不是“热液脉状硫化物”；(3) 依据各类型矿床在全国镍矿产资源中的重要性划分出主要、重要和次要三个级别，并给出典型矿床实例。下面以陈毓川和王登红（2010b）的分类方案为基础，参考陈毓川和王登红（2010a）、DZ/T 0214—2002、汤中立等（1994）中的分类成果，形成镍矿床的划分方案（见表 1-3），以供典型矿床地球化学建模参考使用。

表 1-3 中国镍矿床分类方案

重要性	矿床类型	矿 床 实 例
主要	基性超基性岩铜镍矿	吉林红旗岭、吉林赤柏松、河北铜硐了、广西大坡岭、云南白马寨、四川力马河、四川丹巴、甘肃金川、新疆喀拉通克、新疆黄山东
重要	沉积型镍矿	湖南大浒、湖南大庸天门山
	风化壳型镍矿	云南墨江（硅酸镍型）
次要	热液脉状镍矿	辽宁柜子哈达、万宝钵

1.3 镍矿床分布特征

本研究在中国地质调查局全国矿产地信息数据库的基础上增加省级潜力评价地球化学建模的典型矿床，共整理收集 129 处镍矿产地信息。本节从镍矿床数量—储量关系和空间分布等方面来探讨中国镍矿床的分布特征。

1.3.1 矿床数量—储量关系

本研究所收集的 120 处镍矿产地按照矿床规模划分其结果见表 1-4。

表 1-4 中国镍矿床规模划分统计

矿床规模	最低储量①	矿床个数	累计矿床个数	折算累计矿床个数
超大型矿床	50	3	3	3
大型矿床	10	12	15	12+3×(50/10)= 27
中型矿床	2	7	22	7+27×(10/2)= 142
小型矿床	0. 2	33	55	33+142×(2/0. 2)= 1453
矿点	0. 04②	65	120	65+1453×(0. 2/0. 04)= 7330

①划分标准参考 1. 1. 3 小节，镍储量单位为万吨；②储量按照小型矿床最低储量的 1/5 计算。

在 120 个矿床（点）中，超大型矿床有 3 个，占 2. 5%；大型矿床有 12 个，占 10. 0%；中型矿床有 7 个，占 5. 83%；小型矿床有 33 个，占 27. 5%；矿点有 65 个，占 54. 2%。

假设以某一规模矿床的最低储量来标记该类矿床每个矿床的储量，则矿床的储量与个数按照多重分形的表述（Cheng et al.，1994；李长江和麻土华，1999；Li et al.，2002）为：

$$n(r \leqslant R) \propto R^{-\alpha_1} \quad 或 \quad n(r > R) \propto R^{-\alpha_2} \tag{1-1}$$

式中，$n(R)$ 为具有储量值小于等于（或大于）给定储量 r 的矿床个数，依照表 1-4 中标

准 r 的取值分别为 0.04、0.2、2、10 和 50；α_1 和 α_2 是与最大奇异指数有关的指数。

中国镍矿床储量与个数的关系如图 1-1 所示。

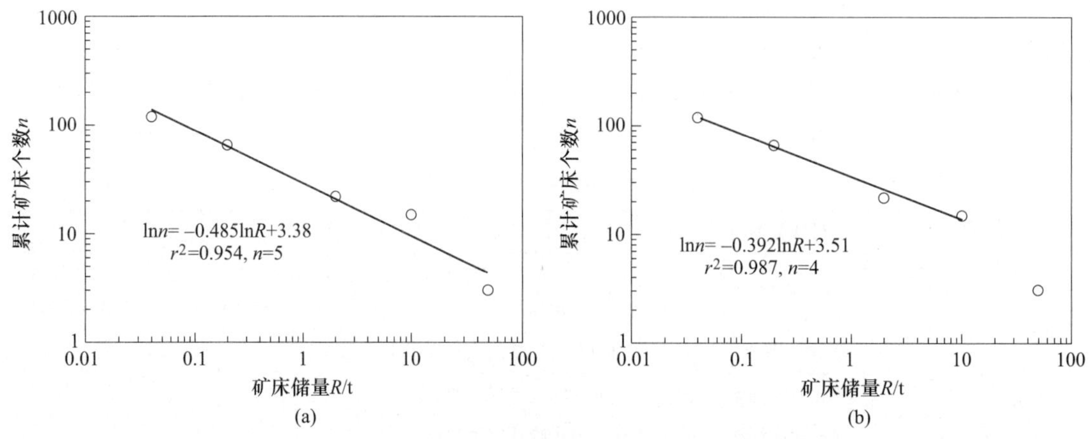

图 1-1 中国镍矿床储量与个数的关系

（a）5 点拟合；（b）分段拟合

图 1-1（a）中 5 点拟合虽然达到 $\alpha=0.05$ 的统计显著性检验水平，但未达到 $\alpha=0.01$ 的统计显著性检验水平，且从视角上来看仍存在拟合不理想的情况。图 1-1（b）采用分段拟合，即区分分形标度区间采用多重分形来拟合，拟合结果也是仅达到 $\alpha=0.05$ 的统计显著性检验水平，但未达到 $\alpha=0.01$ 的统计显著性检验水平。

若仍以某一规模矿床的最低储量来标记该类矿床每个矿床的储量，则矿床的储量与个数按照分形的表述（Mandelbrot，1967；Turcotte，1993；Cheng et al.，1996；韩东昱等，2004）为：

$$n(r=R) \propto R^{-D} \tag{1-2}$$

式中，$n(R)$ 为采用储量 r 值来测算所有矿床储量时所获得的矿床个数（如 1 个超大型矿床相当于 5 个大型矿床），依照表 1-4 中标准 r 的取值分别为 0.04、0.2、2、10 和 50；D 为分形的分维，相对于曲线或曲面的数盒子分维或元素含量—总量法分维。

中国镍矿床储量与个数的分形关系如图 1-2 所示。

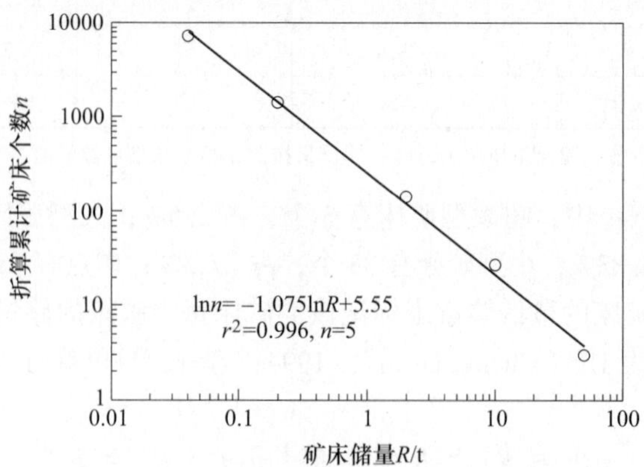

图 1-2 中国镍矿床储量与个数的分形关系

图 1-2 中 5 点拟合不仅达到 $\alpha=0.01$ 的统计显著性检验水平，而且也满足分形的理论模型，其分形表达式为：

$$\ln n = -1.075\ln R + 5.55 \tag{1-3}$$

可以用来定量刻画中国镍矿床的储量与矿床数量（按照储量折算的矿床个数）之间的关系。

1.3.2 矿床在省级行政区中的分布

本研究所收集的 120 处镍矿产地在我国省级行政区中的分布见表 1-5。

表 1-5 中国镍矿床在省级行政区中的分布统计

数字代码	名称	矿床个数	数字代码	名称	矿床个数	数字代码	名称	矿床个数
11	北京市	—	35	福建省	—	53	云南省	18
12	天津市	—	36	江西省	3	54	西藏自治区	—
13	河北省	—	37	山东省	—	61	陕西省	8
14	山西省	1	41	河南省	2	62	甘肃省	11
15	内蒙古自治区	10	42	湖北省	1	63	青海省	10
21	辽宁省	1	43	湖南省	4	64	宁夏回族自治区	—
22	吉林省	8	44	广东省	—	65	新疆维吾尔自治区	11
23	黑龙江省	2	45	广西壮族自治区	6	71	台湾省	—
31	上海市	—	46	海南省	—	81	香港特别行政区	—
32	江苏省	—	50	重庆市	—	82	澳门特别行政区	—
33	浙江省	6	51	四川省	13			
34	安徽省	2	52	贵州省	3			

注：省级行政区数字代码源自 GB/T 2260—2007；—代表尚未收集到镍矿产地信息。

在中国 34 个省级行政区内，目前在北京市、天津市、河北省、上海市、江苏省、福建省、山东省、广东省、海南省、重庆市、西藏自治区、宁夏回族自治区、台湾省、香港和澳门特别行政区尚未收集到相关镍矿产地信息。在其余 19 个省级行政区内，云南省境内已发现镍矿产地最多，达 18 处；在山西省、辽宁省、湖北省境内已发现镍矿产地最少，仅为 1 处。

在表 1-5 已发现镍矿产的 19 个省级行政区中，发现镍矿产地最多（前 4 名）的分别为云南省、四川省、甘肃省和新疆维吾尔自治区，其矿产地个数均在 11 个以上，其中前 4 名累计发现镍矿产地 53 处，占总共 120 处的 44.2%。若按照大区划分，则前 2 个大区为西北和西南，其矿产地个数分别为 40 个和 34 个，2 个大区累计发现镍矿产地 74 处，占总共 120 处的 61.7%。

1.3.3 矿床在成矿省中的分布

本节采用徐志刚等（2008）中国成矿区带划分方案，强调以大地构造背景和成矿构造环境为基础，将中国划分出 4 个成矿域、17 个成矿省和 94 个成矿区带。

全国4个一级成矿域按照编号分别为1古亚洲成矿域、2秦祁昆成矿域、3特提斯成矿域和4滨太平洋成矿域。全国17个二级成矿省编号及名称见表1-6。此处编号采用3位编码，第1位为成矿域编码，第2~3位为成矿省编码，序号与徐志刚等（2008）的序号一致，即从01~17。

本研究所收集的120处镍矿产地在我国成矿省中的分布见表1-6。

表1-6　中国镍矿床在成矿省中的分布统计

编码	成矿省名称	矿床个数	编码	成矿省名称	矿床个数
101	阿尔泰成矿省	—	310	冈底斯-腾冲成矿省	—
102	准噶尔成矿省	6	311	喜马拉雅成矿省	—
103	伊犁成矿省	1	412	大兴安岭成矿省	2
104	塔里木成矿省	4	413	吉黑成矿省	9
205	阿尔金-祁连成矿省	15	414	华北成矿省	13
206	昆仑成矿省	5	415	扬子成矿省	43
207	秦岭-大别成矿省	7	416	华南成矿省	8
308	巴颜喀拉-松潘成矿省	—	417	中国海区成矿省	—
309	喀喇昆仑-三江成矿省	7			

注：编码第1位为成矿域序号，第2~3位为成矿省序号；—代表尚未收集到镍矿产地信息。

在中国17个成矿省内，目前在阿尔泰成矿省、巴颜喀拉-松潘成矿省、冈底斯-腾冲成矿省、喜马拉雅成矿省和中国海区成矿省内尚未收集到相关镍矿产地信息。在其余12个成矿省区内，扬子成矿省内已发现镍矿产地最多，达43个；在伊犁成矿省内已发现镍矿产地最少，仅为1处。

在表1-6的12个成矿省中，发现镍矿产地最多的前3个成矿省分别为扬子成矿省、阿尔金-祁连成矿省和华北成矿省，其矿产地个数均在13个以上，前3个成矿省累计发现镍矿产地71处，占总共120处的59.2%，即镍矿产地主要集中分布在中国中部地区。

1.3.4　矿床在地球化学省中的分布

根据全国矿产资源潜力评价化探资料应用研究成果，全国共划分出5个地球化学域和25个地球化学省（向运川等，2014）。全国5个一级地球化学域按照编号分别为1古亚洲地球化学域、2秦祁昆地球化学域、3特提斯地球化学域、4扬子地球化学域和5滨太平洋地球化学域。全国25个二级地球化学省编号采用3位编码，第1位为地球化学域编码，第2~3位为地球化学省编码，见表1-7。

本研究所收集的120处镍矿产地在我国地球化学省中的分布见表1-7。

在全国25个地球化学省内，目前在阿尔泰地球化学省、阴山地球化学省、浑善达克沙地地球化学省、伏牛山-大别山地球化学省、阿尼玛卿山地球化学省、唐古拉山地球化学省、喜马拉雅山地球化学省、山东丘陵地球化学省和巫山-雪峰山地球化学省内尚未收集到相关镍矿产地信息。在其余16个地球化学省区内，大雪山-哀牢山地球化学省内已发现镍矿产地最多，达22个；祁连山-昆仑山地球化学省内次之，达21处；在准噶尔地球化学省、大兴安岭地球化学省、冈底斯山-念唐-腾冲地球化学省和四川盆地地球化学省内

已发现镍矿产地最少，均仅为 1 处。

在表 1-7 已发现镍矿产的 16 个地球化学省中，发现镍矿产地最多的前 4 名分别为大雪山-哀牢山地球化学省、祁连山-昆仑山地球化学省、秦岭地球化学省和长白山-小兴安岭地球化学省，其矿产地个数均在 10 个以上，其中前 4 名累计发现镍矿产地 66 处，占总共 120 处的 55. 0%。

表 1-7 中国镍矿床在地球化学省中的分布统计

编码	地球化学省名称	矿床个数	编码	地球化学省名称	矿床个数
101	阿尔泰地球化学省	—	314	冈底斯山-念唐-腾冲地球化学省	1
102	准噶尔地球化学省	1	315	喜马拉雅山地球化学省	—
103	天山地球化学省	9	316	大雪山-哀牢山地球化学省	22
104	内蒙古高原地球化学省	6	417	四川盆地地球化学省	1
105	阴山地球化学省	—	418	大凉山-乌蒙山-大娄山地球化学省	6
106	浑善达克沙地地球化学省	—	419	苗岭-六诏山地球化学省	5
107	大兴安岭地球化学省	1	520	长白山-小兴安岭地球化学省	10
208	祁连山-昆仑山地球化学省	21	521	东北-华北平原地球化学省	4
209	秦岭地球化学省	13	522	黄土高原地球化学省	3
210	伏牛山-大别山地球化学省	—	523	山东丘陵地球化学省	—
311	阿尼玛卿山地球化学省	—	524	巫山-雪峰山地球化学省	—
312	巴颜喀拉山-无量山地球化学省	4	525	华南丘陵地球化学省	13
313	唐古拉山地球化学省	—			

注：编码第 1 位为地球化学域序号，第 2~3 位为地球化学省序号；—代表尚未收集到镍矿产地信息。

2 地球化学找矿模型概论

地球化学找矿模型研究由来已久，其目的是从已知区归纳总结出地球化学找矿标志，为未知区或预测区地球化学找矿提供找矿指标和评判依据。马振东等（2014）对我国地球化学找矿模型的历史沿革进行分析后认为，以往所建立的地球化学找矿模型多是描述性的地球化学异常模型，且缺乏多介质、多参数指标的系统分析。全国矿产资源潜力评价化探工作组于2012年9月在长春召开的潜力评价化探资料应用技术研讨会上，提出了典型矿床地球化学建模的研究内容与技术方法。本章从典型矿床地球化学建模的研究内容与技术方法等方面进行概述。

2.1 典型矿床地球化学建模的研究内容

典型矿床地球化学建模（建立地球化学找矿模型）是针对已知典型矿床的地质特征和地球化学特征进行系统对照研究，在此基础上归纳总结出寻找该类型矿床的地球化学找矿指标和评判依据（龚庆杰等，2015）。因此典型矿床地球化学建模的研究主要包括矿床的地质特征和勘查地球化学特征两方面的内容，勘查地球化学特征主要阐述地球化学找矿指标及定量评判依据。

2.1.1 矿床基本信息

典型矿床地球化学建模是基于特定的研究对象，即某一研究程度相对较高的矿床来开展工作的，因此矿床的基本信息需要明确。针对某一典型矿床，其基本信息主要包括经济矿种、矿床名称、行政隶属地、矿床规模、经济矿种（与伴生矿种）资源量、矿体出露状态等信息。以甘肃金昌金川铜镍矿床为例，该典型矿床所需明确的基本信息见表2-1。

2.1.2 矿床地质特征

矿床地质特征主要包括区域地质特征、矿区地质特征、矿体地质特征、勘查开发概况、矿床类型和地质特征简表六个方面的内容。

2.1.2.1 区域地质特征

简述矿床所在的地理位置，即表2-1中的行政隶属地，此处可详细至乡镇级，或距某地某方向多少千米处。指出矿床在成矿带划分上位于哪个三级成矿带或成矿亚带。三级成矿带或亚带的划分采用徐志刚等（2008）的划分方案。

研究区的范围可选择以研究对象为中心的30km×30km区域，该范围相当于矿集区的范围（陈毓川和王登红，2010a），同时也是下文1：200000区域化探数据所涉及的范围。区域地质图建议从1：1000000（或1：200000）地质图中裁剪出30km×30km的区域，按1：300000比例尺绘制图件（宽度为10cm），图名为“×××矿区域地质图”。

结合上述裁出的区域地质图，简述研究区存在哪些地层，岩性在区域地质图图注中给出，此处正文主要描述赋矿建造。简述研究区岩浆岩的发育特征，可给出与成矿关系密切的岩浆岩的成岩年龄等信息。简述研究区构造发育特征，主要描述控岩控矿构造的特征。简述研究区矿产分布特征，关注除目标典型矿床外是否还存在其他矿床等信息。

上述区域地质特征有助于该区 1∶200000 区域地球化学异常特征的解释和评价。

表 2-1　矿床基本信息表

序号	描述的项目	示例	项目描述内容的说明
0	矿床编号	621901	采用省代码①+元素编码②+两位数序号表示
1	经济矿种	镍、铜	如镍、铜镍、镍钼等
2	矿床名称	甘肃金昌金川铜镍矿床	省名+县名+矿产地名+钨或多金属+矿床
3	行政隶属地	甘肃省金昌市金川区宁远堡镇	详细至乡镇级，即省名+县名+乡镇名
4	矿床规模	超大型	可选择超大型、大型、中型、小型或矿点
5	主矿种资源量	558③	累计已探明的资源量
6	伴生矿种资源量	354 Cu	若有采用文字描述，如 354 Cu
7	矿体出露状态	出露	可选择出露、半出露、隐伏

①省代码参考表 1-5；②元素符号参考下文表 2-4；③金、银等贵金属矿种资源量单位为 t，Fe 资源量单位为亿吨，其他矿种资源量单位为万吨。

2.1.2.2　*矿区地质特征*

矿区的范围根据实际情况确定，并在上述“×××矿区域地质图”中给出范围。

当具有 1∶50000 化探数据时，研究区的范围可选择以研究对象为中心的 7.5km×7.5km 区域，即该区是 1∶50000 化探数据所涉及的范围。此时建议从 1∶200000（或 1∶50000）地质图中裁剪出 7.5km×7.5km 的区域，按 1∶75000 比例尺绘制图件（宽度为 10cm），图名为“×××矿地质图”。该图在上述“×××矿区域地质图”中以 7.5km×7.5km 给出范围。

当没有 1∶50000 化探数据时，可根据实际情况确定矿区的研究范围，以反映各矿段的空间关系，附“×××矿地质图”，图件范围可根据矿段空间分布情况确定。若该图范围面积较小时，在上述“×××矿区域地质图”中以 4km×4km 给出范围。

结合上述地质图，简述研究区存在哪些地层，岩性在地质图图注中给出，此处正文主要描述赋矿建造。简述研究区岩浆岩的发育特征，可给出与成矿关系密切的岩浆岩的成岩年龄、岩相分带等信息。简述研究区构造发育特征，主要描述控矿构造的特征。

2.1.2.3　*矿体地质特征*

矿体地质特征主要包括矿体特征、矿石特征和围岩蚀变三个方面的内容。

A　*矿体特征*

矿体特征简述矿床的矿段组成和主要矿段的矿体组成特征。从平面和剖面两个方面描述矿体的形态特征和产状特征，揭示矿体受地层、岩浆岩、构造等的控制规律。

在不与上述“×××矿地质图”重复的情况下可附具有更大比例尺的平面地质图，图名为“×××矿区地质图”。该图可为矿区土壤地球化学面积性调查或剖面调查提供底图，为阐明矿体的出露状态，给出主要矿体的勘探线剖面图（或勘探线剖面示意图），图示矿体的形态和产状，为表 2-1 中的矿体出露状态提供依据。

基于矿体研究所获得的成矿年龄等信息建议在此处给出。

B 矿石特征

矿石特征简述主要矿体的矿石类型、矿石矿物、伴生金属矿物等相关信息，简述矿石的组构特征等信息，这些信息有助于该区地球化学异常特征的解释和评价。

C 围岩蚀变

围岩蚀变简述主要矿体的围岩蚀变类型与蚀变特征，可为该区地球化学异常特征的解释和评价提供参考。

2.1.2.4 勘查开发概况

简述矿床的勘查开发历史，重点关注主要矿种及伴生矿种的累计探明储量，为表 2-1 中经济矿种、矿床规模、主矿种资源量和伴生矿种资源量提供依据。

2.1.2.5 矿床类型

参考前人研究成果，直接给出所研究矿床的矿床类型，不罗列确定矿床类型的证据。镍矿床类型参考表 1-3 中的划分方案。

2.1.2.6 地质特征简表

综合上述矿床地质特征，除矿床基本信息表（见表 2-1）中所表达的信息以外，以甘肃金昌金川铜镍矿床为例其矿床地质特征简表见表 2-2。

表 2-2 矿床地质特征简表

序号	描述的项目	示例	项目描述内容的说明
10	赋矿地层时代	古元古代	填写赋矿地层的时代
11	赋矿地层岩性	大理岩、混合岩	简写主要岩石的岩性
12	相关岩体岩性	二辉橄榄岩	简写与成矿关系密切的岩体的岩性
13	相关岩体年龄/Ma	827	填写成岩年龄
14	是否断裂控矿	否	填写是或否
15	矿体形态	透镜状、似层状	简写矿体形态，如脉状、层状等
16	矿石类型	岩浆型铜镍硫化物矿石	简写主要矿石类型，可多种
17	成矿年龄/Ma	833	填写主要成矿岩年龄
18	矿石矿物	黄铜矿、镍黄铁矿、紫硫镍矿等	简写主要矿石矿物
19	围岩蚀变	蛇纹石化、透闪石化、绿泥石化等	简写主要蚀变类型
20	矿床类型	基性超基性岩铜镍矿	填写主要矿床类型，参考表 1-3

注：序号从 10 开始是为了和数据库保持一致。

2.1.3 勘查地球化学特征

勘查地球化学特征主要包括区域化探、化探普查、土壤化探详查、岩石地球化学勘查和勘查地球化学特征简表五个方面的内容。

2.1.3.1 区域化探

区域化探主要是指 1∶200000 水系沉积物地球化学勘查。收集研究区（30km×30km 的区域）内 1∶200000 地球化学调查数据，从元素含量统计参数和地球化学异常剖析图两个方面进行研究。

A 元素含量统计参数

列表统计出研究区 1∶200000 区域化探元素含量数据的统计参数，包括样品数、最大值、最小值、中位值、平均值、标准差、富集系数等。

将研究区元素含量平均值除以其在中国水系沉积物中的含量值获得富集系数，中国水系沉积物元素含量数据建议采用迟清华和鄢明才（2007）报道的数据。依据富集系数简单描述明显富集的微量元素。

B 地球化学异常剖析图

依据研究区区域化探数据，采用变值七级异常划分方案绘制 29 种微量元素的地球化学异常图，选择在矿区存在异常的元素绘制异常剖析图。依据矿区元素的异常分级确定区域化探找矿指示元素组合，从定性和定量两个方面确定区域化探找矿指示元素组合。

变值七级异常划分方案详细方法技术参考本章下节内容。

2.1.3.2 化探普查

化探普查主要是指 1∶50000 水系沉积物（含土壤）地球化学勘查。收集研究区（7.5km×7.5km 的区域）内 1∶50000 地球化学调查数据，从元素含量统计参数和地球化学异常剖析图两个方面进行研究。

A 元素含量统计参数

列表统计出研究区 1∶50000 化探普查元素含量数据的统计参数，包括样品数、最大值、最小值、中位值、平均值、标准差、富集系数等。

将研究区元素含量平均值除以其在中国水系沉积物中的含量值获得富集系数，中国水系沉积物元素含量数据建议采用迟清华和鄢明才（2007）报道的数据。依据富集系数简单描述明显富集的微量元素。

此处仍选择中国水系沉积物中的元素含量值来计算富集系数，主要是采用统一标准以便于判断从岩石、土壤到水系沉积物风化过程中成矿指示元素的继承性特征，并定量表征成矿指示元素的富集程度。

B 地球化学异常剖析图

依据研究区化探普查数据，采用定值七级异常划分方案绘制所收集微量元素的地球化学异常图，选择在矿区存在异常的元素绘制异常剖析图。依据矿区元素的异常分级确定化探普查找矿指示元素组合，从定性和定量两个方面确定化探普查找矿指示元素组合。

定值七级异常划分方案详细方法技术参考本章下节内容。

2.1.3.3 土壤化探详查

土壤化探详查主要是指比例尺大于 1∶50000 的土壤地球化学勘查。收集矿区土壤地球化学面积性勘查或剖面勘查的元素含量数据或资料，从元素含量统计参数和地球化学异常剖析图（或剖面图）两个方面进行研究。

A 元素含量统计参数

列表统计出研究区土壤化探详查元素含量数据的统计参数，包括样品数、最大值、最小值、中位值、平均值、标准差、富集系数等。

将研究区元素含量平均值除以其在中国水系沉积物中的含量值获得富集系数，依据富集系数简单描述明显富集的微量元素。此处仍选择中国水系沉积物中的元素含量值来计算富集系数，以便于判断从岩石、土壤到水系沉积物风化过程中成矿指示元素的继承性特征，并定量表征成矿指示元素的富集程度。

B　地球化学异常剖析图/剖面图

依据研究区土壤化探详查数据，采用定值七级异常划分方案绘制所收集微量元素的地球化学异常图/剖面图，选择在矿区存在异常的元素绘制异常剖析图或剖面图。依据矿区元素的异常分级确定土壤化探详查找矿指示元素组合，从定性和定量两个方面确定土壤化探详查找矿指示元素组合。

定值七级异常划分方案详细方法技术参考本章下节内容。

2.1.3.4　岩石地球化学勘查

岩石地球化学勘查主要是指在矿区以岩石为介质的地球化学勘查。收集矿区岩石（含蚀变岩与矿石）的地球化学数据或资料，此处矿区岩石指在矿区内部采集的新鲜、蚀变、矿化岩石或矿石，根据样品的代表性可适当选择矿区范围以外的区域岩石，从元素含量统计参数和（或）地球化学异常剖面图两个方面进行研究。

A　元素含量统计参数

列表统计出研究区岩石中微量元素含量数据的统计参数，包括样品数、最大值、最小值、中位值、平均值、标准差、富集系数等。

将研究区元素含量平均值除以其在中国水系沉积物中的含量值获得富集系数，依据富集系数简单描述明显富集的微量元素。此处仍选择中国水系沉积物中的元素含量值来计算富集系数，以便于基于相同标准判断从岩石、土壤到水系沉积物风化过程中成矿指示元素的继承性特征，并定量表征成矿指示元素的富集程度。

B　地球化学异常剖面图

依据矿区岩石地球化学勘查数据，采用定值七级异常划分方案绘制所收集微量元素的地球化学异常剖面图，选择在矿区存在异常的元素绘制异常剖面图。依据矿区元素的异常分级确定岩石地球化学勘查找矿指示元素组合，从定性和定量两个方面确定岩石地球化学勘查找矿指示元素组合。

定值七级异常划分方案详细方法技术参考本章下节内容。

2.1.3.5　勘查地球化学特征简表

综合上述矿床勘查地球化学特征，以甘肃金昌金川铜镍矿床为例说明矿床勘查地球化学特征简表的内容，见表2-3。

表 2-3　矿床勘查地球化学特征简表

矿床编号	项目名称	Ni	Ag	As	Au	B	Ba	Be	Bi	Cd	Co	Cr	Cu	…
621901	区域富集系数	2.66	1.05	0.54	2.30	0.42	1.89	0.98	1.13	0.85	0.94	1.01	2.65	…
621901	区域异常分级	5	1	0	3	0	0	0	0	1	3	3	4	…
621901	岩石富集系数	327	117	0.26	410	0.13	0.18	0.24	1.95		20.4	52.5	243	…
621901	岩石异常分级	7	5	0	6	0	0	0	0		7	3	7	…

注：该表可与矿床基本信息、地质特征简表依据矿床编号建立对应关系。表中空白内容代表未做研究。

2.1.4　地质地球化学找矿模型

以文字形式对上述研究获得的矿床地质特征和勘查地球化学特征分别进行简述，以甘

肃金昌金川铜镍矿床为例其地质地球化学找矿模型描述如下：

甘肃金昌金川铜镍矿床为一超大型铜镍硫化物矿床，位于甘肃省金昌市金川区宁远堡镇境内，矿体呈出露状态。赋矿建造为新元古代金川超基性岩体。成矿与金川超基性岩体关系密切，金川岩体岩性主要为二辉橄榄岩，其成岩年龄约 827Ma。矿体受金川岩体形态、产状控制，矿石类型以岩浆型铜镍硫化物矿石为主，矿体呈透镜状、似层状等，成矿年龄约 833Ma。围岩蚀变主要有蛇纹石化、透闪石化、绿泥石化、滑石化、碳酸盐化等。矿床类型属于基性超基性岩铜镍矿床。

甘肃金昌金川矿床区域化探找矿指示元素组合为 Ni、Cu、Co、V、Cr、Sn、Pb、Zn、Cd、Au、Ag、Sb、U、La、Y 共计 15 种，其中 Ni 具有 5 级异常，Cu 具有 4 级异常，Co、Cr、Au 具有 3 级异常，V、U、La、Y 具有 2 级异常，Sn、Pb、Zn、Cd、Ag、Sb 具有 1 级异常。矿区岩石化探找矿指示元素组合为 Ni、Cu、Co、V、Cr、Au、Ag 共计 7 种，其中 Ni、Cu、Co 具有 7 级异常，Au 具有 6 级异常，Ag 具有 5 级异常，Cr 具有 3 级异常，V 具有 1 级异常。

2.2 典型矿床地球化学建模的方法技术

本节针对典型矿床地球化学建模研究内容中所涉及的参考数据及数据处理的方法技术进行概述。

2.2.1 元素的丰度

元素的丰度是指元素在地质体中的平均含量。典型矿床地球化学建模研究中可能涉及我国区域化探水系沉积物所分析的 39 种元素的丰度、中国土壤的丰度及上陆壳丰度等参考数据，各元素的丰度值见表 2-4。

表 2-4 几种参考物质的元素丰度

元素符号	Ag	As	Au	B	Ba	Be	Bi	Cd	Co	Cr	Cu	F	Hg
元素名称	银	砷	金	硼	钡	铍	铋	镉	钴	铬	铜	氟	汞
元素编码①	1	2	3	4	5	6	7	8	9	10	11	12	13
含量单位	10^{-9}	10^{-6}	10^{-9}	10^{-6}	10^{-6}	10^{-6}	10^{-6}	10^{-9}	10^{-6}	10^{-6}	10^{-6}	10^{-6}	10^{-9}
上陆壳②	50	1.5	1.8	15	550	3.0	0.127	98	17	85	25	611	56
中国土壤	80	10	1.4	40	500	1.8	0.30	90	13	65	24	480	40
中国水系沉积物	77	10	1.32	47	490	2.1	0.31	140	12.1	59	22	490	36
元素符号	La	Li	Mn	Mo	Nb	Ni	P	Pb	Sb	Sn	Sr	Th	Ti
元素名称	镧	锂	锰	钼	铌	镍	磷	铅	锑	锡	锶	钍	钛
元素编码①	14	15	16	17	18	19	20	21	22	23	24	25	26
含量单位	10^{-6}	10^{-6}	10^{-6}	10^{-6}	10^{-6}	10^{-6}	10^{-6}	10^{-6}	10^{-6}	10^{-6}	10^{-6}	10^{-6}	10^{-6}
上陆壳②	30	20	600	1.5	12	44	700	20	0.2	5.5	350	10.7	3000
中国土壤	38	30	600	0.8	16	26	520	23	0.80	2.5	170	12.5	4300
中国水系沉积物	39	32	670	0.84	16	25	580	24	0.69	3.0	145	11.9	4105

续表 2-4

元素符号	U	V	W	Y	Zn	Zr	SiO_2	Al_2O_3	Fe_2O_3	K_2O	Na_2O	CaO	MgO
元素名称	铀	钒	钨	钇	锌	锆	二氧化硅	氧化铝	氧化铁	氧化钾	氧化钠	氧化钙	氧化镁
元素编码①	27	28	29	30	31	32	33	34	35	36	37	38	39
含量单位	10^{-6}	10^{-6}	10^{-6}	10^{-6}	10^{-6}	10^{-6}	10^{-2}	10^{-2}	10^{-2}	10^{-2}	10^{-2}	10^{-2}	10^{-2}
上陆壳②	2.8	107	2.0	22	71	190	65.89	15.19	5.00	3.37	3.90	4.20	2.21
中国土壤	2.7	82	1.8	23	68	250	65.0	12.6	4.7	2.5	1.6	3.2	1.8
中国水系沉积物	2.45	80	1.8	25	70	270	65.31	12.83	4.50	2.36	1.32	1.80	1.37

①元素编码据向运川等（2010）；②上陆壳、中国土壤及中国水系沉积物中元素含量据迟清华和鄢明才（2007）。

上述 3 类参考物质的 39 种元素含量关系如图 2-1 所示，图中横坐标为元素符号，纵坐标为元素含量，以对数刻度形式表示。

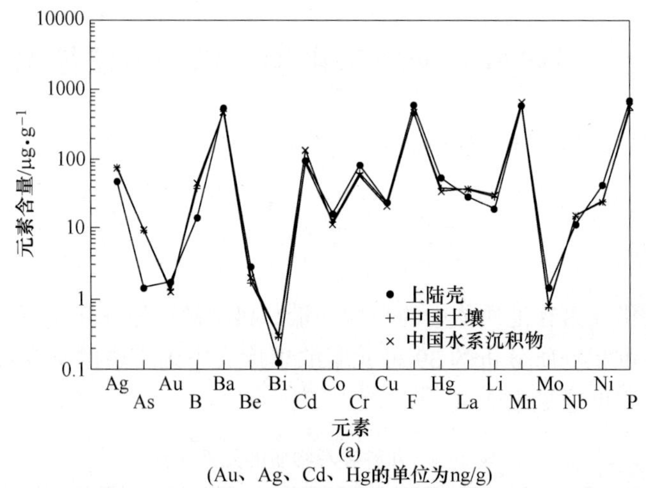

(a)

(Au、Ag、Cd、Hg的单位为ng/g)

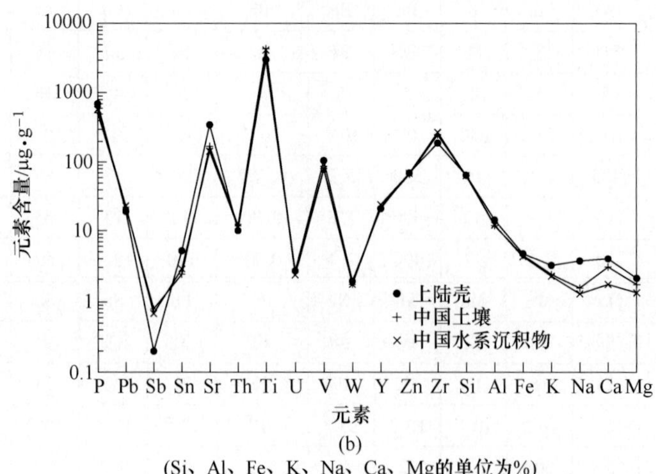

(b)

(Si、Al、Fe、K、Na、Ca、Mg的单位为%)

图 2-1 各类参考物质的元素含量关系

（图中 7 种氧化物用元素符号来代替，各元素含量单位参见表 2-4）

从7种主量元素（表2-4中的元素编码33~39）来看，从上陆壳到中国土壤再到中国水系沉积物 K_2O、Na_2O、CaO、MgO 四种含量逐渐降低，表明其在风化过程中不断被带出体系，但 SiO_2、Al_2O_3、Fe_2O_3 三种含量变化并不明显。

从32种微量元素来看，与上陆壳相比，中国土壤和中国水系沉积物均明显富集 Bi、Ag、As、Sb、B、Li，明显贫化 Sn、Mo、Be、Sr、Ni，其他元素含量变化并不明显。中国土壤与中国水系沉积物相比，32种微量元素含量并未表现出明显差异。因此针对土壤和水系沉积物中元素含量的富集情况可采用同一标准来进行评价，此处建议选择中国水系沉积物中元素含量作为标准。

Ni 在上陆壳、中国土壤和中国水系沉积物中的含量分别为 44μg/g、26μg/g 和 25μg/g，虽然上陆壳与其他之间存在一定的差异，此处按照上述建议选择 25μg/g 作为镍含量的标准。

2.2.2 元素的边界品位

参考矿石的边界品位，将某经济矿种矿石的边界品位换算为对应元素的含量，并将此含量称为该元素的边界品位。如前文依据 DZ/T 0214—2002 行业标准中镍矿石的边界品位确定镍的边界品位为 2000μg/g。

依据 DZ/T 0199—2002 行业标准，铀矿床矿石的边界品位为 300μg/g U，即铀的边界品位为 300μg/g。

依据 DZ/T 0200—2002 行业标准，铁矿石的边界品位为 20% TFe，对应 Fe_2O_3 的含量为 28.6%，即 Fe_2O_3 的边界品位为 28.6%。锰矿石的边界品位为 8%~15% Mn，对应锰的含量为 80000~150000μg/g，建议取最小值 80000μg/g 作为锰的边界品位。铬矿石的边界品位为 25% Cr_2O_3，对应铬的含量为 171000μg/g，即为铬的边界品位。

依据 DZ/T 0201—2002 行业标准，钨矿床的边界品位一般为 0.064%~0.1% WO_3，对应钨的含量为 507~793μg/g，建议取 507μg/g 作为钨的边界品位。锡矿石的边界品位一般为 0.1%~0.2% Sn，对应锡的含量为 1000~2000μg/g，建议取 1000μg/g 作为锡的边界品位。汞矿石的边界品位为 0.04% Hg，即汞的边界品位为 400μg/g 或 400000ng/g。锑矿石的边界品位为 0.5%~0.7% Sb，对应锑的含量为 5000~7000μg/g，建议取锑的边界品位为 5000μg/g。

依据 DZ/T 0202—2002 行业标准，铝土矿的边界品位为 40% Al_2O_3，即为 Al_2O_3 的边界品位。菱镁矿的边界品位为 41% MgO，即为 MgO 的边界品位。

依据 DZ/T 0203—2002 行业标准，铍矿石的边界品位为 0.04%~0.07% BeO，对应铍的含量为 144~252μg/g，建议取 144μg/g 作为铍的边界品位。锂矿石的边界品位为 0.4%~0.7% Li_2O，对应锂的含量为 1858~3252μg/g，建议取 1858μg/g 作为锂的边界品位。风化壳锆矿床矿石的边界品位为 0.3% ZrO_2，而内生锆矿床矿石的边界品位为 3.0% ZrO_2，对应锆的含量为 2221μg/g 和 22210μg/g，建议取 2221μg/g 作为锆的边界品位。风化壳型铌钽矿床的矿石边界品位为 0.008%~0.010% $(Ta,Nb)_2O_5$，花岗岩类铌钽矿床的矿石边界品位为 0.012%~0.018% $(Ta,Nb)_2O_5$，原生铌矿床的边界品位为 0.05%~0.06% $(Ta,Nb)_2O_5$，这三者边界品位差异较大，考虑到钽的经济价值明显大于铌的经济价值，此处建议选择 0.05% Nb_2O_5 作为铌矿石的边界品位，对应铌的含量为 350μg/g，即为铌的边界品位。

依据 DZ/T 0204—2002 行业标准，离子吸附型轻稀土矿床的矿石边界品位为 0.05%~0.1% REE_2O_3，重稀土矿床的矿石边界品位为 0.03%~0.05% REE_2O_3，但原生稀土矿床矿石的边界品位为 0.5%~1.0% REE_2O_3，两种类型的边界品位差异较大。此处建议选择 0.1% La_2O_3 作为镧矿石的边界品位，对应镧的含量为 853μg/g，即为镧的边界品位；选择 0.05% Y_2O_3 作为钇矿石的边界品位，对应钇的含量为 394μg/g，即为钇的边界品位。

依据 DZ/T 0205—2002 行业标准，岩金的边界品位为 1~2g/t，对应金的含量为 1000~2000ng/g，此处建议取金的边界品位为 1000ng/g。

依据 DZ/T 0209—2002 行业标准，磷矿石的边界品位为 5%~12% P_2O_5，对应磷的含量为 21831~52394μg/g，此处建议取磷的边界品位为 21831μg/g。

依据 DZ/T 0211—2002 行业标准，萤石矿床矿石的边界品位为 20% CaF_2，对应氟的含量为 97311μg/g，即为氟的边界品位。硼矿床矿石的边界品位为 3% B_2O_3，对应硼的含量为 9316μg/g，即为硼的边界品位。重晶石矿的边界品位为 30% $BaSO_4$，毒重石矿的边界品位为 20% $BaCO_3$，其对应钡的含量分别为 176500μg/g 和 139172μg/g，此处建议取钡的边界品位为 139172μg/g。

依据 DZ/T 0214—2002 行业标准，银矿石的边界品位为 40~50g/t，对应银的含量为 40000~50000ng/g，建议取银的边界品位为 40000ng/g。铜矿石的边界品位为 0.2%~0.3% Cu，对应铜的含量为 2000~3000μg/g，建议取铜的边界品位为 2000μg/g。铅矿石的边界品位为 0.3%~1% Pb，对应铅的含量为 3000~10000μg/g，建议取铅的边界品位为 3000μg/g。锌矿石的边界品位为 0.5%~2% Zn，对应锌的含量为 5000~20000μg/g，建议取锌的边界品位为 5000μg/g。钼矿石的边界品位为 0.03%~0.05% Mo，对应钼的含量为 300~500μg/g，此处建议取钼的边界品位为 300μg/g。

依据《中国矿情　第二卷：金属矿产》（朱训等，1999），钴矿床矿石的边界品位为 0.02% Co，对应钴的含量为 200μg/g，即为钴的边界品位。锶矿床矿石的边界品位为 10% $SrSO_4$，对应锶的含量为 47701μg/g，即为锶的边界品位。钛磁铁矿矿床矿石的边界品位为 5% TiO_2，金红石的边界品位为 1% TiO_2，对应钛的含量分别为 29970μg/g 和 5994μg/g，此处选择 29970μg/g 作为钛的边界品位（不考虑金红石矿床）。钒矿床矿石的边界品位为 0.5% V_2O_5，对应钒的含量为 2801μg/g，即为钒的边界品位。

铋矿床矿石的边界品位为 0.05%~0.10% Bi（何周虎等，2004），对应铋的含量为 500~1000μg/g，此处建议取铋的边界品位为 500μg/g。

镉是分散元素，一般不形成工业富集，主要呈类质同象伴生于闪锌矿中，铅锌矿床一直是镉的最主要来源（叶霖等，2006）。依据 DZ/T 0214—2002 行业标准，铅锌矿床中伴生有用组分镉的工业品位为 0.01% Cd，对应镉的含量为 100μg/g 或 100000ng/g。在我国首次发现的独立镉矿床中镉含量比铅锌矿伴生镉的要求高数十倍（刘铁庚等，2005），鉴于镉与铅锌矿伴生的特性，建议选择 100000ng/g 作为镉的边界品位。

独居石型钍矿床（沉积型）的工业指标要求为大于 4% ThO_2（仉宝聚和张书成，2005），对应钍的含量为 35151μg/g。但岩浆岩型脉状钍矿石与变质岩型钍矿石的边界品位一般为 0.1% ThO_2（孟艳宁等，2013；仉宝聚和张书成，2005；Barthel 和 Dahlkamp，1992），对应钍的含量为 879μg/g，建议选择 879μg/g 作为钍的边界品位。

砷矿床一般为雄黄雌黄矿床、毒砂矿床及锑砷矿床和金砷矿床等。依据 DZ/T 0201—2002、DZ/T 0205—2002 行业标准，与锑矿、金矿伴生的砷边界品位为 0.2% As，对应砷的含量为 2000μg/g。在我国勘查地球化学教科书中（阮天健和朱有光，1985；蒋敬业等，2006；罗先熔等，2007），砷的最低可采品位为 2% As，对应砷的含量为 20000μg/g。熊先孝和黄巧（2000）对我国 25 个雄黄雌黄矿床（点）的研究指出，矿石中砷的含量可低至 1.31% As，对应砷的含量为 13100μg/g。因此，建议选择 13100μg/g 作为砷的边界品位。

依据上述分析，我国区域化探水系沉积物所分析的 39 种元素的边界品位见表 2-5，其中部分氧化物未给出边界品位值。

表 2-5　元素的边界品位

元素符号	Ag	As	Au	B	Ba	Be	Bi	Cd	Co	Cr	Cu	F	Hg
边界品位	40000	13100	1000	9316	139172	144	500	100000	200	171000	2000	97311	400000
含量单位	10^{-9}	10^{-6}	10^{-9}	10^{-6}	10^{-6}	10^{-6}	10^{-6}	10^{-9}	10^{-6}	10^{-6}	10^{-6}	10^{-6}	10^{-9}
元素符号	La	Li	Mn	Mo	Nb	Ni	P	Pb	Sb	Sn	Sr	Th	Ti
边界品位	853	1858	80000	300	350	2000	21831	3000	5000	1000	47701	879	29970
含量单位	10^{-6}	10^{-6}	10^{-6}	10^{-6}	10^{-6}	10^{-6}	10^{-6}	10^{-6}	10^{-6}	10^{-6}	10^{-6}	10^{-6}	10^{-6}
元素符号	U	V	W	Y	Zn	Zr	SiO_2	Al_2O_3	Fe_2O_3	K_2O	Na_2O	CaO	MgO
边界品位	300	2801	507	394	5000	2221	—	40	28.6	—	—	—	41
含量单位	10^{-6}	10^{-6}	10^{-6}	10^{-6}	10^{-6}	10^{-6}	10^{-2}	10^{-2}	10^{-2}	10^{-2}	10^{-2}	10^{-2}	10^{-2}

注：—代表未给出边界品位。

2.2.3　微量元素平均含量与富集系数的计算

研究区岩石、土壤、水系沉积物中微量元素变化范围通常也可达几个数量级。基于地球化学找矿的研究目的，建议选择微量元素含量的平均值来表征岩石、土壤、水系沉积物中元素的含量特征。

$$\overline{C} = \frac{1}{n}\sum_{i=1}^{n} C_i \tag{2-1}$$

式中，$\overline{C}$ 为岩石、土壤、水系沉积物中微量元素含量的平均值；i 为样品数。只要有样品中某元素含量出现异常高值，则表明该元素发生了明显富集，并不要求每件岩石、土壤、水系沉积物中明显富集该元素。

将研究区元素含量平均值除以其在中国水系沉积物中的含量值可获得富集系数。

$$K = \frac{\overline{C}}{C_S} \tag{2-2}$$

式中，K 为富集系数；$\overline{C}$ 为研究介质中微量元素含量的平均值；C_S 为中国水系沉积物中的元素含量值。

2.2.4　异常下限与异常分级

岩石、土壤和水系沉积物中微量元素异常下限的确定及其浓度分级是勘查地球化学的一个基本问题，同时也是勘查地球化学应用于矿产勘查时决定成败的一个关键性环节（李长江等，1999；韩东昱等，2004）。目前常用确定异常下限的方法可以分为定值异常下限和变值异常下限两类。

2.2.4.1 定值异常下限

定值异常下限目前常用的确定方法可以分为四类：均值方差法、累频法、分形法和标尺法。

均值方差法是一种传统的确定地球化学异常下限的方法（吴锡生，1993；韩东昱等，2004；蒋敬业等，2006）。该方法的基本原理是基于微量元素在地球化学场中的背景分布接近正态分布或对数正态分布，若接近对数正态分布时可先将元素含量数据进行取对数转换，然后再按照接近正态分布的模型来确定异常下限。一般采用数据的平均值与2.5倍标准差之和剔除离异数据（主要为高值数据），然后再计算剩余数据的平均值与标准差，继续采用平均值与2.5倍标准差之和剔除离异数据后再次计算平均值与标准差，重复此步骤直至再无数据可以剔除。采用最后计算获得的平均值与2倍标准差之和作为异常下限。该方法的缺点在于异常下限的确定仅取决于数据的分布特征，而与数据值整体的大小等无关，如有可能在矿区未圈出异常或在背景区圈出异常，对于不同研究区其异常下限不同，无法进行统一比较。尽管勘查数据分析（EDA，Exploratory Data Analysis）技术不需要假设数据服从某一分布，也不使用平均值和标准差，但它使用中位值、上下四分位值和极值（史长义，1993；吴锡生，1993），其实质仍相当于均值方差法。此外，确定异常下限的稳健统计法的实质也相当于均值方差法（周蒂和陈汉宗，1991；吴锡生，1993；李蒙文等，2006；戴慧敏等，2010）。

累频法是目前绘制单元素地球化学图的常用方法，也是绘制地球化学异常图的方法之一（向运川等，2010；Yan et al.，2021）。该方法的基本原理是首先假设研究区存在一定比例的异常，然后按比例来确定异常下限。一般将数据从小到大排序累频，若假设存在15%的异常则将累频85%所对应的值确定为异常下限。通常将累频85%、92%和98%对应的值作为异常外带、中带和内带的起始值。该方法的缺点在于异常下限的确定与数据值整体的大小等无关，有可能在背景区圈出异常或在矿区仅圈出少量异常，对于不同研究区其异常下限不同，无法进行统一比较。

分形法是目前科技论文中比较常用的确定异常下限的方法之一（Cheng et al.，1994；Cheng，1995；李长江等，1999；韩东昱等，2004；李文昌等，2006；Deng et al.，2010；陈聆等，2012）。该方法的基本原理是基于微量元素在地球化学场中的分布服从或接近分形分布或多重分形分布，然后再按照分形分布或多重分形分布特征来确定异常下限，具体确定方法可参考 Cheng et al.（1994）、Cheng（1995）、李长江等（1999）、韩东昱等（2004）等文献。该方法的缺点同样在于异常下限的确定仅取决于数据的分布特征，而与数据值整体的大小等无关，如有可能在矿区未圈出异常或在背景区圈出异常，对于不同研究区其异常下限不同，无法进行统一比较。

标尺法是为便于不同研究区进行异常对比而提出的。该方法的基本原理是选定一个基本标尺，依据该标尺确定异常下限。例如，佟依坤等（2014）提出，以中国水系沉积物元素含量中位值为标尺，将1.4倍中国水系沉积物元素含量中位值作为异常下限。该方法的优点在于不同研究区元素异常下限相同，可以进行统一比较；但其缺点在于对于不同元素、不同地区均采用1.4倍标尺含量值欠妥。

由于本研究基于全国范围开展典型矿床地球化学建模，需要进行不同研究区的对比归纳分析，而上述均值方差法、累频法和分形法所确定的异常下限值不固定不能进行统一比较，因此在全国范围开展典型矿床地球化学建模研究需要采用统一的标准来确定元素的异常下限。

2.2.4.2　变值异常下限

目前常用的变值异常下限确定方法可以分为两类：分区定值法和连续变化面法。

分区定值法是在地质地理情况复杂且面积较大的地区将其划分成一些子区，然后在每一子区按照定值异常下限的方法分别确定异常下限，从整体来看异常下限是一个具有高低不同变化的阶梯面（史长义，1995；李宝强和孙泽坤，2004，李宝强等，2010）。在地球化学图或异常图制作中为消除这种阶梯效应通常引入地球化学数据误差校正的处理技术（石文杰等，2011；姚涛等，2011），但这种处理改变了元素含量的真实值，从一定程度上来看这种校正处理乃是一种错误处理。即使不进行数据校正处理，分区定值法所确定的异常下限是一个具有高低不同变化的阶梯面，因此不同区域异常特征不具有对比性。分区确定异常下限，然后计算其异常衬值，在整个区域采用统一异常衬值的数据处理技术的实质也是分区定值法。

连续变化面法是把异常下限（或背景上限，或背景值）当作一个连续变化着的地球化学面来看待，每一数据点具有自己的异常下限（史长义，1995）。该方法主要包括滑动定值法、插值背景法和风化背景法。

滑动定值法的基本原理是以某一数据点为中心选取一适当大小的数据窗口（圆形或矩形），在这一窗口范围内采用定值法确定该窗口范围的异常下限（或背景值）来作为该点的异常下限（或背景值），以同样大小的数据窗口逐点滑动依次确定其异常下限（或背景值）。这一方法包括滑动平均衬值法（杜佩轩，1998；李宝强和孙泽坤，2004；李文昌等，2006；李宝强等，2010；邓远文等，2014）、滑动平均剩余值法（蒋敬业等，2006；汤正江等，2011）、子区中位数衬值滤波法（史长义等，1999；费光春等，2008；赵宁博等，2012；Yan et al.，2021）、子区自适应衬值滤波法（金俊杰和陈建国，2011）等。该方法的缺点在于窗口大小的确定存在不确定性，在所确定的窗口范围内通常会圈出一定量的异常造成异常接近均匀分布的特征，同样也有可能在矿区几乎未圈出异常或在背景区也圈出异常，对于不同研究区其异常下限无法进行统一比较。

插值背景法实质上是插值方法，在某一点插值时通常选择的数据搜索窗口比较大，将获得的插值结果代表该点的背景值，进而利用衬值或剩余值来圈定异常。上述滑动平均法、子区中位值法的实质是插值背景法的特例。通常采用的克里格插值（王振民等，2012）、趋势面插值（王小敏等，2010；范小军等，2012；李宾等，2012；王琨等，2012；张玲玲等，2014）、分形插值（韩东昱等，2004）等方法在选择窗口较大时形成波动背景面，进而基于背景曲面来圈定异常下限曲面。该方法的缺点仍在于窗口大小的确定问题、异常接近均匀分布的问题，同样也有可能在矿区几乎未圈出异常或在背景区也圈出异常，对于不同研究区其异常下限无法进行统一比较。

风化背景法是Gong et al.（2013）在研究胶东玲珑花岗岩风化过程元素变化行为中提出的一种表征风化过程元素变化行为的经验方程，该经验方程基于样品的主量元素组成可计算出微量元素的含量，并将该含量作为背景值，进而可采用衬度或剩余值来圈定异常，具体确定方法可参考 Gong et al.(2013)。该方法所确定的背景值仅与样品的性质（样品的主量元素组成）有关，虽然每一数据点的背景值不同，但采用衬值或剩余值所圈定的异常在不同地区具有可比性。该方法的不足之处在于经验方程尚需进一步完善，经验方程应能适用于不同岩性、不同风化程度、不同地球化学景观区、不同采样粒级等样品，这样才有可能在全国范围内开展对比研究。

2.2.4.3　定值七级异常划分方案

在全国范围内开展典型矿床地球化学建模研究，对元素异常下限及异常分级必须要有一个统一的标准才能进行对比研究。在上述定值异常下限分析中，只有标尺法才能满足需要。

佟依坤等（2014）所提出的确定元素异常下限的方法仅含有一个背景标尺，即选择中国水系沉积物元素含量中位值为标尺，或将 1.4 倍中国水系沉积物元素含量中位值作为异常下限。这只解决了异常下限的问题（尽管在全国范围内不能采用统一的定值来划定异常下限），尚不能满足异常分级的问题。刘崇民等（2000）在评价异常时提出将异常含量与边界品位联系起来才能客观地评价异常强度，因此元素异常分级时也应考虑元素背景值与边界品位的关系。基于背景值和边界品位的关系，全国矿产资源潜力评价化探工作组提出了元素的定值七级异常划分方案，并在全国钨矿典型矿床地球化学建模工作中得到了应用（夏旭丽，2014）。下面介绍元素的定值七级异常划分方案。

设元素的背景值为 C_b（background concentration），元素的边界品位为 C_g（cutoff grade），则定义浓集系数 $K=C_g/C_b$。若 C_b 值取中国水系沉积物元素含量丰度值（见表 2-4），C_g 值取表 2-5 中元素的边界品位，在中国区域化探所分析的 39 种元素中，除去 7 种氧化物外其余 32 种元素的浓集系数如图 2-2 所示。

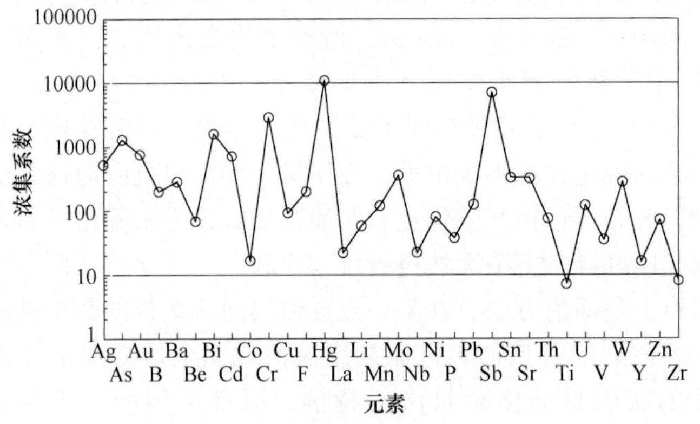

图 2-2　各类参考物质的浓集系数

（浓集系数=边界品位/背景值，边界品位取自表 2-5，背景值取中国水系沉积物中元素含量值，见表 2-4）

在图 2-2 中，不同元素的浓集系数之间存在明显差异，浓集系数变化范围高达四个数量级以上。如 Hg、Sb 的浓集系数接近 10000，这表明 Hg、Sb 的异常含量变化可达四个数量级，因此在含量数据服从正态分布或对数正态分布两种类型中应更倾向于对数正态分布。对于 Ti、Zr 而言，其浓集系数均小于 10，因此其含量数据分布更有可能服从正态分布。

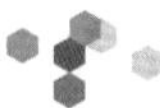

针对上述 32 种微量元素，建议选择浓集系数值 10 为分界线，将浓集系数小于 10 的两种元素 Zr、Ti 的异常数据按照等差方式来进行异常分级，而对于其他 30 种元素则按照对数等差方式来进行异常分级。

针对对数等差方式进行七级异常划分时，设其对数等差为 Δ，则

$$\Delta = (\lg C_g - \lg C_b)/7 \quad (2-3)$$

由此可计算第 i 级异常的起始值 C_{ai} 为

$$C_{ai} = 10^{\lg C_a + i \times \Delta} \quad (2-4)$$

式中，i 为异常分级，当 $i=1$ 时计算获得的 C_{a1}（或 C_a）即为异常下限，当 $i=7$ 时计算获得的 C_{a7}（$C_{a7}-C_g$）即为边界品位。

同理，针对等差方式进行七级异常划分时（如 Zr、Ti 两元素），设其等差为 Δ，则

$$\Delta = (C_g - C_b)/7 \quad (2-5)$$

由此可计算第 i 级异常的起始值 C_{ai} 为

$$C_{ai} = C_b + i \times \Delta \quad (2-6)$$

式中，i 为异常分级，当 $i=1$ 时计算获得的 C_{a1}（或 C_a）即为异常下限，当 $i=7$ 时计算获得的 C_{a7}（$C_{a7}=C_g$）即为边界品位。

若 C_b 值取中国水系沉积物元素含量丰度值（见表 2-4），C_g 值取表 2-5 中元素的边界品位，中国区域化探所分析的 32 种微量元素的定值七级异常划分结果见表 2-6。

表 2-6　32 种元素的定值七级异常划分方案

元素	Ag	As	Au	B	Ba	Be	Bi	Cd	Co	Cr	Cu
背景值①	77	10	1.32	47	490	2.1	0.31	140	12.1	59	22
1 级异常②	188	28	3.4	100	1098	3.8	0.9	358	18	184	42
2 级异常	460	78	8.8	213	2461	7.0	2.6	915	27	575	80
3 级异常	1123	217	23	454	5516	13	7.3	2340	40	1797	152
4 级异常	2743	604	58	965	12363	24	21	5983	60	5613	289
5 级异常	6702	1685	150	2055	27707	43	61	15297	90	17531	551
6 级异常	16373	4698	388	4376	62097	79	174	39111	134	54753	1050
7 级异常③	40000	13100	1000	9316	139172	144	500	100000	200	171000	2000
元素	F	Hg	La	Li	Mn	Mo	Nb	Ni	P	Pb	Sb
背景值①	490	36	39	32	670	0.84	16	25	580	24	0.69
1 级异常②	1043	136	61	57	1327	1.9	25	47	974	48	2.5
2 级异常	2222	516	94	102	2627	4.5	39	87	1635	95	8.7
3 级异常	4732	1951	146	182	5203	10	60	164	2746	190	31
4 级异常	10077	7382	227	326	10302	24	93	306	4611	379	111
5 级异常	21459	27934	353	582	20401	56	145	572	7743	755	395
6 级异常	45696	105705	549	1040	40399	130	225	1069	13001	1505	1405
7 级异常③	97311	400000	853	1858	80000	300	350	2000	21831	3000	5000

续表 2-6

元素	Sn	Sr	Th	U	V	W	Y	Zn	Zr	Ti	
背景值①	3	145	11.9	2.45	80	1.8	25	70	270	4105	
1 级异常②	6.9	332	22	4.9	133	4.0	37	129	549	7800	
2 级异常	16	760	41	10	221	9.0	55	237	827	11495	
3 级异常	36	1738	75	19	367	20	82	436	1106	15190	
4 级异常	83	3979	139	38	610	45	121	803	1385	18885	
5 级异常	190	9106	257	76	1014	101	179	1477	1664	22580	
6 级异常	436	20842	475	151	1685	226	266	2717	1942	26275	
7 级异常③	1000	47701	879	300	2801	507	394	5000	2221	29970	

①背景值取自中国水系沉积物元素含量中位值（迟清华和鄢明才，2007），Au、Ag、Cd、Hg 的含量单位为 ng/g，其他元素的含量单位为 μg/g；②第 1 级异常即为异常下限；③第 7 级异常即为边界品位。

当所研究元素的背景值（C_b）和边界品位（C_g）发生改变时，其对应的七级异常划分起始值也将发生相应改变。在一定时期内（如经济和技术条件未发生重大改变时），元素的边界品位（C_g）值可以认为是定值。在较大区域内（如全国范围内），元素的背景值（C_b）一般会发生改变，即形成元素背景含量曲面。若每一数据点的元素背景值不同，其对应的七级异常划分起始值也不同，即每一数据点将拥有自己的七级异常划分标准，此时的七级异常划分方案可称为变值七级异常划分方案。表 2-6 中的值仅供在小范围内其背景值接近中国水系沉积物丰度值时进行定值七级异常划分时参考。

2.2.4.4　变值七级异常划分方案

在胶东玲珑花岗岩风化背景经验方程研究的基础上，Gong et al.（2015）在全国不同地球化学景观区基于 13 个风化剖面中元素含量行为提出了适用于不同岩性（包括玄武岩、安山岩、花岗闪长岩、花岗岩、千枚岩、片岩、白云岩、灰岩）、不同采样粒级［从小于 4750μm（4 目）到小于 150μm（100 目）划分 5 个区间］、不同地球化学景观区（温带半湿润季风区、温带季风区、温带半湿润区、亚热带气候区、亚热带季风区、亚热带潮湿气候区、热带气候区）、不同风化程度（从基岩到红土）的风化背景经验方程。采用 *WIG*、Al_2O_3/Ti 和 K_2O/SiO_2 三个风化指标侧重表征风化程度、母岩岩性及强烈风化差异等信息，具体经验方程为：

$$\lg(c) = A(1.2 - WIG/100) + B\lg(Al_2O_3/Ti) + C\lg(K_2O/SiO_2) + D \qquad (2-7)$$

式中，c 为微量元素的含量，除 Au、Ag、Cd、Hg 单位为 ng/g 外，其他元素单位均为 μg/g；*WIG* 为风化指标，限制在小于 120；Al_2O_3、K_2O、SiO_2 的含量单位为%，Ti 的含量单位为 μg/g；A，B，C，D 为经验方程的拟合参数。

拟合经验方程时所使用的数据含 SiO_2 量变化为 14%～80%，$10000\times Al_2O_3/Ti$ 值变化在 8～160。拟合的经验方程参数见表 2-7。

在 Gong et al.（2015）研究的基础上，本研究在表 2-7 中新增 Au、Ag 两种元素的经验方程。Ti、P、Mn 三种元素在岩石、土壤和水系沉积物中含量较高，如在岩石地球化学数据分析中这三种元素通常采用氧化物形式表示，基本上可将其视为主量元素。此处不研究主量元素与风化指数的定量关系，因为上述风化指数的构建也是基于主量元素含量。鉴于

此，将这三种元素在中国水系沉积物中的中位值取为背景值，在全国范围内可采用定值异常下限来进行异常分级，见表 2-6。

表 2-7 确定微量元素含量背景值经验方程（适用于 *WIG*<120）

元素	*A*	*B*	*C*	*D*	元素	*A*	*B*	*C*	*D*
As	2. 057	−0. 468	0	−1. 836	Pb	0. 671	0. 452	0. 346	2. 484
B	2. 087	−0. 689	0	−1. 776	Sb	1. 317	−0. 287	0	−1. 879
Ba	−1. 044	0. 588	0	4. 938	Sn	0. 724	−0. 612	0. 227	−1. 255
Be	0. 401	−0. 555	0. 597	−0. 451	Sr	−1. 413	0. 334	0. 494	4. 788
Bi	1. 582	−1. 244	0	−4. 88	Th	1. 045	0	0. 39	0. 749
Cd	0. 589	−0. 993	0. 589	0	U	1. 416	−0. 365	0. 615	−0. 749
Co	0. 592	−0. 821	0	−1. 191	V	0. 949	−1. 044	0. 337	−0. 743
Cr	1. 135	−1. 304	0. 243	−1. 88	W	1. 161	−0. 355	0	−1. 519
Cu	1. 342	−0. 786	0. 23	−1. 096	Y	0. 603	−1. 095	0. 539	−1. 031
F	0. 207	−1. 254	0. 259	0	Zn	0. 952	−0. 495	0. 436	0. 674
Hg	1. 622	−1. 074	0	−2. 47	Zr	0. 301	−0. 117	0	1. 759
La	0. 592	−0. 709	0. 393	0	Au	1. 882	0. 343	0	0
Li	0. 933	−0. 748	0. 265	−0. 631	Ag	0. 231	−0. 651	0	0
Mo	1. 385	0	0	−1. 028	Ti	0	0	0	4105
Nb	0. 732	−0. 365	0	−0. 275	P	0	0	0	580
Ni	1. 338	−0. 749	0	−1. 305	Mn	0	0	0	670

注：表中 27 种元素的经验方程据 Gong et al.（2015）。Au 和 Ag 两种元素为新增经验方程。Ti、P、Mn 按照中国水系沉积物中位值数据取定值背景，也适用于 *WIG*>120 时。

表 2-7 中的经验方程仅适用于 *WIG*<120 的情况。当 *WIG*>120 时，可能样品中存在较多的碳酸盐岩时，微量元素除 Sr、Ba 含量明显增高外，其他 27 种微量元素含量一般均明显降低。对于 *WIG*>120 的这种情况，建议取上述拟合经验方程所使用数据集中 27 种微量元素各自的最小预测值作为其异常下限，取 Sr、Ba 的最大预测值作为各自的异常下限，*WIG*>120 时在全国范围内可采用定值背景值来进行异常分级。在 *WIG*>120 时 29 种微量元素的定值背景值见表 2-8。

表 2-8 微量元素的背景值（适用于 *WIG* >120）

元素	背景值	元素	背景值	元素	背景值	元素	背景值	元素	背景值
As	0. 3	Co	3	Li	4. 1	Sn	0. 55	Y	3
B	0. 9	Cr	3	Mo	0. 10	Sr	1490	Zn	18
Ba	3588	Cu	3	Nb	4	Th	1. 1	Zr	111
Be	0. 75	F	93	Ni	3	U	0. 12	Au	0. 2
Bi	0. 01	Hg	1. 0	Pb	5	V	9	Ag	17
Cd	15	La	8. 3	Sb	0. 08	W	0. 3		

注：Au、Ag、Cd、Hg 的背景值单位为 ng/g；其他元素的背景值单位为 μg/g。

基于1∶200000区域化探数据制作典型矿床异常剖析图时，每一数据点的背景值采用表2-7和表2-8中的经验方程来确定，边界品位采用表2-5中的数据，异常分级采用变值七级异常划分方案开展工作，采用变值七级异常划分方案来编制地球化学异常剖析图。

在中国地质调查局开发的GeoExpl软件中，本研究划分的1~7级异常其对应的着色编号为271~277。

2.2.5 元素的地球化学分类

为了便于描述区域化探所分析的39种元素，对这39种元素进行了地球化学分类，如图2-3所示。

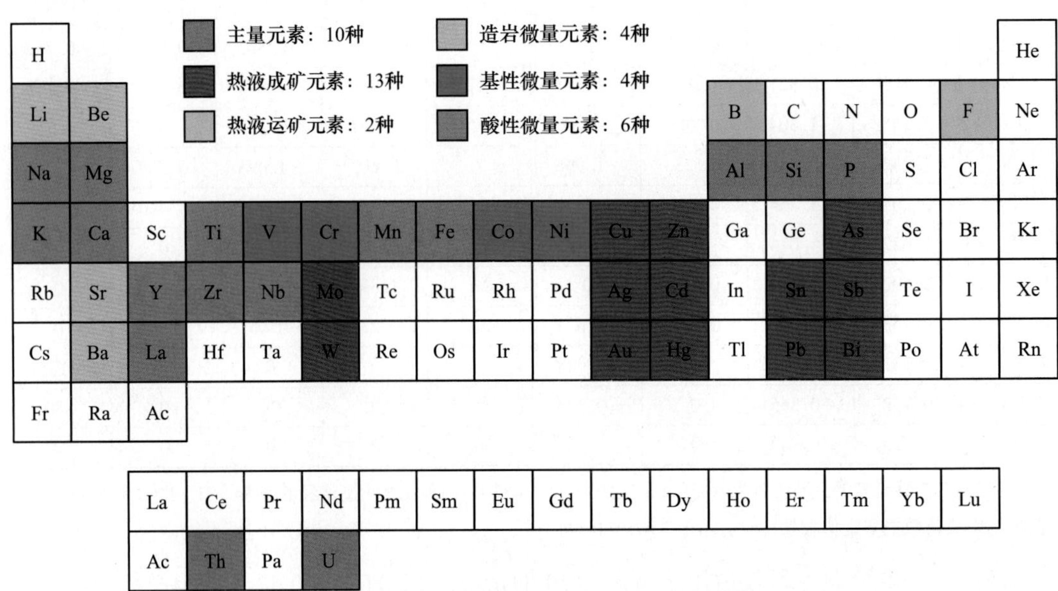

图2-3 区域化探39种元素的地球化学分类

分类的原则主要有两条：(1) 将元素划分为主量元素和微量元素两大类。主量元素成矿重点关注其是否达到工业品位，而其异常分级并不重要。但微量元素在成矿过程中经常形成广泛的晕（如原生晕、次生晕、分散晕等），而晕的发现明显要比矿体的发现容易得多。(2) 对微量元素按照热液成矿过程和岩浆演化过程再进行细分，因为地球化学找矿有效的金属元素的成矿过程基本以热液过程和岩浆过程为主导。

依据元素在介质（岩石、土壤和水系沉积物）中的含量，将SiO_2、Al_2O_3、Fe_2O_3、K_2O、Na_2O、CaO、MgO七种氧化物和Ti、P、Mn三种元素共计10种称为主量元素。这与岩石地球化学中的划分方法相一致，在岩石地球化学分析中，Ti、P、Mn三种元素经常以氧化物的形式（TiO_2、P_2O_5、MnO）给出分析结果，因此在成矿（或找矿）指示元素组合研究中不讨论这10种主量元素（仅为微量元素研究提供样品化学组成的参考）。

将W、Sn、Mo、Bi、Cu、Pb、Zn、Cd、Au、Ag、As、Sb、Hg这13种元素称为热液成矿元素。因为这13种元素不仅经常在热液成矿过程中发生显著富集，而且在中国区域化探异常查证（如1∶50000或更大比例尺的化探普查与详查）中经常被选为分析元素。

将B、F两种元素称为热液运矿元素，因金属成矿元素可与其形成络合物而在热液流体中迁移。

将 Li、Be、Sr、Ba 四种元素称为造岩微量元素，因其经常以类质同象的形式富集在主量元素 K、Na、Ca、Mg 所形成的造岩矿物中。

将 V、Cr、Co、Ni 四种元素称为基性微量元素，因其在基性岩浆岩中发生明显富集。

将 Zr、Nb、Th、U、La、Y 六种元素称为酸性微量元素，因其在酸性岩浆岩中发生明显富集。

对于区域化探所分析的 39 种元素以外的其他元素，此处暂不进行分类探讨。

3 典型镍矿床建模实例

本书选择15个典型镍矿床开展地质地球化学找矿模型研究，为总结归纳镍矿床地球化学找矿模型准备实例素材。由于所收集的资料详尽程度不同，除地质特征外典型矿床包含1：200000区域化探资料和矿区岩矿石元素含量测试数据，此处按照典型镍矿床的矿床编号分节论述。

3.1 新疆富蕴喀拉通克铜镍矿床

3.1.1 矿床基本信息

表3-1为新疆富蕴喀拉通克铜镍矿床基本信息。

表3-1 新疆富蕴喀拉通克铜镍矿床基本信息表

序号	项目名称	项目描述	序号	项目名称	项目描述
0	矿床编号	651901	4	矿床规模	大型
1	经济矿种	镍、铜	5	主矿种资源量	28.46
2	矿床名称	新疆富蕴喀拉通克铜镍矿床	6	伴生矿种资源量	46.64 Cu
3	行政隶属地	新疆维吾尔自治区阿勒泰地区富蕴县克孜勒希力克乡	7	矿体出露状态	出露

注：经济矿种资源量数据引自田战武（2007）、赵玉梅（2009）和张致民等（1996），矿种资源量单位为万吨。

3.1.2 矿床地质特征

3.1.2.1 区域地质特征

新疆富蕴喀拉通克铜镍矿床位于新疆维吾尔自治区阿勒泰地区富蕴县克孜勒希力克乡境内，距富蕴县县城东南约34km处（杨素红，2014），在成矿带划分上喀拉通克铜镍矿床位于准噶尔成矿省北准噶尔成矿带（徐志刚等，2008）。

区域内出露地层有新元古代、奥陶系、泥盆系、下石炭统、侏罗系、第三系和第四系，如图3-1所示。地层大多呈北西向展布，中泥盆统泥质板岩、安山岩和下石炭统粉砂质-泥质板岩、沉凝灰岩为该区主要的赋矿建造。

区域内岩浆岩发育，以酸性侵入岩为主，基性-超基性岩次之。代表性岩体为喀拉通克花岗岩体，呈北西向-北北西向分布于区域东北部，岩性主要为黑云母二长花岗岩。基性-超基性岩体以小岩株或隐伏状态发育，与该区铜镍矿成矿关系密切（王建中，2010）。

区域内构造比较发育，断裂构造以北西向为主。北西向断裂系是区域上额尔齐斯断裂在该区域内的表现，其他北北西向断裂为其派生断裂（代俊峰，2015）。褶皱构造以轴向

 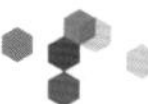

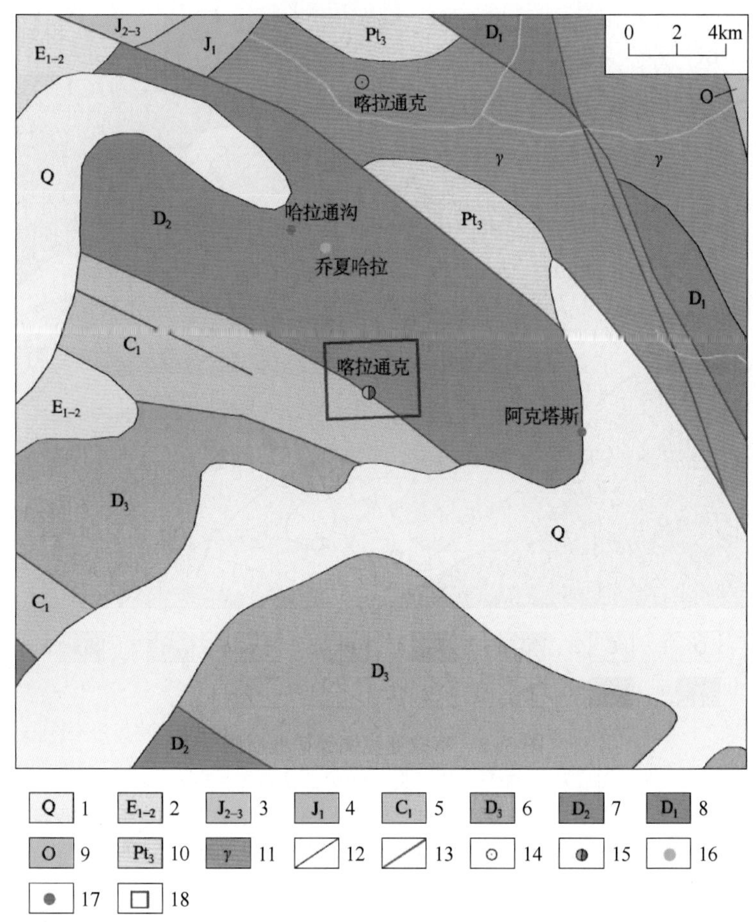

图 3-1 喀拉通克铜镍矿区域地质图

（根据中国地质调查局 1∶1000000 地质图和田战武（2007）修编）

1—第四系砂、砂土、砾石；2—古新统-始新统砂质泥岩夹砂岩；3—中侏罗统-上侏罗统砂质泥岩；4—下侏罗统砂岩、泥岩夹煤层；5—下石炭统粉砂质-泥质板岩、沉凝灰岩、凝灰质碎屑岩；6—上泥盆统碎屑岩及安山玢岩；7—中泥盆统泥质板岩、安山质角砾熔岩、安山岩；8—下泥盆统火山岩及片岩、变粒岩夹钙质粉砂岩；9—奥陶系片岩、片麻岩、混合岩、变粒岩和砂岩、粉砂岩；10—新元古代细砂岩、粉砂岩；11—二长花岗岩；12—岩性界线；13—断层；14—地名；15—铜镍矿床；16—铜矿床；17—金矿床；18—喀拉通克矿区范围

北西的喀拉通克复向斜为代表，是区域上萨尔布拉克-喀拉通克复向斜在该区的表现（杨素红，2014）。

区域内矿产资源丰富，以铜、镍、金矿床为主，代表性铜镍矿床有喀拉通克大型铜镍矿床、乔夏哈拉铁铜金矿床（张志欣等，2012；卫晓峰，2015）、哈拉通沟金矿床（田永安和宋来忠，1982）和阿克塔斯金矿床（王玉往等，2015；卫晓峰等，2016）等。

3.1.2.2 *矿区地质特征*

矿区出露的地层有中泥盆统蕴都喀拉组、下石炭统南明水组、第三系和第四系，如图 3-2 所示。下石炭统南明水组是矿区主要含矿岩体的侵入部位，整体呈北西向展布（田战武，2007）。

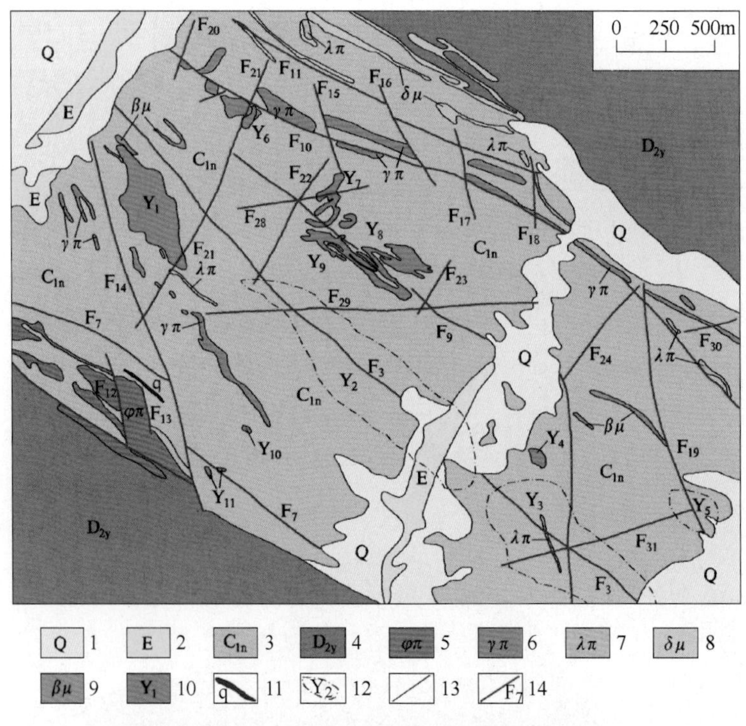

图 3-2　喀拉通克铜镍矿地质图

（根据田战武（2007）、任立业（2010）、杨素红（2014）修编）

1—第四系残坡积层和冲积层；2—第三系红色砂质黏土层；3—下石炭统南明水组泥质板岩和沉凝灰岩；4—中泥盆统蕴都喀拉组板岩、火山角砾岩及安山岩；5—钠长斑岩；6—花岗斑岩；7—石英斑岩；8—闪长玢岩；9—辉绿玢岩；10—基性岩体及编号；11—石英脉；12—隐伏基性岩体在地表的投影范围及编号；13—岩性界线；14—断层及编号

矿区岩浆岩比较发育，主要以小岩体和脉岩产出，大体呈北西向分布。酸性脉岩主要有花岗斑岩脉、石英斑岩脉和钠长斑岩脉，中性脉岩为闪长玢岩脉，基性岩以辉绿玢岩脉和基性小岩体为主。

矿区已发现 11 个基性岩体，编号从 Y_1 至 Y_{11}，其中 Y_2、Y_3 和 Y_5 呈隐伏状态，其他岩体均在地表有出露，侵位于下石炭统南明水组地层中，如图 3-2 所示。按岩体出露位置可分为南、北两个岩带，展布方向均约 310°。南岩带由 Y_1、Y_2、Y_3 岩体组成，断续延长约 4km，宽 100~300m。岩体规模较大，形态较规则，主要为隐伏和半隐伏岩体，基性程度高，岩浆分异较好，垂直分相明显，金属硫化物富集度高。北岩带由 Y_4~Y_9 计六个岩体组成，断续延长 2.2km，宽 50~250m。岩体规模较小，形态比较复杂，岩浆分异不明显，虽然矿化普遍，多成铁帽出露，但矿床规模小。在南岩带之南还有 Y_{10} 和 Y_{11} 岩体，岩性为辉长岩，由于覆盖严重，其规模、形态尚未查明（田战武，2007）。喀拉通克铜镍矿有经济开采价值的矿石均赋存于南岩带 Y_1~Y_3 基性岩体中（任立业，2010）。

Y_1 岩体位于矿区西北部，岩体在平面上呈不规则扁豆状，中部膨大，两端变窄，其形态明显受北西向断裂构造控制（见图 3-2），其长轴方向长约 700m，出露面积约 0.1km^2。在勘探线剖面上形似一不规则歪漏斗状（见图 3-3），倾向北东，倾角 60°~85°。

根据工程控制，岩体向下延伸，但由南东至北西延伸逐渐减小。岩体出露处地面标高1000m左右，向下延深至710m标高时，岩体长度变化不大，宽度则相对地表处减半，继续向下，则变为蛇形脉体（田战武，2007）。岩体岩相结晶分异好，在垂向上自下而上可分出辉长岩相、黑云角闪橄榄苏长岩相、黑云角闪苏长岩相、黑云角闪辉绿苏长岩相、闪长岩相。除去辉长岩相，其余各岩相的结构、铁镁比值、基性程度等呈渐变过渡关系（任立业，2010）。矿区 Y_1 岩体北西段有氧化露头分布，发育约有40m深的氧化带（王若嵘，2011）。韩宝福等（2004）对 Y_1 岩体的苏长岩进行了SHRIMP锆石U－Pb定年，获得（287±5）Ma的谐和年龄，属于二叠纪岩体。

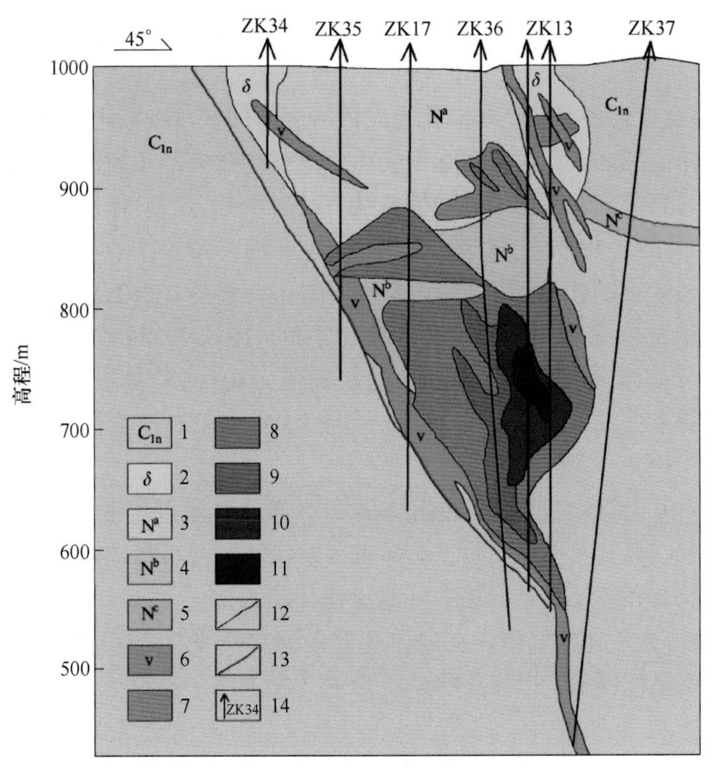

图3-3　喀拉通克 Y_1 岩体28号勘探线剖面图

（根据赵玉梅（2009）修编）

1—下石炭统南明水组泥质板岩、沉凝灰岩；2—黑云闪长岩；3—黑云角闪苏长岩；4—黑云角闪橄榄苏长岩；5—黑云角闪辉绿苏长岩；6—辉长岩脉；7—矿化体；8—稀疏浸染状贫镍矿体；9—中等及稠密浸染状富铜贫镍矿体；10—致密块状特富铜镍矿体；11—致密块状富镍高铜矿体；12—岩性界线；13—断层；14—钻孔及编号

Y_2 岩体在矿区中部呈总体埋深120~200m的隐伏岩体，岩体总长约1.7km，宽由小于数米到200m不等，其北西端在深部与 Y_1 岩体的南东端相连（田战武，2007）。岩体自下而上分别为底部矿体、橄榄苏长岩相、辉长苏长岩相及闪长岩相，各岩相呈渐变过渡关系（任立业，2010；张纯义，1990）。

Y_3 岩体为埋深160~205m的隐伏岩体，岩体总长约1.3km，宽一般在200m左右，其北西端距 Y_2 岩体的南东端约100m（田战武，2007）。岩体自下而上依次为苏长岩相、辉长苏长岩相、闪长岩相，各个岩相带呈渐变过渡接触关系（任立业，2010；张纯义，1990）。

矿区内发育褶皱和断裂构造。褶皱由泥盆系和石炭系地层形成一轴向北西的复式向斜，在石炭系地层内发育一系列次级背斜和向斜。矿区断裂十分发育，数量众多，规模大小不等，主要有北西向、北北西向、近东西向和北东向四组，其中北西向及北北西向断裂是矿区主要的控岩构造，尤其是背斜的轴部与断裂交汇处。矿区基性岩体呈带状沿该断裂带分布（田战武，2007；王若嵘，2011）。

3.1.2.3　矿体地质特征

A　矿体特征

在矿区的11个基性岩体中，Y_1岩体已探明为大型铜镍硫化物矿床，Y_2和Y_3为中型铜镍硫化物矿床，Y_6~Y_9为小型铜镍硫化物矿床（田战武，2007），其他岩体矿化情况尚未查明。

矿区Y_1岩体含矿性最好，全岩矿化，矿体占岩体体积60%以上（任立业，2010）。矿体主要局限于岩体范围之内，主体赋存于岩体中下部的橄榄苏长岩和苏长岩相中，少量矿体在边部和底部的辉绿辉长岩相中的橄榄辉绿辉长岩中分布。矿体的形态产状与岩体基本一致，呈埋深不大的环带状分布于岩体中（赵玉梅，2009；王建中，2010）。张作衡等（2005）对1号矿体硫化物矿石进行Re-Os测年，获得（282.5±4.8）Ma的等时线年龄；对2号矿体硫化物矿石Re-Os测年获得（290.2±6.9）Ma的等时线年龄。韩春明等（2006）对1号矿体硫化物矿石Re-Os测年获得（305±15）Ma的等时线年龄。上述年龄在误差范围内基本一致，此处暂取287Ma（与Y_1岩体成岩年龄相同）来代表喀拉通克铜镍矿床的成矿年龄。

矿区Y_2岩体中的矿体主要赋存在岩体的中下部及其附近围岩中，矿体形态呈层状、似层状、分支脉状、囊状及不规则状，矿体由浸染状和致密块状矿体组成，主要赋存在岩体底部的橄榄苏长岩和辉长苏长岩相中（赵玉梅，2009）。

矿区Y_3岩体中的矿体主要赋存在岩体底部角闪辉长岩、角闪苏长岩及部分黑云母闪长岩中，矿体形态呈似层状，以浸染状矿石为主（赵玉梅，2009；王建中，2010）。

B　矿石特征

喀拉通克矿区的铜镍矿石按自然类型可分为氧化矿石和原生矿石两种，以原生矿石为主。氧化矿石主要分布在1号矿床北西端的地表附近及6号、7号、8号矿床中。原生矿石分布在1号、2号、3号矿床以及7号、9号矿床中（王建中，2010；高萍，2011）。

原生矿石按矿石构造特征可进一步划分为稀疏浸染状矿石、中等浸染状矿石、稠密浸染状矿石和致密块状矿石（高萍，2011；龚英，2011）。致密块状矿石的矿石品位特高，称为特富铜镍矿石（王建中，2010）。上述矿石类型，在1号矿床和2号矿床西段矿体的局部地区，无论在平面上或剖面上常呈环带状分布。一般情况下，致密块状矿石居中，向外依次为稠密-中等浸染状矿石、稀疏浸染状矿石。致密块状矿石与浸染状矿石之间有明显的贯入接触关系，各类浸染状矿石之间以及浸染状矿石与岩体之间均为渐变过渡关系。(王建中，2010；高萍，2011)。

喀拉通克矿床中矿石矿物主要有磁黄铁矿、镍黄铁矿、黄铜矿、黄铁矿等，其次为铬铁矿、钛铁矿、紫硫镍矿、磁铁矿等，少量辉砷镍矿、方黄铜矿、闪锌矿、方铅矿、白铁

 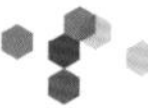

矿、褐铁矿等；造岩矿物主要有橄榄石、辉石、斜长石、角闪石等，其次为黑云母、石英、绿泥石、绿帘石等（赵玉梅，2009；高萍，2011；王斌等，2011）。

依照形成条件，矿区矿石结构可分为三种类型：结晶结构、出溶结构和交代结构。结晶结构包括自形晶结构、半自形粒状结构、半自形-他形粒状结构、他形粒状结构和斑状结构等。出溶结构有乳浊状结构、叶片状结构、焰状结构、板状结构以及格状结构等。交代结构主要包括熔蚀结构、交代残余结构、反应边结构、交代假象结构和骸晶结构等（王建中，2010；高萍，2011）。总体上，矿石结构以粒状结构为主，少量交代溶蚀结构（王斌等，2011）。矿石构造主要有块状构造、浸染状构造、斑点状构造、浸染条带状构造、海绵陨铁构造、角砾状构造、细脉-浸染状构造、细脉-网脉状构造、脉状构造等（高萍，2011）。

C 围岩蚀变

喀拉通克岩体群侵位于下石炭统南明水组上段地层中，并使围岩发生热接触变质作用，变质带范围不大，一般不超过20m，主要表现为角岩化和石墨化。越靠近岩体，热变质作用越强，则形成黑云斜长角岩和透辉石角岩等（王建中，2010）。矿体的围岩蚀变以绿泥石化、绿帘石化、绢云母化为主，次为滑石化、硅化、蛇纹石化、碳酸盐化、褐铁矿化等，其蚀变强度距矿体由近及远逐渐减弱（王建中，2010；王斌等，2011）。

3.1.2.4 勘查开发概况

1978年6月新疆地质局第四地质大队在喀拉通克地区发现铁帽，随后经磁法测量推测该区存在含矿岩体。1979年经钻孔证实铁帽下存在基性岩体，具铜矿化，但未见工业矿体。1980年ZK13号钻孔首次揭露铜镍矿体，并见到块状、角砾状特富铜镍矿石（李毓芳，2010）。

1985年6月新疆地质局第四地质大队提交《富蕴县喀拉通克硫化铜镍矿区1号矿床勘探中间报告》，初步探明C级+D级铜金属量26.16万吨、镍金属量18.26万吨（田战武，2007；赵玉梅，2009）。

1985~1986年新疆地质局第四地质大队对矿区2号、3号矿床进行详细普查，初步探明D级铜金属量18.71万吨、镍金属量9.64万吨，其中2号矿床铜金属量13.37万吨、镍金属量6.77万吨，3号矿床铜金属量5.34万吨、镍金属量2.87万吨（田战武，2007；赵玉梅，2009）。

1986年新疆地质局第四地质大队对矿区6号、7号、8号、9号矿床进行地质普查，共探明D级铜金属量1.77万吨、镍金属量0.56万吨（田战武，2007；赵玉梅，2009；王斌等，2011）。

上述矿区累计探明镍金属量28.46万吨、铜金属量46.64万吨，这与张致民等（1996）所报道的镍28万吨、铜47万吨的储量数据相一致。此处暂取上述累计探明的金属量作为喀拉通克铜镍矿床的已探明储量，暂不考虑后续勘探工作的新增储量。

1992年10月新疆有色公司提交《喀拉通克硫化铜镍矿区1号矿床勘探地质报告》，并于1993年5月经新疆矿产储量委员会批准探明铜金属量24.3万吨、镍金属量15.2万吨（李毓芳，2010），这一储量数据较1985年所提交的中间报告中探明储量略有降低。1号矿床目前为矿区的主要开采对象（龚英，2011）。

2001~2003年新疆地质局第四地质大队对矿区2号东段矿体进行详查，计算332级+

333 级储量获得铜金属量 10.6 万吨、镍金属量 4.98 万吨，与原 2 号矿体普查工作相比，新增铜 19.1 万吨、镍 0.66 万吨（田战武，2007；赵玉梅，2009）。

2003~2006 年喀拉通克铜镍矿与新疆地矿局第四地质大队对 2 号矿床西段矿体实施了详查工作，取得了重大突破，在 590m 标高以下发现了深部特富矿体（田战武，2007）。

3.1.2.5　矿床类型

根据马开义和刘光海（1993）、王润民和王志辉（1993）、田战武（2007）、王建中（2010）、戴塔根等（2013）、杨素红（2014）、展新忠等（2015a）的研究成果，认为新疆富蕴喀拉通克铜镍矿床应属于基性超基性岩铜镍矿床。

3.1.2.6　地质特征简表

综合上述矿床地质特征，除矿床基本信息表（见表 3-1）中所表达的信息以外，新疆富蕴喀拉通克铜镍矿床的地质特征可归纳列入表 3-2 中。

表 3-2　新疆富蕴喀拉通克铜镍矿床地质特征简表

序号	项目名称	项目描述	序号	项目名称	项目描述
10	赋矿地层时代	下石炭统	16	矿石类型	浸染状和块状
11	赋矿地层岩性	泥质板岩、沉凝灰岩	17	成矿年龄	287Ma
12	相关岩体岩性	橄榄苏长岩、辉长岩等	18	矿石矿物	磁黄铁矿、镍黄铁矿、黄铜矿、黄铁矿、铬铁矿、钛铁矿等
13	相关岩体年龄	287Ma			
14	是否断裂控矿	否	19	围岩蚀变	角岩化、绿泥石化、绢云母化等
15	矿体形态	环带状、似层状、囊状等	20	矿床类型	基性超基性岩铜镍矿床

注：序号从 10 开始是为了和数据库保持一致。

3.1.3　地球化学特征

3.1.3.1　区域化探

A　元素含量统计参数

本次收集到研究区内 1∶200000 水系沉积物 238 件样品的 38 种元素含量数据。计算水系沉积物中元素平均值相对其在中国水系沉积物（*CSS*）中的富集系数，将其地球化学统计参数列于表 3-3 中。

表 3-3　研究区 1∶200000 区域化探元素含量①统计参数

元素	Ag	As	Au	B	Ba	Be	Bi	Cd	Co	Cr	Cu	F	Hg
最大值	166	278	9.3	86	664	4.8	2.30	540	33.8	327	166	930	56
最小值	10	1.8	0.2	11	184	0.7	0.10	90	6.7	27.9	15.3	324	5
中位值	74	7.4	0.59	39	422	2.0	0.30	160	13.6	60.4	28.5	590	12
平均值	76.5	11.1	0.8	39.0	431	2.1	0.37	176	13.9	63.5	31.3	589	14
标准差	18.6	20.5	1.04	11.8	61	0.37	0.21	64	3.27	30.5	13.9	122	7.1
富集系数②	0.99	1.11	0.62	0.83	0.88	0.98	1.19	1.26	1.15	1.08	1.42	1.20	0.39

续表 3-3

元素	La	Li	Mo	Nb	Ni	Pb	Sb	Sn	Sr	Th	U	V	W
最大值	47.2	42.6	3.3	114	192	93	2.60	4.62	798	20.7	31	712	15
最小值	19.2	14	0.42	7.4	14.9	9.2	0.20	0.88	129	1.2	1.0	54	0.5
中位值	30.3	25.7	0.98	12.6	29.0	16.4	0.60	2.20	229	10.2	2.0	99	1.6
平均值	30.7	25.7	1.07	13.0	30.8	17.3	0.66	2.37	251	10.3	2.8	105	2.0
标准差	4.47	4.84	0.43	6.85	14.8	7.22	0.29	0.75	81	3.05	3.73	46	1.78
富集系数②	0.79	0.80	1.27	0.81	1.23	0.72	0.96	0.79	1.73	0.87	1.15	1.31	1.10
元素	Y	Zn	Zr	SiO_2	Al_2O_3	Fe_2O_3	K_2O	Na_2O	CaO	MgO	Ti	P	Mn
最大值	50.2	193	1198	70.36		8.60	3.10	3.30	10.08	5.20	9641	1654	1829
最小值	16.2	37.9	103	48.09		2.51	1.50	1.40	1.62	1.20	2132	544	562
中位值	27.3	71.1	210	62.18		5.48	2.30	2.30	3.70	2.09	4073	800	865
平均值	27.8	73.6	220	61.50		5.47	2.29	2.30	3.93	2.12	4073	833	899
标准差	4.51	22.1	80	4.20		0.93	0.31	0.37	1.56	0.42	722	179	185
富集系数②	1.11	1.05	0.81	0.94		1.21	0.97	1.75	2.18	1.54	0.99	1.44	1.34

①元素含量的单位见表 2-4；②富集系数=平均值/*CSS*，*CSS*（中国水系沉积物）数据详见表 2-4。

与中国水系沉积物相比，研究区内微量元素富集系数没有大于 2 的，介于 1.2~2 之间的有 Sr、Cu、V、Mo、Ni、F 共计 6 种元素，基性微量元素有 Ni、V，热液成矿元素有 Cu、Mo，热液运矿元素有 F，造岩微量元素有 Sr。

在研究区内已发现有大型镍矿床，并伴生铜，上述 Ni 和 Cu 的富集系数分别为 1.23 和 1.42。

B　地球化学异常剖析图

依据研究区内 1：200000 化探数据，采用全国变值七级异常划分方案制作 29 种微量元素的单元素地球化学异常图，其异常分级结果见表 3-4。

表 3-4　喀拉通克矿区 1：200000 区域化探元素异常分级

元素	Ag	As	Au	B	Ba	Be	Bi	Cd	Co	Cr	Cu	F	Hg	La	Li	Mo	Nb	Ni	Pb	Sb	Sn	Sr	Th	U	V	W	Y	Zn	Zr
异常分级	0	2	0	0	0	0	0	0	2	1	2	0	0	0	0	0	0	3	0	0	0	1	0	0	1	0	0	0	0

注：0 代表在喀拉通克矿区基本不存在异常，不作为找矿指示元素。

从表 3-4 中可以看出，在喀拉通克矿区存在异常的微量元素有 Ni、Cu、Co、V、Cr、As、Sr 共计 7 种。这 7 种微量元素在研究区内的地球化学异常剖析图如图 3-4 所示。

上述 7 种元素可以作为喀拉通克铜镍矿在区域化探工作阶段的找矿指示元素组合。在这 7 种元素中 Ni 具有 3 级异常，Cu、Co、As 具有 2 级异常，V、Cr、Sr 具有 1 级异常。

3.1.3.2　*岩石地球化学勘查*

A　元素含量统计参数

本次收集到喀拉通克矿区岩石 180 件样品的 20 种微量元素含量数据（张招崇等，

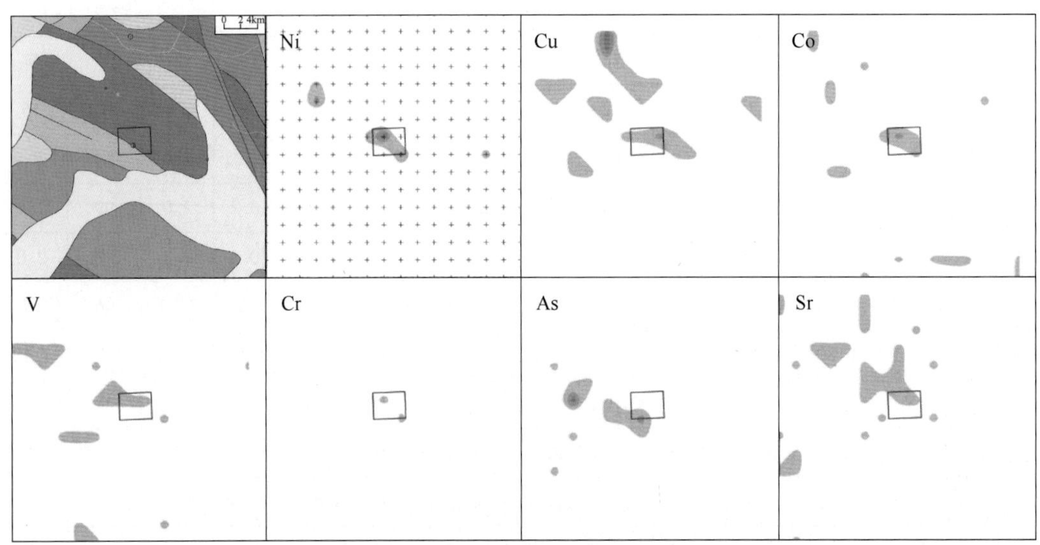

图 3-4　区域化探地球化学异常剖析图

（地质图为图 3-1 喀拉通克铜镍矿区域地质图）

2003；刘民武，2003；潘振兴，2007；余旭等，2008；赵玉梅，2009；王建中，2010；杨素红，2014；展新忠等，2015a；代俊峰，2015），其中不同类型矿石 54 件、较新鲜岩石 126 件。计算岩石中元素平均值相对其在中国水系沉积物（*CSS*）中的富集系数，将其地球化学统计参数列于表 3-5 中。

表 3-5　矿区岩石样品元素含量①统计参数

元素	Ag	As	Au	B	Ba	Be	Bi	Cd	Co	Cr	Cu	F	Hg	La	Li
样品数			40		122	25	24	13	165	157	164			132	25
最大值			725		1536	2. 07	2. 00	11780	1500	2663	270600			144	35. 5
最小值			2. 67		9. 5	0. 44	0. 01	180	5. 75	0. 53	8. 8			0. 27	5. 43
中位值			77. 2		410	0. 79	0. 04	540	81. 8	359	825			16. 7	10. 0
平均值			128		433	1. 00	0. 13	1836	203	539	9035			18. 6	13. 0
标准差			141		211	0. 45	0. 40	3013	323	591	27780			16. 7	7. 19
富集系数②			97		0. 88	0. 48	0. 42	13. 1	16. 8	9. 14	411			0. 48	0. 41
元素	Mo	Nb	Ni	Pb	Sb	Sn	Sr	Th	U	V	W	Y	Zn	Zr	
样品数		122	165	122			122	122	96	122		128	122	157	
最大值		25. 5	45000	2233			1557	8. 96	1. 76	829		36. 8	172	244	
最小值		0. 26	0. 11	2. 07			238	0. 25	0. 07	28. 7		0. 19	27. 9	0. 83	
中位值		6. 87	639	8. 3			464	2. 4	0. 54	127		14. 0	110	98	
平均值		7. 49	4878	33			577	2. 79	0. 60	155		14. 3	109	99	
标准差		4. 32	10305	201			286	1. 65	0. 34	94		5. 05	31. 3	51	
富集系数②		0. 47	195	1. 36			3. 98	0. 23	0. 24	1. 94		0. 57	1. 56	0. 37	

注：数据引自张招崇等（2003）、刘民武（2003）、潘振兴（2007）、余旭等（2008）、赵玉梅（2009）、王建中（2010）、杨素红（2014）、展新忠等（2015a）、代俊峰（2015）。

①元素含量单位见表 2-4；②富集系数=平均值/*CSS*，*CSS*（中国水系沉积物）数据详见表 2-4。

与中国水系沉积物相比，矿区岩石微量元素富集系数大于 100 的元素有 Cu、Ni；介于 10~100 之间的元素有 Au、Co、Cd；介于 3~10 之间的元素有 Cr、Sr；介于 1.2~2 之间的元素有 V、Zn、Pb。富集系数大于 1.2 的微量元素有 10 种，其中基性微量元素有 Ni、Co、V、Cr，热液成矿元素有 Cu、Pb、Zn、Cd、Au，造岩微量元素有 Sr。

在研究区内发育喀拉通克大型铜镍矿床，上述 Ni、Cu 的富集系数分别为 195 和 411。

B 地球化学异常剖面图

本次在矿区范围内所收集的岩石有矿石与较新鲜岩石，尤其是含有一定量的矿石，元素含量采用平均值来表征，该平均值的大小取决于所收集岩石中矿石相对较新鲜岩石的多少。

依据上述矿区岩石中元素含量的平均值，采用全国定值七级异常划分方案评定 20 种微量元素的异常分级，结果见表 3-6。

表 3-6 喀拉通克矿区岩矿石中元素异常分级

元素	Ag	As	Au	B	Ba	Be	Bi	Cd	Co	Cr	Cu	F	Hg	La	Li	Mo	Nb	Ni	Pb	Sb	Sn	Sr	Th	U	V	W	Y	Zn	Zr
异常分级			4		0	0	0	2	7	1	7			0	0		0	7	0			1	0	0	1		0	0	0

注：0 代表在喀拉通克矿区基本不存在异常，不作为找矿指示元素。

从表 3-6 中可以看出，在喀拉通克矿区存在异常的微量元素有 Ni、Cu、Co、V、Cr、Cd、Au、Sr 共计 8 种，这 8 种元素可作为喀拉通克铜镍矿床在岩石地球化学勘查工作阶段的找矿指示元素组合。在这 8 种元素中 Ni、Cu、Co 具有 7 级异常，Au 具有 4 级异常，Cd 具有 2 级异常，V、Cr、Sr 具有 1 级异常。

3.1.3.3 勘查地球化学特征简表

综合上述勘查地球化学特征，新疆富蕴喀拉通克铜镍矿床的勘查地球化学特征可归纳列入表 3-7 中。

表 3-7 新疆富蕴喀拉通克铜镍矿床勘查地球化学特征简表

矿床编号	项目名称	Ag	As	Au	B	Ba	Be	Bi	Cd	Co	Cr	Cu	F	Hg	La	Li
651901	区域富集系数	0.99	1.11	0.62	0.83	0.88	0.98	1.19	1.26	1.15	1.08	1.42	1.20	0.39	0.79	0.80
651901	区域异常分级	0	2	0	0	0	0	0	0	2	1	2	0	0	0	0
651901	岩石富集系数			97		0.88	0.48	0.42	13.1	16.8	9.14	411			0.48	0.41
651901	岩石异常分级			4		0	0	0	2	7	1	7			0	0
矿床编号	项目名称	Mo	Nb	Ni	Pb	Sb	Sn	Sr	Th	U	V	W	Y	Zn	Zr	
651901	区域富集系数	1.27	0.81	1.23	0.72	0.96	0.79	1.73	0.87	1.15	1.31	1.10	1.11	1.05	0.81	
651901	区域异常分级	0	0	3	0	0	0	1	0	0	1	0	0	0	0	
651901	岩石富集系数		0.47	195	1.36			3.98	0.23	0.24	1.94		0.57	1.56	0.37	
651901	岩石异常分级		0	7	0			1	0	0	1		0	0	0	

注：该表可与矿床基本信息、地质特征简表依据矿床编号建立对应关系。

3.1.4 地质地球化学找矿模型

新疆富蕴喀拉通克铜镍矿床为一大型铜镍矿床，位于新疆维吾尔自治区阿勒泰地区富蕴县境内，矿体呈出露状态，赋矿建造为喀拉通克基性超基性岩体。成矿与喀拉通克岩体关系密切，喀拉通克岩体岩性主要为橄榄苏长岩、辉长岩和闪长岩等，其成岩年龄约287Ma。矿体的形状、产状受岩体形状产状控制。矿石类型以原生浸染状、块状矿石为主，矿体形态呈环带状、似层状、囊状、透镜状等，成矿年龄约287Ma。围岩蚀变主要有角岩化、绿泥石化、绢云母化、绿帘石化等。该矿床类型属于基性超基性岩铜镍矿床。

新疆富蕴喀拉通克矿床区域化探找矿指示元素组合为Ni、Cu、Co、V、Cr、As、Sr共计7种，其中Ni具有3级异常，Cu、Co、As具有2级异常，V、Cr、Sr具有1级异常。矿区岩石化探找矿指示元素组合为Ni、Cu、Co、V、Cr、Cd、Au、Sr共计8种，其中Ni、Cu、Co具有7级异常，Au具有4级异常，Cd具有2级异常，V、Cr、Sr具有1级异常。

3.2 新疆哈密黄山东铜镍矿床

3.2.1 矿床基本信息

表 3-8 为新疆哈密黄山东铜镍矿床基本信息。

表 3-8 新疆哈密黄山东铜镍矿床基本信息表

序号	项目名称	项目描述	序号	项目名称	项目描述
0	矿床编号	651902	4	矿床规模	大型
1	经济矿种	镍、铜、钴	5	主矿种资源量	38.36
2	矿床名称	新疆哈密黄山东铜镍矿床	6	伴生矿种资源量	18.82 Cu，1.67 Co
3	行政隶属地	新疆维吾尔自治区哈密市山沪段境内	7	矿体出露状态	出露

注：经济矿种资源量数据引自吕林素等（2007），矿种资源量单位为万吨。

3.2.2 矿床地质特征

3.2.2.1 区域地质特征

新疆哈密黄山东铜镍矿床位于新疆维吾尔自治区哈密市山沪段境内，距哈密市东南方向约 160km（姚佛军，2006），在成矿带划分上黄山东铜镍矿床位于准噶尔成矿省觉罗塔格-黑鹰山成矿带的觉罗塔格成矿亚带（徐志刚等，2008）。

区域内出露地层有石炭系、第三系和第四系，如图 3-5 所示。区域内石炭系地层包括下石炭统干墩组（C_1g）和中石炭统梧桐窝子组（C_2w）（展新忠等，2015b）。

区域内岩浆岩发育，以中性、酸性侵入岩为主，基性-超基性岩次之（孙涛，2011）。与铜镍矿床关系密切的岩体主要为黄山东岩体和黄山西岩体。黄山东岩体在区域中部呈北东东向展布，其岩性主要有橄榄岩、辉石岩、辉长闪长岩、苏长岩、辉长苏长岩、斜长角闪橄榄岩等。黄山东铜镍矿床产于黄山东岩体中（王忠禹，2015），即黄山东基性-超基性岩体为黄山东铜镍矿床的赋矿建造。

韩宝福等（2004）对黄山东岩体的橄榄苏长岩进行了 SHRIMP 锆石 U-Pb 年龄测定，获得（274±3）Ma 的成岩年龄。王忠禹（2015）对黄山东岩体中角闪辉长岩、辉长闪长岩、橄榄辉长岩的 LA-ICP-MS 锆石 U-Pb 测年分别获得（278.1±1.9）Ma、（279.6±1.9）Ma 和（278.5±2.1）Ma 的成岩年龄。上述年龄在误差范围内基本一致，此处暂取 278Ma 代表黄山东基性-超基性岩体的成岩年龄。

区域内断裂构造发育，以北东东向和近东西向展布为主，主要断裂有位于区域中北部的康古尔断裂带和位于区域中部的黄山断裂、干墩断裂等（Zhou et al.，2004）。

区域内矿产资源丰富，以铜镍、铜钼、金矿床为主。代表性铜镍矿床有黄山东、黄山西等大型矿床，黄山南等小型矿床（吕林素等，2007；邓宇峰，2011；王忠禹，2015）。铜钼矿床主要发育有三岔口东小型矿床（秦克章等，2009）。金矿主要发育有红柳河金矿点。

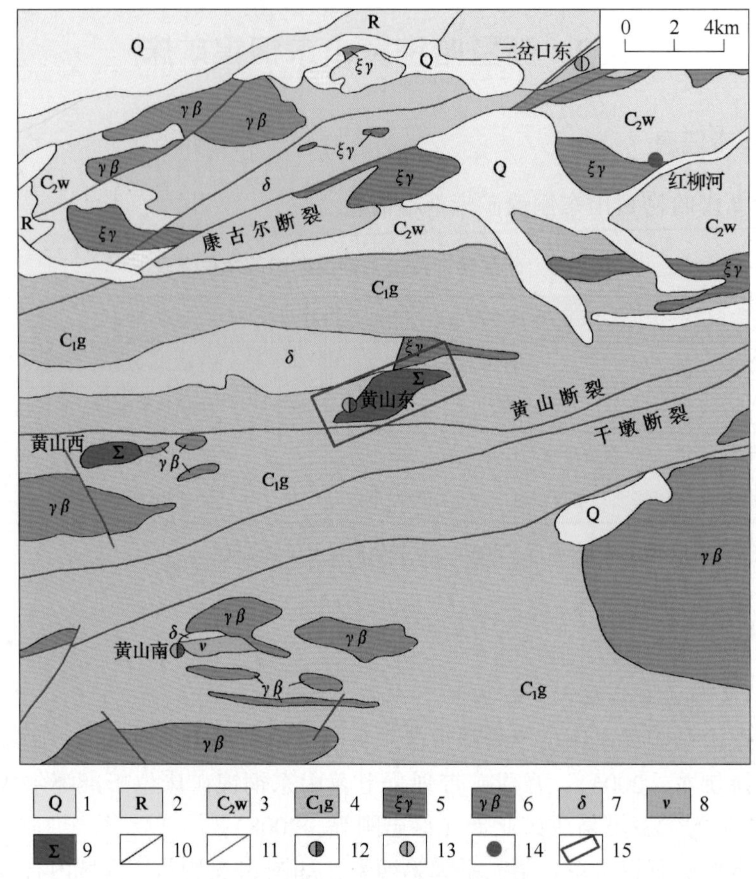

图 3-5 黄山东铜镍矿区域地质图

（根据中国地质调查局 1：200000 地质图和 Gao et al.（2013）、代玉财等（2013）、杨博（2014）修编）

1—第四系河流相沉积物；2—第三系钙质粉砂岩、细砂岩、泥质粉砂岩等；3—中石炭统梧桐窝子组中酸-中基性火山岩、火山碎屑岩夹硅质岩、板岩和结晶、变粒岩、浅粒岩、片岩等；4—下石炭统干墩组浅粒岩、片岩、板岩、砂岩、砾岩、结晶灰岩等；5—钾长花岗岩；6—黑云母花岗岩；7—闪长岩；8—辉长岩；9—超基性-基性岩体；10—岩性界线；11—断层；12—铜镍矿床；13—铜钼矿床；14—金矿床；15—黄山东矿区范围

3.2.2.2 矿区地质特征

矿区出露的地层主要有下石炭统干墩组和第四系，如图 3-6 所示。

矿区岩浆岩比较发育，主要出露有黄山东基性-超基性岩体，在矿区东北部还出露有花岗岩体。黄山东岩体地表出露形态为菱形，近东西向分布，长轴长 5.3km，中间膨胀部分宽 1.15km，总面积约 2.8km^2，侵位于下石炭统干墩组。黄山东岩体岩性主要有橄榄岩、辉石岩、辉长闪长岩、苏长岩、辉长苏长岩、斜长角闪橄榄岩等，其中橄榄辉长岩、角闪辉长岩、辉长闪长岩组成了黄山东岩体的主体部分，闪长岩围绕岩体边缘断续分布（展新忠等，2015b）。依据前文分析，此处暂取 278Ma 代表黄山东基性-超基性岩体的成岩年龄，黄山东铜镍矿床产于黄山东基性-超基性岩体中。

矿区构造以断裂为主，断裂大体上沿岩体四周呈菱形展布。断裂走向以近东西向和北东向为主。近东西向断裂以黄山断裂为主，黄山断裂形成于黄山东岩体侵位之前（张小连，2010）。北东向、南东向断裂沿岩体与围岩接触带发育，属于成岩后断裂（王忠禹，2015）。

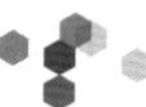

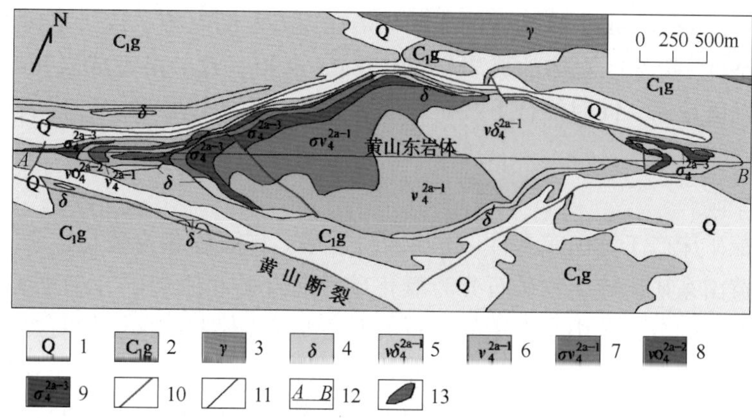

图 3-6　黄山东铜镍矿地质图

（根据王润民和李楚思（1987）、Gao et al.（2013）、王忠禹（2015）修编）

1—第四系亚黏土、粉砂、石盐、沙土、碎石等松散沉积物；2—下石炭统干墩组碎屑岩、火山碎屑岩、火山岩；3—花岗岩；4—闪长岩；5—辉长闪长岩；6—角闪辉长岩；7—橄榄辉长岩；8—辉长苏长岩；9—二辉橄榄岩；10—断层；11—岩性界线；12—勘探线及编号；13—镍矿体

3.2.2.3　矿体地质特征

A　矿体特征

黄山东铜镍矿床已发现矿体 50 余个，其中主矿体 20 余个，多呈似层状、透镜状产出，如图 3-7 所示。矿体规模大小不一，长度最小者为 200m，最大者可达 2500m，宽度最小者为 32m，最大者可达 1000m，厚度多在 8~9m 之间。矿体主要有 4 种产出部位（见图 3-7）：(1) 在角闪橄榄岩、斜长（含长）角闪橄榄岩中下部呈悬浮状产出；(2) 在角闪橄榄岩、斜长（含长）角闪橄榄岩底部或边部与辉长岩的接触带上分布；(3) 呈侧幕状在辉长苏长岩中产出；(4) 以富铜的小矿脉形式在辉长岩下部产出（王润民和李楚思，1987；王忠禹，2015）。

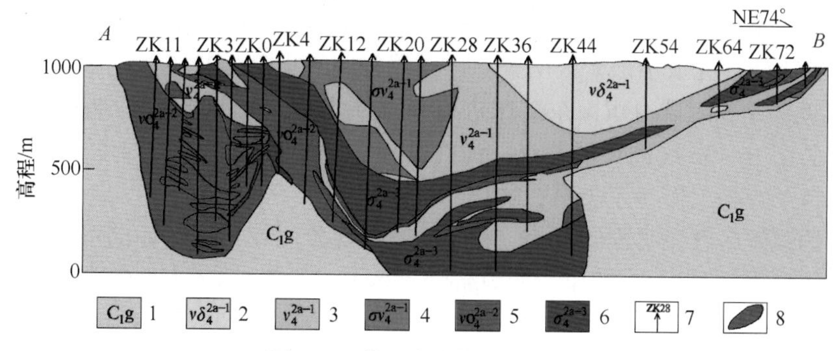

图 3-7　黄山东岩体横剖面图

（根据王润民和李楚思（1987）、王忠禹（2015）修编）

1—下石炭统干墩组砂岩、砾岩、板岩、灰岩等；2—辉长闪长岩；3—角闪辉长岩；4—橄榄辉长岩；5—辉长苏长岩；6—二辉橄榄岩；7—钻孔及编号；8—镍矿体

Mao et al.（2003）通过对黄山东铜镍矿石的 Re-Os 同位素测年，获得等时线年龄为（282±20）Ma，Zhang et al.（2008）通过对黄山东矿区 7 件矿石样品的 Re-Os 测年获得

等时线年龄为（284±14）Ma，这两者的成矿年龄在误差范围内相一致，在误差范围内成矿年龄与黄山东基性-超基性岩体的成岩年龄278Ma也相一致。由于成岩年龄误差范围较小，即年龄准确度较高，同时结合下文矿床成因类型，此处暂取278Ma代表黄山东铜镍矿床的成矿年龄。

B　矿石特征

黄山东铜镍矿床产于黄山东基性-超基性岩体中，矿石物相为硫化矿石。若以硫化率为标准，可将黄山东矿床硫化物矿石分为氧化矿、混合矿和原生矿（王忠禹，2015）。若按照矿石构造类型划分，黄山东矿床的矿石类型主要是浸染状和网脉状两类。

黄山东矿床中矿石矿物以磁黄铁矿、镍黄铁矿、黄铜矿等最多，是主要矿物；其次为斑铜矿、辉铜矿、含钴黄铁矿等。脉石矿物主要有橄榄石、辉石、斜长石、角闪石等，黑云母、石英等次之。矿石结构主要有自形晶结构、他形粒状结构、叶片状结构、乳滴状结构、交代溶蚀结构等，矿石构造主要有浸染状构造、块状构造、脉状（网脉状）构造、星点状构造等（张小连，2010；王忠禹，2015）。

C　围岩蚀变

就黄山东岩体本身而言，剪切和热液变质较强，主要表现为超基性岩石蚀变，如滑石-绿泥石岩化、蛇纹石化、石棉化等。除此之外，由于岩浆后期挥发分对硅酸盐矿物的作用，使岩体发生自变质作用，超基性岩、中基性岩中的矿物也发生不同程度的改变。例如，橄榄石矿物的蛇纹石化、透闪石化等，辉石矿物的纤闪石化、滑石化，角闪石矿物的次闪石化，斜长石矿物的绿泥石化、黝帘石化、葡萄石化等（张小连，2010），因此围岩蚀变主要有蛇纹石化、透闪石化、纤闪石化、滑石化、绿泥石化、黝帘石化、葡萄石化等。

3.2.2.4　勘查开发概况

黄山东铜镍矿床发现于1979年，新疆地矿局第六地质大队二分队进行1：50000区域地质调查时，在1033高地一带地表发现有铜钴镍矿化现象。1981年新疆地矿局第六地质大队一分队进行了矿点检查，进行了平面地质草测和化探原生晕测量，对主要矿化地段进行了槽探揭露，系统采集了各类样品。1981~1986年新疆地矿局第六地质大队对矿区开展了初查—详查工作，完成了该矿区初查—详查报告（王忠禹，2015）。

2000年新疆哈密六队对黄山东矿床进行了地质勘查。2008年新疆地矿局第二区调大队对黄山东矿床16~36线进行了普查—详查工作，2009年新疆亚克斯公司对黄山东矿床16~18线进行了普查工作（王忠禹，2015）。

黄山东铜镍矿床已探明镍储量38.36万吨、平均品位0.52%，铜储量18.82万吨、平均品位0.27%，钴储量1.67万吨、平均品位0.024%，规模属于大型镍矿床和中型铜、钴矿床（吕林素等，2007）。

3.2.2.5　矿床类型

根据李彤泰（2011）、展新忠等（2015b）、夏露寒（2015）的研究成果，认为新疆哈密黄山东铜镍矿床应属于基性超基性岩铜镍矿床。

3.2.2.6　地质特征简表

综合上述矿床地质特征，除矿床基本信息表（见表3-8）中所表达的信息以外，新疆哈密黄山东铜镍矿床的地质特征可归纳列入表3-9中。

表 3-9 新疆哈密黄山东铜镍矿床地质特征简表

序号	项目名称	项目描述	序号	项目名称	项目描述
10	赋矿地层时代	下石炭统	16	矿石类型	浸染状和网脉状
11	赋矿地层岩性	碎屑岩、火山岩	17	成矿年龄	278Ma
12	相关岩体岩性	橄榄岩、辉长岩等	18	矿石矿物	磁黄铁矿、镍黄铁矿、黄铜矿、含钴黄铁矿等
13	相关岩体年龄	278Ma	19	围岩蚀变	蛇纹石化、透闪石化、纤闪石化、滑石化、绿泥石化、绿帘石化、葡萄石化等
14	是否断裂控矿	否			
15	矿体形态	似层状、透镜状	20	矿床类型	基性超基性岩铜镍矿床

注：序号从 10 开始是为了和数据库保持一致。

3.2.3 地球化学特征

3.2.3.1 区域化探

A 元素含量统计参数

本次收集到研究区内 1∶200000 水系沉积物 222 件样品的 39 种元素含量数据。计算水系沉积物中元素平均值相对其在中国水系沉积物（*CSS*）中的富集系数，将其地球化学统计参数列于表 3-10 中。

表 3-10 研究区 1∶200000 区域化探元素含量①统计参数

元素	Ag	As	Au	B	Ba	Be	Bi	Cd	Co	Cr	Cu	F	Hg
最大值	72	29.9	18	135	1640	10.7	0.63	500	35.7	545	84	2020	17
最小值	20	0.5	0.15	8.2	311	0.9	0.05	50	1.6	7.5	3.9	80	7
中位值	40	4.3	1.5	16.3	555	1.4	0.18	60	6.4	26.6	19.8	267.5	9
平均值	40.7	5.52	2.04	23.3	583	1.45	0.19	75.4	7.44	34.3	22.1	274	9.54
标准差	8.56	4.41	2.40	18.4	169	0.68	0.10	55.7	4.26	49.8	12.2	142	1.51
富集系数②	0.53	0.55	1.55	0.50	1.19	0.69	0.62	0.54	0.61	0.58	1.01	0.56	0.27
元素	La	Li	Mo	Nb	Ni	Pb	Sb	Sn	Sr	Th	U	V	W
最大值	41.3	43.5	2.87	14.4	91.2	18.5	2.2	2.3	929	26.9	4.7	161	6.3
最小值	15	5.9	0.25	2.5	5	5.7	0.1	1	97	2	0.5	10	0.25
中位值	15	13.5	0.74	7.1	11.5	9.4	0.22	1	336	4.8	1.4	57.6	0.63
平均值	17.0	15.0	0.84	7.36	12.9	9.98	0.27	1.13	366	5.45	1.38	64.0	0.75
标准差	3.75	6.52	0.38	2.72	8.79	2.49	0.183	0.25	162	2.70	0.46	37.6	0.52
富集系数②	0.44	0.47	1.00	0.46	0.52	0.42	0.39	0.38	2.53	0.46	0.56	0.80	0.42

续表 3-10

元素	Y	Zn	Zr	SiO_2	Al_2O_3	Fe_2O_3	K_2O	Na_2O	CaO	MgO	Ti	P	Mn
最大值	34.1	81.1	265	86.7	17.2	7.52	4.38	5.01	16.4	8.61	6930	1390	1060
最小值	5.5	19.4	25	48.8	5.16	1.23	0.78	0.96	1.06	0.1	1060	192	196
中位值	16.5	45.1	109	69.4	12.46	3.39	2.14	3.47	3.67	1.34	2575	493.5	592
平均值	16.9	44.5	111	69.2	12.3	3.40	2.23	3.42	4.04	1.35	2753	548	596
标准差	5.83	13.0	38.3	6.86	2.03	1.37	0.73	0.62	2.20	0.91	1191	259	186
富集系数②	0.68	0.64	0.41	1.06	0.96	0.76	0.95	2.59	2.24	0.99	0.67	0.95	0.89

①元素含量单位见表 2-4；②富集系数=平均值/*CSS*，*CSS*（中国水系沉积物）数据详见表 2-4。

与中国水系沉积物相比，研究区内富集系数大于 1.2 的微量元素仅有 Au 和 Sr 两种。

在研究区内已发现有大型镍矿床，并伴生铜、钴，上述 Ni、Cu、Co 的富集系数分别为 0.52、1.01 和 0.61。

B　地球化学异常剖析图

依据研究区内 1∶200000 化探数据，采用全国变值七级异常划分方案制作 29 种微量元素的单元素地球化学异常图，其异常分级结果见表 3-11。

表 3-11　黄山东矿区 1∶200000 区域化探元素异常分级

元素	Ag	As	Au	B	Ba	Be	Bi	Cd	Co	Cr	Cu	F	Hg	La	Li	Mo	Nb	Ni	Pb	Sb	Sn	Sr	Th	U	V	W	Y	Zn	Zr
异常分级	0	2	1	2	0	0	1	2	3	2	2	0	1	1	1	2	0	3	0	1	0	0	0	2	2	1	3	1	0

注：0 代表在黄山东矿区基本不存在异常，不作为找矿指示元素。

从表 3-11 中可以看出，在黄山东矿区存在异常的微量元素有 Ni、Cu、Co、V、Cr、W、Mo、Bi、Zn、Cd、Au、As、Sb、Hg、B、Li、U、Y、La 共计 19 种。这 19 种微量元素在研究区内的地球化学异常剖析图如图 3-8 所示。

上述 19 种元素可以作为黄山东铜镍矿在区域化探工作阶段的找矿指示元素组合。在这 19 种元素中 Ni、Co 具有 3 级异常，V、Cr、Cu、Mo、Cd、As、B、U 具有 2 级异常，W、Bi、Zn、Au、Sb、Hg、Li、La 具有 1 级异常。

3.2.3.2　岩石地球化学勘查

A　元素含量统计参数

本次收集到黄山东矿区岩石 99 件样品的 29 种元素含量数据（王志辉等，1986；柴凤梅，2006；孟广路，2008；孙涛，2009；夏明哲，2009；胡沛青等，2010；邓宇峰等，2011；陈继平等，2013；孟广路等，2013；展新忠，2015b），其中不同类型的矿石 37 件、蚀变岩 32 件、较新鲜岩石 17 件。计算岩石中元素平均值相对其在中国水系沉积物（*CSS*）中的富集系数，将其地球化学统计参数列于表 3-12 中。

与中国水系沉积物相比，矿区岩石微量元素富集系数大于 100 的元素有 Ni；介于 10~100 之间的元素有 Cu、Cr、Co；介于 3~10 之间的元素有 Y；介于 2~3 之间的元素有 Cd、Sr、V；介于 1.2~2 之间的元素有 Li。富集系数大于 1.2 的微量元素有 9 种，其中热液成

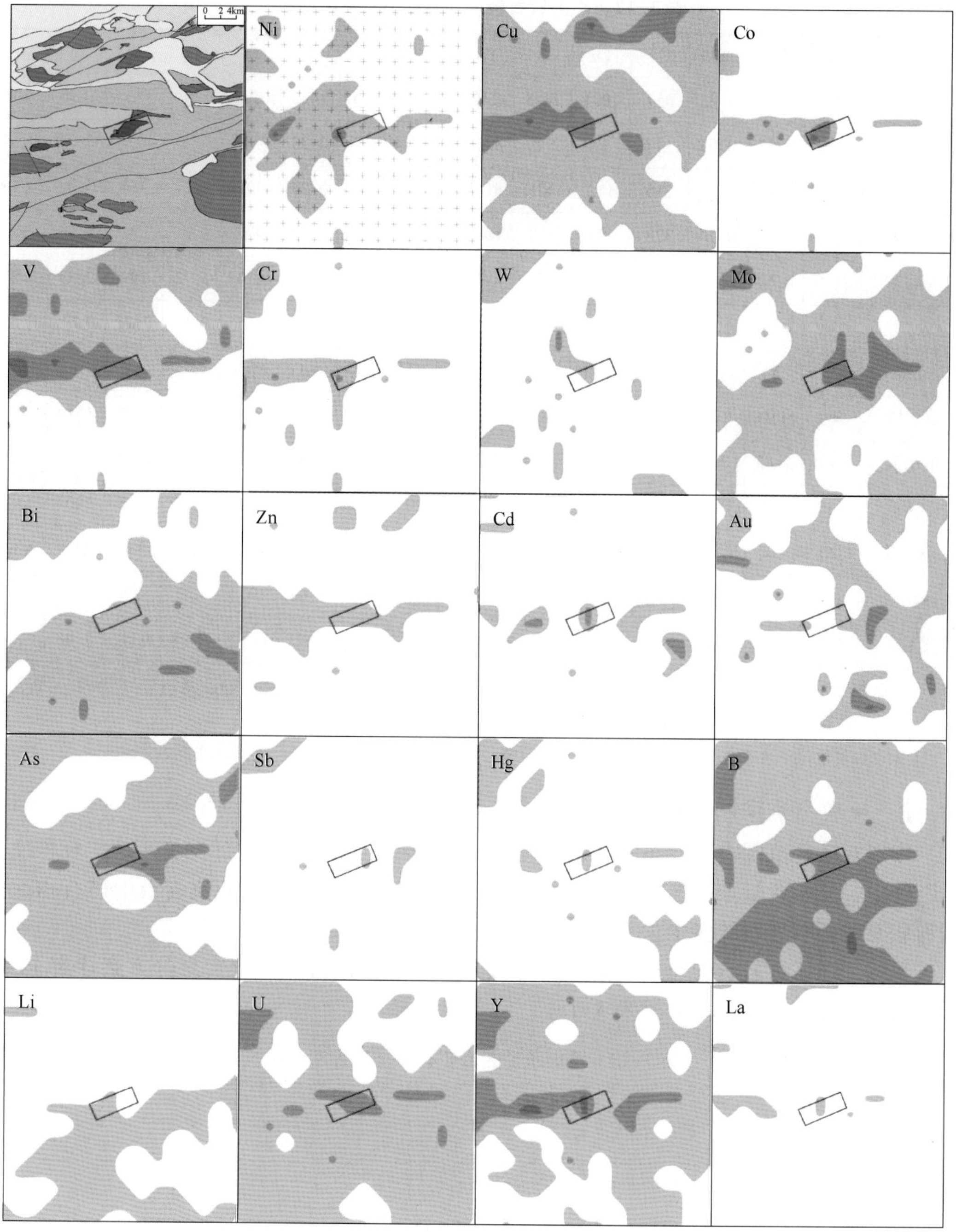

图 3-8 区域化探地球化学异常剖析图

（地质图为图 3-5 黄山东铜镍矿区域地质图）

矿元素有 Cu、Cd，造岩微量元素有 Li、Sr，酸性微量元素有 Y，基性微量元素有 Co、Ni、V、Cr。

在研究区内已发现有黄山东大型铜镍矿床，上述 Ni、Cu 的富集系数分别高达 115 和 49.5。

表 3-12 矿区岩石样品元素含量①统计参数

元素	Ba	Be	Bi	Cd	Co	Cr	Cu	La	Li	Nb	Ni	Pb	Sr	Th	U
最大值	499	1.71	0.23	857	1001	2458	41400	25.1	120	14.2	101372	36	1200	16.7	2.16
最小值	5.5	0.22	0.03	143	19	7.27	8.53	0.04	0.75	0.23	0.13	0.49	12.3	0.03	0.02
中位值	42	0.39	0.073	256	112	401	81.5	2.5	21.2	0.85	521	2.17	350	0.39	0.15
平均值	72.3	0.68	0.10	378	175	690	1090	4.01	40.8	1.79	2888	4.21	327	0.96	0.27
标准差	81.0	0.69	0.09	325	201	664	4761	4.61	55.0	2.49	12248	5.72	199	2.39	0.37
富集系数②	0.15	0.32	0.33	2.70	14.5	11.7	49.5	0.10	1.28	0.11	115	0.18	2.25	0.08	0.11
元素	V	Y	Zn	Zr	SiO_2	Al_2O_3	Fe_2O_3	K_2O	Na_2O	CaO	MgO	Ti	P	Mn	
最大值	589	11500	197	203	64.4	24.9	26.0	3.41	6.25	13.7	33.7	21456	3404	1549	
最小值	13.4	1.43	8.6	9.18	34.7	3.19	3.26	0.01	0.06	0.21	1.66	1019	43.6	232	
中位值	138	8.3	71.5	33.5	47.7	16.0	9.30	0.20	2.13	8.57	9.5	2787	227	1007	
平均值	161	144	74.8	42.4	46.6	13.6	9.72	0.33	2.04	7.98	15.3	3982	330	989	
标准差	116	1246	32.8	34.7	5.44	6.35	3.85	0.49	1.31	3.58	10.4	4095	429	324	
富集系数②	2.02	5.77	1.07	0.16	0.71	1.06	2.16	0.14	1.54	4.43	11.15	0.97	0.57	1.48	

注：数据引自王志辉等（1986）、柴凤梅（2006）、孟广路（2008）、孙涛（2009）、夏明哲（2009）、胡沛青等（2010）、邓宇峰等（2011）、陈继平等（2013）、孟广路等（2013）、展新忠（2015b）。

①元素含量单位见表 2-4；②富集系数=平均值/*CSS*，*CSS*（中国水系沉积物）数据详见表 2-4。

B 地球化学异常剖面图

本次在矿区范围内所收集的岩石有矿石、蚀变岩石与较新鲜岩石，尤其以矿石和蚀变岩石为主，元素含量采用平均值来表征，该平均值的大小取决于所收集岩石中矿石和蚀变岩石相对较新鲜岩石的多少。

依据上述矿区岩石中元素含量的平均值，采用全国定值七级异常划分方案评定 19 种微量元素的异常分级，结果见表 3-13。

表 3-13 黄山东矿区岩矿石中元素异常分级

元素	Ba	Be	Bi	Cd	Co	Cr	Cu	La	Li	Nb	Ni	Pb	Sr	Th	U	V	Y	Zn	Zr
异常分级	0	0	0	1	6	2	6	0	2	0	7	0	2	0	0	1	4	1	0

注：0 代表在黄山东矿区基本不存在异常，不作为找矿指示元素。

从表 3-13 中可以看出，在黄山东矿区存在异常的微量元素有 Ni、Co、V、Cr、Cu、Zn、Cd、Li、Sr、Y 共计 10 种，这 10 种元素可作为黄山东铜镍矿床在岩石地球化学勘查工作阶段的找矿指示元素组合。在这 10 种元素中 Ni 具有 7 级异常，Co、Cu 具有 6 级异常，Y 具有 4 级异常，Cr、Li、Sr 具有 2 级异常，V、Zn、Cd 具有 1 级异常。

3.2.3.3 勘查地球化学特征简表

综合上述勘查地球化学特征，新疆哈密黄山东铜镍矿床的勘查地球化学特征可归纳列入表 3-14 中。

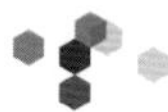

表 3-14 新疆哈密黄山东铜镍矿床勘查地球化学特征简表

矿床编号	项目名称	Ag	As	Au	B	Ba	Be	Bi	Cd	Co	Cr	Cu	F	Hg	La	Li
651902	区域富集系数	0.53	0.55	1.55	0.50	1.19	0.69	0.62	0.54	0.61	0.58	1.01	0.56	0.27	0.44	0.47
651902	区域异常分级	0	2	1	2	0	0	1	2	3	2	2	0	1	1	1
651902	岩石富集系数					0.15	0.32	0.33	2.70	14.4	11.7	49.5			0.10	1.28
651902	岩石异常分级					0	0	0	1	6	2	6			0	2
矿床编号	项目名称	Mo	Nb	Ni	Pb	Sb	Sn	Sr	Th	U	V	W	Y	Zn	Zr	
651902	区域富集系数	1.00	0.46	0.52	0.42	0.39	0.38	2.33	0.46	0.56	0.80	0.12	0.68	0.64	0.41	
651902	区域异常分级	2	0	3	0	1	0	0	1	2	2	1	3	1	0	
651902	岩石富集系数		0.11	115				2.25	0.08	0.11	2.02		5.77	1.07	0.16	
651902	岩石异常分级		0	7				2	0	0	1		4	1	0	

注：该表可与矿床基本信息、地质特征简表依据矿床编号建立对应关系。

3.2.4 地质地球化学找矿模型

新疆哈密黄山东铜镍矿床为一大型铜镍矿床，位于新疆维吾尔自治区哈密市山沪段境内，矿体呈出露状态。赋矿建造为黄山东基性-超基性岩体。成矿与黄山东岩体关系密切，黄山东岩体岩性主要为橄榄辉长岩、辉长闪长岩等，其成岩年龄约 278Ma。该矿体产出与断裂关系不明显，受基性-超基性岩体控制明显。矿石类型主要为浸染状和网脉状，矿体形态呈似层状、透镜状等，成矿年龄约 278Ma。围岩蚀变主要有蛇纹石化、透闪石化、纤闪石化、滑石化、绿泥石化、绿帘石化、葡萄石化等。该矿床类型属于基性超基性岩铜镍矿床。

新疆哈密黄山东铜镍矿床区域化探找矿指示元素组合为 Ni、Cu、Co、V、Cr、W、Mo、Bi、Zn、Cd、Au、As、Sb、Hg、B、Li、U、Y、La 共计 19 种元素，其中 Ni、Co 具有 3 级异常，V、Cr、Cu、Mo、Cd、As、B、U 具有 2 级异常，W、Bi、Zn、Au、Sb、Hg、Li、La 具有 1 级异常。矿区岩石化探找矿指示元素组合为 Ni、Co、V、Cr、Cu、Zn、Cd、Li、Sr、Y 共计 10 种，其中 Ni 具有 7 级异常，Co、Cu 具有 6 级异常，Y 具有 4 级异常，Cr、Li、Sr 具有 2 级异常，V、Zn、Cd 具有 1 级异常。

3.3 青海格尔木夏日哈木铜镍矿床

3.3.1 矿床基本信息

表 3-15 为青海格尔木夏日哈木铜镍矿床基本信息。

表 3-15 青海格尔木夏日哈木铜镍矿床基本信息表

序号	项目名称	项目描述	序号	项目名称	项目描述
0	矿床编号	631901	4	矿床规模	超大型
1	经济矿种	镍、铜、钴	5	主矿种资源量	107.17
2	矿床名称	青海格尔木夏日哈木铜镍矿床	6	伴生矿种资源量	21.55 Cu，4.03 Co
3	行政隶属地	青海省格尔木市乌图美仁乡	7	矿体出露状态	出露

注：经济矿种资源量数据引自青海省第五地质矿产勘查院（2014），矿种资源量单位为万吨。

3.3.2 矿床地质特征

3.3.2.1 区域地质特征

青海格尔木夏日哈木铜镍矿床位于青海省格尔木市乌图美仁乡境内，距格尔木市西南约 185km（李世金等，2012），距乌图美仁乡以南约 60km（王冠等，2014a），在成矿带划分上夏日哈木铜镍矿床位于昆仑成矿省东昆仑成矿带的东昆仑北部（断隆/岩浆弧）成矿亚带（徐志刚等，2008）。

区域内出露地层有古元古代、上奥陶统-下志留统、泥盆系和第四系，如图 3-9 所示。除第四系外，区域内地层大多呈北西向展布。新元古代含石榴石花岗片麻岩中 LA-ICP-MS 锆石 U-Pb 加权平均年龄为（914.9±2.8）Ma 和（928.3±2.6）Ma（王冠，2014）。

区域内岩浆岩发育，以中性、酸性侵入岩基为主，基性-超基性岩呈零星小岩株产出，代表性岩体为位于区域西南部不同时代的花岗闪长岩基和位于区域中部呈近东西向展布的复式花岗杂岩体（陈静等，2013）。复式花岗杂岩体的岩性以二长花岗岩、正长花岗岩为主，含少量中性、基性岩体（李玉春等，2013）。二长花岗岩 LA-ICP-MS 锆石 U-Pb 加权平均年龄为（923.7±2.5）Ma 和（920.1±2.8）Ma（王冠等，2014b），正长花岗岩 LA-ICP-MS 锆石 U-Pb 加权平均年龄为基形成于（391.1±1.4）Ma（王冠等，2013）。复式花岗杂岩体为该区的主要赋矿建造，如图 3-9 所示。

研究区位于北西西向断裂构造带上，区域内地层和岩体大多呈北西西向或近东西向分布。北东向和近南北向断裂规模相对较小，其形成时间晚于近东西向断裂（王冠等，2014a；姜常义等，2015）。

区域内矿产资源以镍、铜、钼、金矿床为主，代表性矿床为夏日哈木超大型铜镍矿床和拉陵灶火矽卡岩-斑岩型钼铜金矿床（王富春等，2013）。

3.3.2.2 矿区地质特征

矿区出露的地层主要有古元古代金水口群白沙河组黑云母片岩与片麻岩、新元古代花

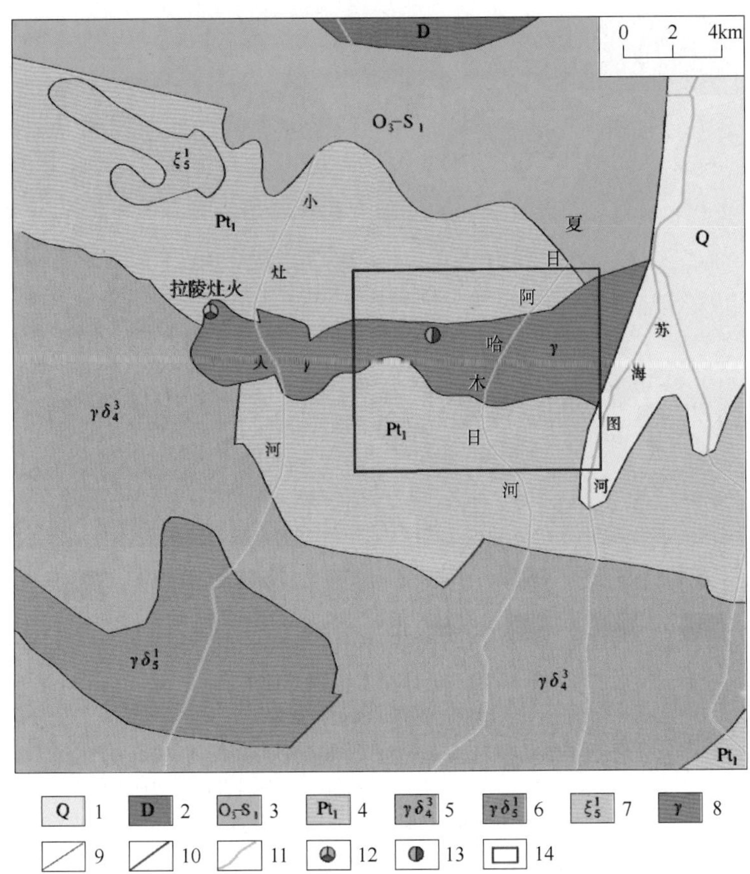

图 3-9　夏日哈木铜镍矿区域地质图

（根据中国地质调查局 1：1000000 地质图、王冠（2014）修编）

1—第四系细沙、粉砂、黄土砂；2—泥盆系火山岩、火山碎屑岩；3—上奥陶统-下志留统砂岩、板岩、灰岩夹火山岩；4—古元古代片麻岩、变粒岩、大理岩、斜长角闪岩等；5—二叠纪花岗闪长岩；6—三叠纪花岗闪长岩；7—三叠纪正长岩；8—三叠纪二长花岗岩；9—岩性界线；10—断层；11—河流；12—钼铜金矿床；13—铜镍矿床；14—夏日哈木矿区范围

岗质片麻岩和第四系黏土、砂、砾石等松散沉积物，如图 3-10 所示。白沙河组地层是夏日哈木矿区的主要地层（孔德岩，2012；吴树宽等，2016）。

矿区岩浆岩比较发育，以酸性、中性到基性和超基性侵入体为主。酸性侵入岩以矿区北部大面积出露的正长花岗岩体为代表，中性侵入岩以闪长岩体和闪长玢岩脉为代表，基性-超基性侵入岩以夏日哈木杂岩体群为代表（王冠，2014；奥琮，2014）。

夏日哈木矿区圈出具有一定规模的镁铁-超镁铁质岩体 4 个，编号为 Ⅰ ~ Ⅳ。夏日哈木铜镍矿体基本都产在 Ⅰ 号岩体中（孔德岩，2012；张照伟等，2015）。

Ⅰ 号岩体分布于矿区中北部，从地表出露到目前工程控制来看，Ⅰ 号岩体长约 1.76km、宽约 0.7km，平面上呈椭球状近东西向展布，剖面上呈一平缓“岩盆状”（潘彤，2015；张照伟等，2015）。岩体岩性主要是辉石岩相、橄榄岩相、辉长岩相及少量的花岗岩脉，岩体普遍具有碳酸盐化、孔雀石化蚀变（张照伟等，2015；潘彤，2015）。矿区Ⅰ号岩体内橄辉岩 LA-ICP-MS 锆石 U-Pb 谐和年龄为（412.9±1.8）Ma 和（410.9±1.6）Ma（张照

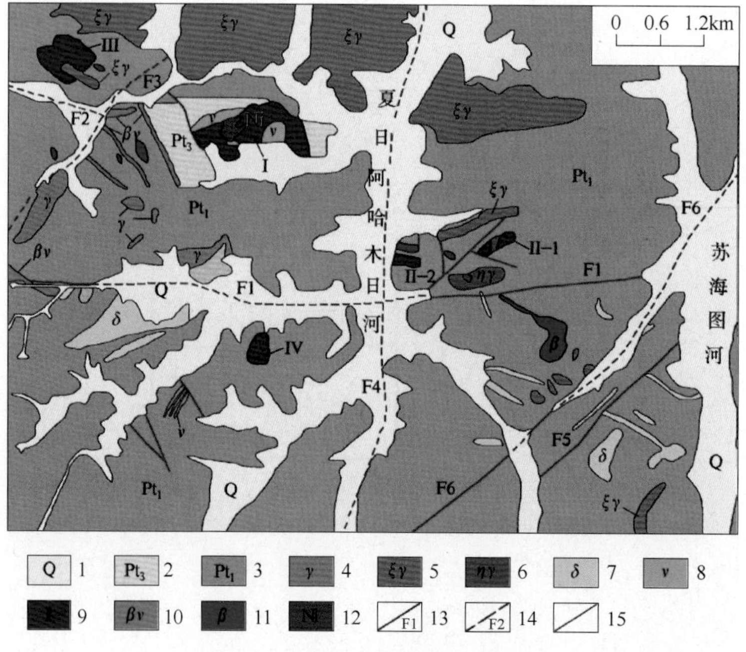

图 3-10　夏日哈木铜镍矿地质图

（根据孔德岩（2012）修编）

1—第四系黏土、砂、砾石等松散沉积物；2—新元古代花岗质片麻岩；3—古元古代金水口群白沙河组黑云母片岩、片麻岩；4—花岗岩；5—正长花岗岩；6—二长花岗岩；7—细粒闪长岩；8—辉长岩；9—镁铁-超镁铁质杂岩体及编号；10—辉绿岩；11—石榴石斜长角闪岩；12—铜镍钴矿体；13—断层及编号；14—推测断层及编号；15—岩性界线

伟等，2015），辉长苏长岩 LA-ICP-MS 锆石 U-Pb 加权平均年龄为（423±1）Ma（王冠等，2014b），滑石化辉长岩 LA-ICP-MS 锆石 U-Pb 加权平均年龄为（424±1）Ma（王冠，2014），辉长岩 LA-ICP-MS 锆石 U-Pb 谐和年龄为（439.1±3）Ma（姜常义等，2015）。此处暂取 423Ma 代表Ⅰ号岩体的成岩年龄，Ⅰ号岩体为志留系基性超基性岩体。

Ⅱ号岩体分布于矿区中东部，岩体主要由中粗粒的辉石岩和辉长岩组成。Ⅲ号岩体分布于矿区西北部，岩体形态呈近圆的岩瘤状，岩体主要由中细粒的蛇纹岩和石榴石辉石岩组成。Ⅳ号岩体分布于矿区中南部，岩体主要由辉石岩组成（潘彤，2015）。

野外钻孔岩心揭露铜镍硫化物绝大多数都富集于橄榄岩相、辉石岩相等超镁铁质岩类中，成矿与矿化较弱的辉长岩非同期产物（张照伟等，2015）。夏日哈木矿区的闪长质岩体呈岩株状产出，岩性主要为石英闪长岩和闪长岩。石英闪长岩中 LA-ICP-MS 锆石 U-Pb 谐和年龄为（243±1）Ma（王冠等，2014a），闪长玢岩 LA-ICP-MS 锆石 U-Pb 年龄为（381.7±1）Ma（奥琮等，2014）。由此看出，矿区闪长岩类的成岩年龄明显晚于Ⅰ号岩体的成岩年龄。

矿区构造以断裂为主，以近东西向和北东向为主，北西向、近南北向次之（孔德岩，2012；王冠，2014）；近东西向断裂规模最大，贯穿整个矿区；北东向和北西向断裂形成时间晚于近东西向断裂；近南北向断裂形成最晚（王冠，2014）。

3.3.2.3 矿体地质特征

A 矿体特征

夏日哈木矿区主矿体均产于Ⅰ号岩体中，矿体呈上悬式位于岩体中上部，主要赋存于橄榄岩相、辉石岩相和苏长岩相中，如图3-11所示。矿体形态以似层状、透镜状为主，少数漏斗状和不规则状（见图3-12），局部呈纯硫化物脉状产出（杜玮等，2014；王冠，2014；潘彤，2015；丰成友等，2016）。矿体产状与岩体基本一致，呈北东东向展布，属于出露矿体，其走向约70°，倾角变化于0°~35°，深部沿走向具有向南西侧伏的趋势，侧伏角约20°；倾向上具有北侧厚度大、品位高，向南逐渐分支分叉，品位降低的变化趋势（王冠，2014）。

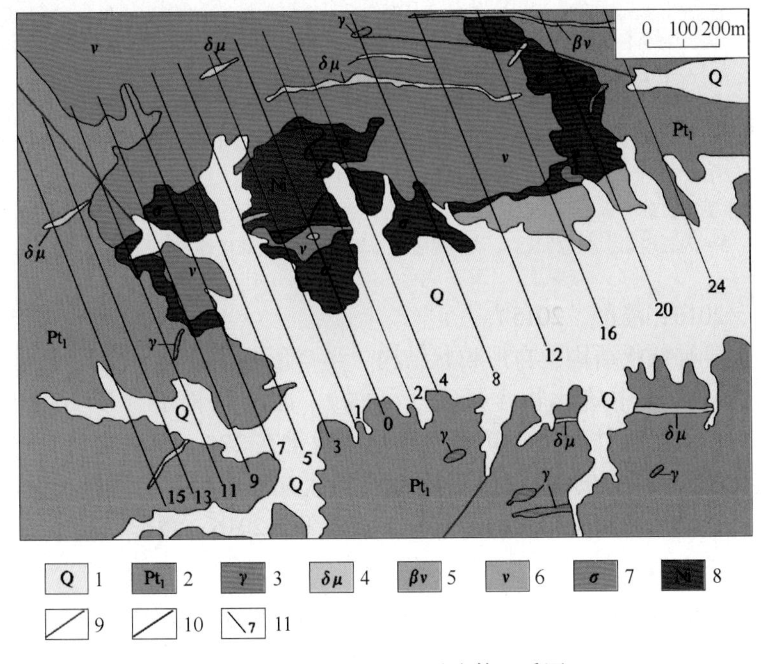

图3-11 夏日哈木Ⅰ号岩体地质图

（根据孔德岩（2012）、王冠（2014）修编）

1—第四系黏土、砂、砾石等松散沉积物；2—古元古代金水口群白沙河组黑云母片岩、片麻岩；3—花岗岩；4—闪长玢岩；5—辉绿岩；6—辉长岩；7—橄榄岩；8—镍矿体；9—断层；10—岩性界线；11—勘探线及编号

针对矿体中矿石矿物的定年目前尚缺少资料，但由于矿体呈上悬式位于岩体中上部，矿体形态呈似层状、透镜状、漏斗状和不规则状赋存于岩体中，由此可认为成岩与成矿应同时发生，故此处暂取Ⅰ号岩体的成岩年龄423Ma代表夏日哈木铜镍矿床的成矿年龄。

B 矿石特征

夏日哈木矿区矿石类型以原生矿石为主，含少量的氧化矿石。原生矿石属于硫化物矿石，按工业类型划分主要为镍黄铁矿矿石和黄铜矿镍黄铁矿矿石（孔德岩，2012）。

夏日哈木矿床中矿石矿物主要为磁黄铁矿、镍黄铁矿和黄铜矿，含少量和微量紫硫镍矿、马基诺矿、铬铁矿、磁铁矿、黄铁矿、闪锌矿、辉铋矿、钛铁矿和自然铋等。脉石矿物主要有斜方辉石、橄榄石、普通辉石、基性斜长石、镁铁闪石、直闪石、滑石、蛇纹石

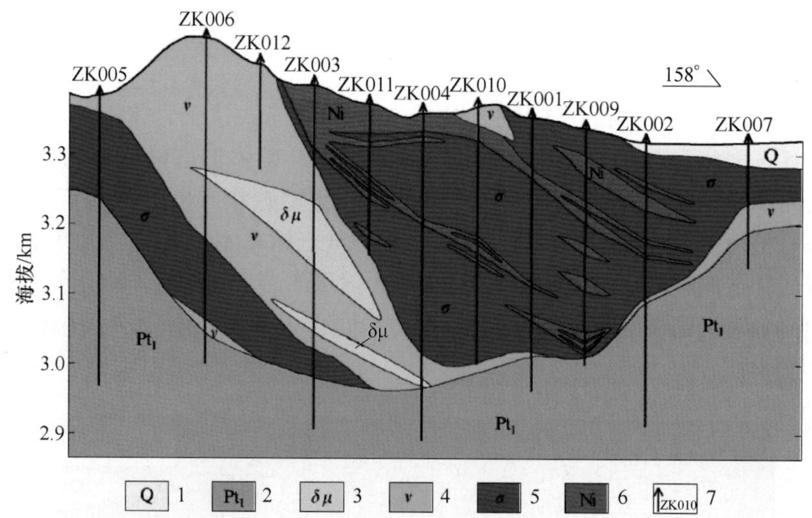

图 3-12　夏日哈木岩体横剖面图

（根据王冠（2014）修编）

1—第四系黏土、砂、砾石等松散沉积物；2—古元古代金水口群白沙河组黑云母片岩、片麻岩；3—闪长玢岩；4—辉长岩；5—橄榄岩及辉石岩；6—镍矿体；7—钻孔及编号

等（丰成友等，2016；潘彤，2015）。

矿石结构主要有粒状结构、自形粒状结构、半自形粒状结构、交代结构等。矿石构造主要有块状构造（矿石中硫化物含量大于 80%）、准块状构造（矿石中硫化物含量在 50%～80%之间）、海绵陨铁构造（矿石中硫化物含量在 20%～50%之间）、半海绵陨铁构造（矿石中硫化物含量在 10%左右）、间隙状构造（矿石中硫化物含量在 5%左右）、细脉浸染状构造、浸染状构造和斑杂状构造等（丰成友等，2016；潘彤，2015）。

C　围岩蚀变

矿区镁铁质-超镁铁质岩体蚀变强烈，根据蚀变矿物类型和产出特征主要可分为两类：第一类主要有蛇纹石化、滑石化、透闪石化、纤闪石化等，该类蚀变在岩体中普遍发育，是矿区内最主要的围岩蚀变，为岩浆晚期挥发分对硅酸盐矿物作用的产物；第二类主要有硅化、碳酸盐化、绿泥石化、绿帘石化、斜黝帘石化、绢云母化等，该类蚀变主要分布于岩石节理、裂隙和破碎带中，呈细脉状穿切岩体，为后期热液作用产物（王冠，2014）。

矿区岩石普遍蚀变，具有绿泥石化、碳酸盐化、透闪石化、次闪石化、蛇纹石化等（吕琴音和敬荣中，2015）。

3.3.2.4　勘查开发概况

2008 年青海省地矿局第五地质矿产勘查院化探分院在进行 1：250000 化探扫面时，在夏日哈木地区发现镍钴异常，随后在该区开展 1：50000 矿产远景调查项目“青海 1：50000 拉陵灶火地区地质矿产调查”，圈出以铜、铅、锌、钼、钨、镍、金、银为主的综合异常 34 处（张海虎和王丽华，2014；潘彤，2015）。2010 年青海省第五地质勘查院对以镍元素为主的编号 HS26 化探异常查证（潘彤，2015），2011 年通过土壤测量和槽探揭露在主异常区圈出 Ⅰ 号岩体，揭开了夏日哈木地区寻找镍矿的序幕（张海虎和王丽华，2014）。

2011~2012 年，对夏日哈木地区 5 个上述综合异常区开展了 1∶10000 土壤剖面测量工作（张金玲等，2015），均发现基性岩体和铜镍矿化（张海虎和王丽华，2014）。目前夏日哈木矿区已发现的 5 个镁铁-超镁铁质岩体，均与 1∶50000 水系综合异常相对应，从Ⅰ号到Ⅴ号岩体分别对应 HS26、HS27、HS25、HS28 和 HS31 异常（孔德岩，2012；潘彤，2015；张照伟等，2015）。

2013 年 5 月青海省地质矿产勘查开发局与黄河上游水电开发有限责任公司双方以夏日哈木矿床开发为基础合作组建成立青海黄河矿业有限责任公司，夏日哈木镍矿采选工业园区一期规划建设年产 561 万吨的采矿场和选矿厂，这标志着夏日哈木矿床资源进入开发利用阶段（康维海，2013）。

夏日哈木矿床已控制的镍金属工业储量（332+333）达 107.17 万吨，伴生铜 21.55 万吨、钴 4.03 万吨（青海省第五地质矿产勘查院，2014）。Ⅰ号岩体镍品位为 0.23%~3.48%，平均品位 0.7%；钴品位为 0.012%~0.079%，平均品位 0.028%（杜玮等，2014）。

3.3.2.5 矿床类型

根据孔德岩（2012）、王冠（2014）、姜常义等（2015）、潘彤（2015）、吴树宽等（2016）的研究成果，认为青海格尔木夏日哈木铜镍矿床应属于基性超基性岩铜镍矿床。

3.3.2.6 地质特征简表

综合上述矿床地质特征，除矿床基本信息表（见表 3-15）中所表达的信息以外，青海格尔木夏日哈木铜镍矿床的地质特征可归纳列入表 3-16 中。

表 3-16 青海格尔木夏日哈木铜镍矿床地质特征简表

序号	项目名称	项目描述	序号	项目名称	项目描述
10	赋矿地层时代	古元古代	16	矿石类型	原生硫化物矿石
11	赋矿地层岩性	片岩、片麻岩	17	成矿年龄	423Ma
12	相关岩体岩性	橄榄岩、辉石岩等	18	矿石矿物	磁黄铁矿、镍黄铁矿、黄铜矿、紫硫镍矿等
13	相关岩体年龄	423Ma	19	围岩蚀变	蛇纹石化、滑石化、透闪石化、次闪石化、绿泥石化、绿帘石化、碳酸盐化等
14	是否断裂控矿	否			
15	矿体形态	似层状、透镜状	20	矿床类型	基性超基性岩铜镍矿床

注：序号从 10 开始是为了和数据库保持一致。

3.3.3 地球化学特征

3.3.3.1 区域化探

A 元素含量统计参数

本次收集到研究区内 1∶200000 水系沉积物 64 件样品的 39 种元素含量数据。计算水系沉积物中元素平均值相对其在中国水系沉积物（*CSS*）中的富集系数，将其地球化学统计参数列于表 3-17 中。

表 3-17　研究区 1∶200000 区域化探元素含量[①]统计参数

元素	Ag	As	Au	B	Ba	Be	Bi	Cd	Co	Cr	Cu	F	Hg
最大值	117	22.2	4.2	116	697	2.2	0.64	180	11.2	47.3	20.5	653	36
最小值	42	9.0	0.7	29.4	470	1.5	0.14	80	3.6	19.9	12.7	330	9.0
中位值	59	14.8	1.1	57.0	537	1.7	0.19	110	6.4	31.6	15.9	456	12.5
平均值	60	15.0	1.2	58.5	538	1.7	0.21	119	6.7	32.3	16.1	458	14.3
标准差	13	2.7	0.5	17.3	38	0.13	0.09	24	1.7	6.2	1.7	62	5.1
富集系数[②]	0.78	1.50	0.92	1.25	1.10	0.82	0.68	0.85	0.55	0.55	0.73	0.93	0.40
元素	La	Li	Mo	Nb	Ni	Pb	Sb	Sn	Sr	Th	U	V	W
最大值	37.5	39.2	1.5	13.3	28.1	26.4	1.1	3.1	438	7.90	3.00	77	4.6
最小值	22	19.9	0.50	8.3	6.4	14.4	0.50	1.2	235	4.50	1.50	35	0.80
中位值	28.1	24.3	0.80	10.6	14.5	18.2	0.80	1.8	285	6.40	1.80	50	1.3
平均值	28.0	26.4	0.87	10.8	14.6	18.2	0.80	1.9	294	6.46	1.86	51	1.5
标准差	3.3	5.3	0.22	1.0	3.4	2.4	0.12	0.4	44	0.83	0.25	8.1	0.64
富集系数[②]	0.72	0.83	1.03	0.67	0.58	0.76	1.16	0.62	2.03	0.54	0.76	0.63	0.85
元素	Y	Zn	Zr	SiO_2	Al_2O_3	Fe_2O_3	K_2O	Na_2O	CaO	MgO	Ti	P	Mn
最大值	25.1	67	182	70.40	13.50	4.40	2.50	3.60	9.70	2.40	3347	513	800
最小值	13.3	42	94	61.30	10.50	2.20	1.80	1.50	4.90	1.30	1740	316	368
中位值	17.3	51	121	66.00	11.45	2.95	2.10	2.20	6.70	1.70	2337	405	458
平均值	17.5	52	125	66.10	11.58	3.00	2.10	2.24	6.74	1.75	2379	409	474
标准差	2.3	5.6	21	2.56	0.83	0.44	0.14	0.32	0.97	0.23	338	43	74
富集系数[②]	0.70	0.74	0.46	1.01	0.90	0.67	0.89	1.70	3.75	1.27	0.58	0.70	0.71

①元素含量的单位见表 2-4；②富集系数=平均值/*CSS*，*CSS*（中国水系沉积物）数据详见表 2-4。

与中国水系沉积物相比，研究区内微量元素富集系数介于 2~3 之间的有 Sr；介于 1.2~2 之间的有 As、B；富集系数大于 1.2 的微量元素共计 3 种。

在研究区内已发现有超大型镍矿床，并伴生铜、钴，上述 Ni、Cu、Co 的富集系数分别为 0.58、0.73 和 0.55。

B　地球化学异常剖析图

依据研究区内 1∶200000 化探数据，采用全国变值七级异常划分方案制作 29 种微量元素的单元素地球化学异常图，其异常分级结果见表 3-18。

表 3-18　夏日哈木矿区 1∶200000 区域化探元素异常分级

元素	Ag	As	Au	B	Ba	Be	Bi	Cd	Co	Cr	Cu	F	Hg	La	Li	Mo	Nb	Ni	Pb	Sb	Sn	Sr	Th	U	V	W	Y	Zn	Zr
异常分级	0	0	0	3	0	0	2	0	1	1	2	0	0	0	2	0	0	2	0	0	0	0	0	2	2	0	2	0	0

注：0 代表在夏日哈木矿区基本不存在异常，不作为找矿指示元素。

从表 3-18 中可以看出，在夏日哈木矿区存在异常的微量元素有 Ni、Cu、Co、V、Cr、

Bi、B、Li、U、Y 共计 10 种。这 10 种微量元素在研究区内的地球化学异常剖析图如图 3-13 所示。

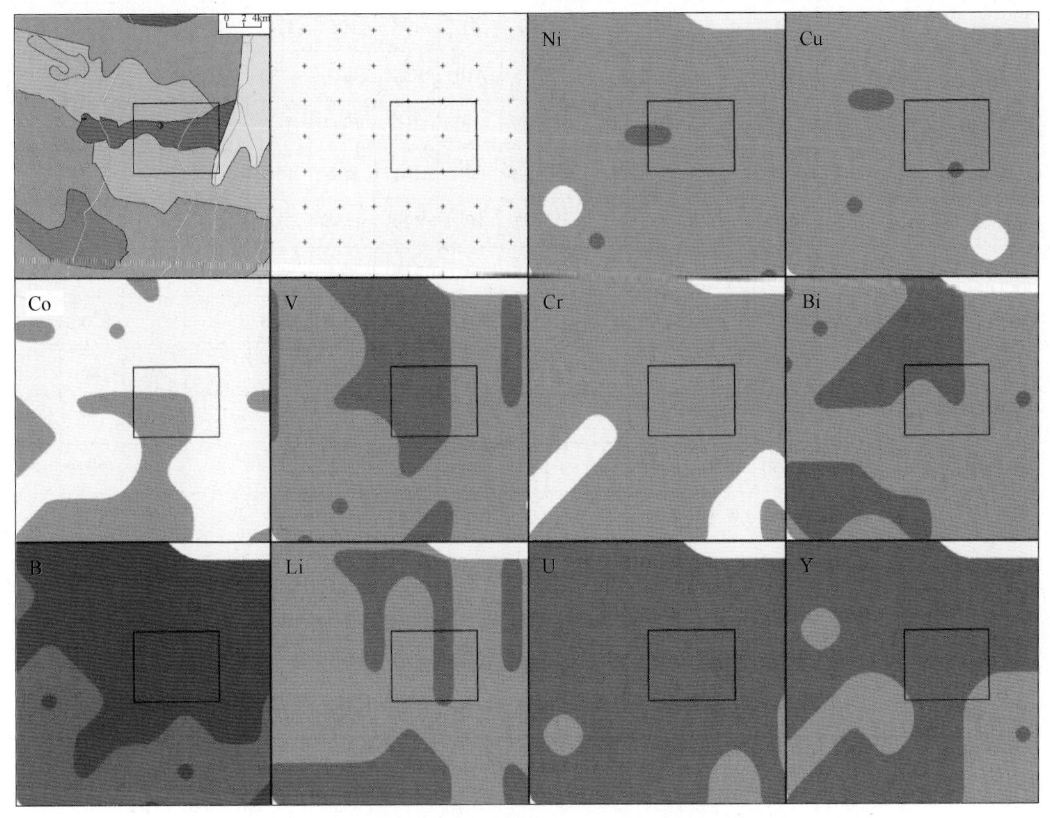

图 3-13　区域化探地球化学异常剖析图
（地质图为图 3-9 夏日哈木铜镍矿区域地质图）

上述 10 种元素可以作为夏日哈木铜镍矿在区域化探工作阶段的找矿指示元素组合。在这 10 种元素中 B 具有 3 级异常，Ni、Cu、V、Bi、Li、U、Y 具有 2 级异常，Co、Cr 具有 1 级异常。

3.3.3.2　*岩石地球化学勘查*

A　元素含量统计参数

本次收集到夏日哈木矿区岩石 178 件样品的 20 种微量元素含量数据（王冠等，2014b；姜常义等，2015；张照伟等，2016），其中不同类型的矿石 104 件、较新鲜岩石 74 件。计算岩石中元素平均值相对其在中国水系沉积物（*CSS*）中的富集系数，将其地球化学统计参数列于表 3-19 中。

与中国水系沉积物相比，矿区岩石微量元素富集系数大于 100 的有 Ni；介于 10~100 之间的有 Au、Cu、Cr、Co；介于 3~10 之间的有 Bi、Ag；介于 2~3 之间的有 Pb；介于 1.2~2 之间的元素没有。富集系数大于 1.2 的微量元素共有 8 种，其中基性微量元素有 Ni、Co、Cr，热液成矿元素有 Cu、Bi、Pb、Au、Ag。

在研究区内已发现有超大型镍矿床，并伴生铜、钴，上述 Ni、Cu、Co 的富集系数分别为 117、23.8 和 10.7。

表 3-19 矿区岩石样品元素含量①统计参数

元素	Ag	As	Au	B	Ba	Be	Bi	Cd	Co	Cr	Cu	F	Hg	La	Li
样品数	73	73	73		105		150	41	178	105	178			105	
最大值	1374	92	1910		501		17.6	410	1000	3621	4730			22.1	
最小值	96	1.0	1.11		3.3		0.03	13	2.9	25.2	5.7			0.3	
中位值	195	3.7	6.18		29		0.78	80	101	853	154			1.97	
平均值	316	9.3	80		44		1.77	108	129	1154	524			2.31	
标准差	257	15.6	269		56		2.63	76	130	874	841			2.33	
富集系数②	4.10	0.93	60.6		0.09		5.70	0.77	10.7	19.6	23.8			0.06	
元素	Mo	Nb	Ni	Pb	Sb	Sn	Sr	Th	U	V	W	Y	Zn	Zr	
样品数		105	178	164	109		105	105	105	64			137	105	
最大值		9.96	20780	1390	0.91		695	5.86	1.14	252			1133	202	
最小值		0.09	5.1	0.7	0.05		6	0.08	0.03	11.9			9	3.2	
中位值		0.50	1380	14.9	0.14		50	0.49	0.15	51			61	16	
平均值		0.68	2936	55	0.18		101	0.65	0.20	85			80	20	
标准差		0.99	3865	165	0.13		138	0.69	0.18	73			120	20	
富集系数②		0.04	117	2.30	0.27		0.69	0.05	0.08	1.06			1.15	0.07	

注：数据引自王冠等（2014）、姜常义等（2015）、张照伟等（2016）。

①元素含量的单位见表 2-4；②富集系数=平均值/*CSS*，*CSS*（中国水系沉积物）数据详见表 2-4。

B 地球化学异常剖面图

本次在矿区范围内所收集的岩石有矿石与较新鲜岩石，尤其以矿石为主，元素含量可采用平均值来表征，该平均值的大小取决于所收集岩石中矿石相比较新鲜岩石的多少。

依据上述矿区岩石中元素含量的平均值，采用全国定值七级异常划分方案评定 20 种微量元素的异常分级，结果见表 3-20。

表 3-20 夏日哈木矿区岩矿石中元素异常分级

元素	Ag	As	Au	B	Ba	Be	Bi	Cd	Co	Cr	Cu	F	Hg	La	Li	Mo	Nb	Ni	Pb	Sb	Sn	Sr	Th	U	V	W	Y	Zn	Zr
异常分级	1	0	4		0		1	0	5	2	4			0			0	7	1	0		0	0	0	0			0	0

注：0 代表在夏日哈木矿区基本不存在异常，不作为找矿指示元素。

从表 3-20 中可以看出，在夏日哈木矿区存在异常的微量元素有 Ni、Cu、Co、Cr、Bi、Pb、Au、Ag 共计 8 种，这 8 种元素可作为夏日哈木铜镍矿床在岩石地球化学勘查工作阶段的找矿指示元素组合。在这 8 种元素中 Ni 具有 7 级异常，Co 具有 5 级异常，Cu、Au 具有 4 级异常，Cr 具有 2 级异常，Bi、Pb、Ag 具有 1 级异常。

3.3.3.3 勘查地球化学特征简表

综合上述勘查地球化学特征，青海格尔木夏日哈木铜镍矿床的勘查地球化学特征可归纳列入表 3-21 中。

表 3-21 青海格尔木夏日哈木铜镍矿床勘查地球化学特征简表

矿床编号	项目名称	Ag	As	Au	B	Ba	Be	Bi	Cd	Co	Cr	Cu	F	Hg	La	Li
631901	区域富集系数	0. 78	1. 50	0. 92	1. 25	1. 10	0. 82	0. 68	0. 85	0. 55	0. 55	0. 73	0. 93	0. 40	0. 72	0. 83
631901	区域异常分级	0	0	0	3	0	0	2	0	1	1	2	0	0	0	2
631901	岩石富集系数	4. 10	0. 93	60. 6		0. 09		5. 70	0. 77	10. 7	19. 6	23. 8			0. 06	
631901	岩石异常分级	1	0	4		0		1	0	5	2	4			0	
矿床编号	项目名称	Mo	Nb	Ni	Pb	Sb	Sn	Sr	Th	U	V	W	Y	Zn	Zr	
631901	区域富集系数	1. 03	0. 67	0. 58	0. 76	1. 16	0. 62	2. 03	0. 54	0. 76	0. 63	0. 85	0. 70	0. 74	0. 46	
631901	区域异常分级	0	0	2	0	0	0	0	0	2	2	0	2	0	0	
631901	岩石富集系数		0. 04	117	2. 30	0. 27		0. 69	0. 05	0. 08	1. 06			1. 15	0. 07	
631901	岩石异常分级		0	7	1	0		0	0	0	0			0	0	

注：该表可与矿床基本信息、地质特征简表依据矿床编号建立对应关系。

3. 3. 4 地质地球化学找矿模型

青海格尔木夏日哈木铜镍矿床为一超大型铜镍矿床，位于青海省格尔木市境内，矿体呈出露状态，赋矿建造为基性超基性杂岩体。成矿与夏日哈木Ⅰ号岩体关系密切，夏日哈木Ⅰ号岩体岩性主要为橄榄岩、辉石岩、辉长岩等，其成岩年龄约 423Ma。镍矿体明显受岩体控制。矿石类型为原生硫化物矿石，矿体形态以似层状、透镜状为主，少数呈漏斗状和不规则状，成矿年龄约 423Ma。围岩蚀变主要有蛇纹石化、滑石化、透闪石化、次闪石化、绿泥石化、绿帘石化、碳酸盐化、硅化、绢云母化等。因此，矿床类型属于基性超基性铜镍矿床。

青海格尔木夏日哈木矿床区域化探找矿指示元素组合为 Ni、Cu、Co、V、Cr、Bi、B、Li、U、Y 共计 10 种，其中 B 具有 3 级异常，Ni、Cu、V、Bi、Li、U、Y 具有 2 级异常，Co、Cr 具有 1 级异常。矿区岩石化探找矿指示元素组合为 Ni、Cu、Co、Cr、Bi、Pb、Au、Ag 共计 8 种，其中 Ni 具有 7 级异常，Co 具有 5 级异常，Cu、Au 具有 4 级异常，Cr 具有 2 级异常，Bi、Pb、Ag 具有 1 级异常。

3.4 甘肃肃北黑山铜镍矿床

3.4.1 矿床基本信息

表 3-22 为甘肃肃北黑山铜镍矿床基本信息。

表 3-22 甘肃肃北黑山铜镍矿床基本信息表

序号	项目名称	项目描述	序号	项目名称	项目描述
0	矿床编号	621901	4	矿床规模	大型
1	经济矿种	镍、铜	5	主矿种资源量	61.12
2	矿床名称	甘肃肃北黑山铜镍矿床	6	伴生矿种资源量	6.45 Cu
3	行政隶属地	甘肃省肃北蒙古族自治县明水乡	7	矿体出露状态	出露

注：经济矿种资源量数据引自徐刚（2013），矿种资源量单位为万吨。

3.4.2 矿床地质特征

3.4.2.1 区域地质特征

甘肃肃北黑山铜镍矿床位于甘肃省肃北蒙古族自治县明水乡境内，距酒泉柳园镇北东方向约 70km 处（邵小阳，2010），在成矿带划分上黑山铜镍矿床位于塔里木成矿省磁海-公婆泉成矿带的公婆泉（甘-蒙北山南部）成矿亚带内（徐志刚等，2008）。

区域内出露地层有中元古代、新元古代、寒武系、奥陶系、泥盆系和第四系，如图 3-14 所示。地层大多呈近东西向展布，中-新元古代碳酸盐岩夹变质砂岩为该区的主要赋矿建造。

区域内岩浆岩发育，以基性-酸性侵入岩为主，火山岩次之。区域内代表性侵入岩为花岗岩体，在区域北部、西部及南部均大面积出露；二长花岗岩与花岗闪长岩在区域西南部出露；石英闪长岩和闪长岩在区域中北部出露，其中石英闪长岩呈近东西向展布；辉绿玢岩在区域东南部呈北东向脉状展布；辉长岩位于区域中部，呈岩株产出，为黑山铜镍矿床的赋矿建造。

区域内构造以断裂为主，褶皱构造因断裂发育仅表现为单斜构造。断裂构造以近东西向和北北西向为主，北东向次之。位于区域中部的近东西向断裂是区域上黑山-大豁落山-月牙山断裂带在该区的表现（邵小阳等，2010；崔进寿，2010）。

区域内矿产资源以铜、镍矿床为主，代表性铜镍矿床有黑山大型铜镍矿床和七一山东铜矿床。

3.4.2.2 矿区地质特征

矿区出露的地层主要有新元古代青白口系、寒武系和第四系，如图 3-15 所示。寒武系硅质板岩和千枚岩为黑山岩体的主要围岩（徐刚，2013）。

矿区岩浆岩以黑山岩体为主，在黑山岩体的西部发育有北东向闪长玢岩脉。

黑山岩体为同源岩浆经深部分异同期不同次侵入的复式岩体。岩体平面上呈“鸭梨”状，出露面积为 0.257km^2，总体走向 310°，长约 790m、宽为 180~520m、垂直深度超过 1000m，经重磁异常及钻孔控制，其空间分布形态为一向下延伸长度大于走向长度向西南

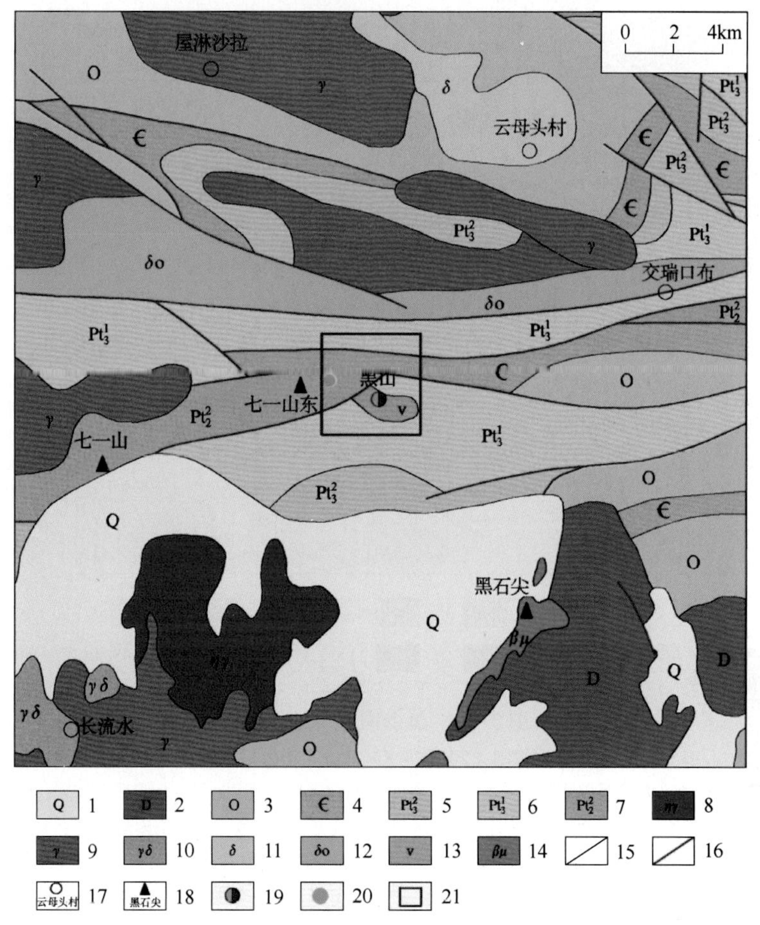

图 3-14 黑山铜镍矿区域地质图

（根据中国地质调查局 1∶1000000 地质图修编）

1—第四系砂、砂土、砂砾石；2—泥盆系流纹岩、流纹英安岩、石英安山岩及其同质火山碎屑岩；3—奥陶系砂岩、石英岩、硅质板岩夹灰岩；4—寒武系硅质岩与灰岩互层；5—新元古代南华系下部变冰碛岩含砂砾白云岩，上部杂色板岩与碳酸盐岩；6—新元古代青白口系含燧石条带白云质灰岩、白云质大理岩，夹变质石英砂岩；7—中元古代蓟县系含硅质条带白云岩、灰岩、大理岩、夹板岩、变质细砂岩；8—二长花岗岩；9—花岗岩；10—花岗闪长岩；11—闪长岩；12—石英闪长岩；13—辉长岩；14—辉绿岩、辉绿玢岩；15—岩性界线；16—断层；17—地名；18—山峰；19—铜镍矿；20—铜矿；21—黑山矿区范围

倾伏的岩柱状单斜岩体（徐刚，2013；王亚磊，2011）。

黑山岩体是以斜长角闪橄榄岩为主的镁铁质-超镁铁质杂岩体，主要岩石类型有橄榄岩、辉长岩及少量辉绿岩、斜云煌斑岩和辉石闪长岩脉（徐刚，2013）。据岩体的岩石组合、岩相分布和相互关系，可分为两次侵入和三个岩相。第一次侵入分布在岩体的南北边缘，为角闪辉长岩相。第二次侵入构成黑山岩体的主体，约占岩体总面积的 94%，以角闪橄榄岩相为主，包括少量橄榄角闪辉长岩相（崔进寿，2010；张新虎等，2012；徐刚，2013）。

Xie et al.(2012) 测得辉长岩锆石 ID-TIMS 年龄为 (356.4±0.6)Ma 和 (366.6±0.6)Ma，

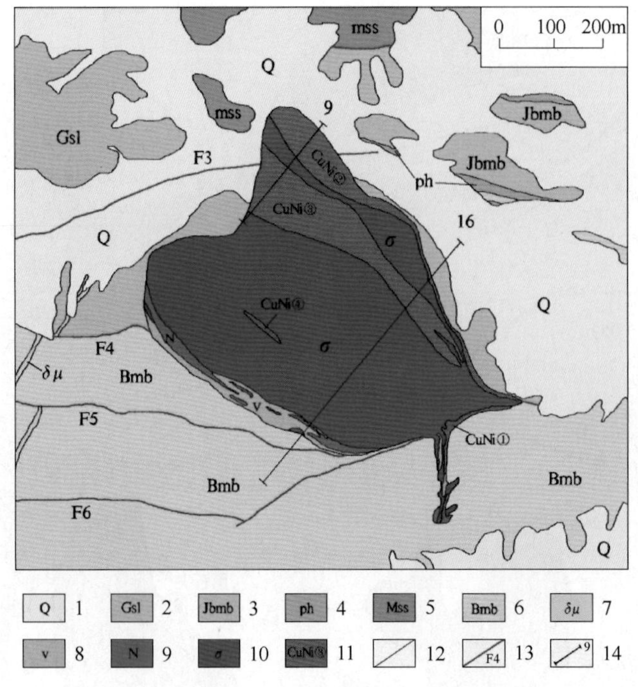

图 3-15　黑山铜镍矿地质图

（根据徐刚（2013）、Xie et al.（2012）修编）

1—第四系冲洪积砂砾石；2—寒武系硅质板岩；3—寒武系角砾状白云质大理岩；4—寒武系千枚岩；5—寒武系变质砂岩；6—新元古代青白口系白云质大理岩；7—闪长玢岩；8—角闪辉长岩；9—橄榄角闪辉长岩；10—角闪橄榄岩；11—CuNi 矿体及编号；12—岩性界线；13—断层与推测断层及编号；14—勘探线及编号

SHRIMP 锆石 U-Pb 年龄为（358±5）Ma 和（357±4）Ma。杨建国等（2012）测得角闪辉长岩 SHRIMP 锆石 U-Pb 年龄为（374.6±5.2）Ma。徐刚（2013）测得橄榄角闪辉长岩 SHRIMP 锆石 U-Pb 年龄（367.4±5.4）Ma。上述年龄变化在 356~375Ma 之间，此处暂取 367Ma 代表黑山镁铁质-超镁铁质杂岩体的成岩年龄，属于泥盆纪形成的岩体。

矿区内构造以断裂为主，褶皱构造因断裂发育仅表现为单斜构造。区域内断裂构造根据走向主要分为近东西向、北东向和北西向三组，其中近东西向一组最为发育。由此看出，三组断裂组合控制了矿区地层的展布和黑山岩体的侵位（崔进寿，2010）。

3.4.2.3　矿体地质特征

A　矿体特征

黑山岩体中矿体主要赋存于橄榄岩相中，辉长岩中可见矿化但规模较小。矿区经勘查共圈出 130 个矿体，其中规模较大、延深较稳定的矿体有 1 号、4 号、6 号、72 号矿体，如图 3-16 所示。矿体形态呈不规则的似层状、脉状、枝杈状及透镜状（崔进寿，2010；邵小阳等，2012），总体倾向南西，如图 3-16 所示。

1 号矿体位于岩体中下部，呈“悬浮”形态赋存于岩体中，产状与岩体基本相同，为一贫矿体，其储量占全矿区金属总储量的镍 5.77%、铜 22.84%，平均品位镍 0.44%、铜 0.18%。4 号矿体主要赋存于岩体底部，直接与围岩接触，其储量占全矿区金属总储量的

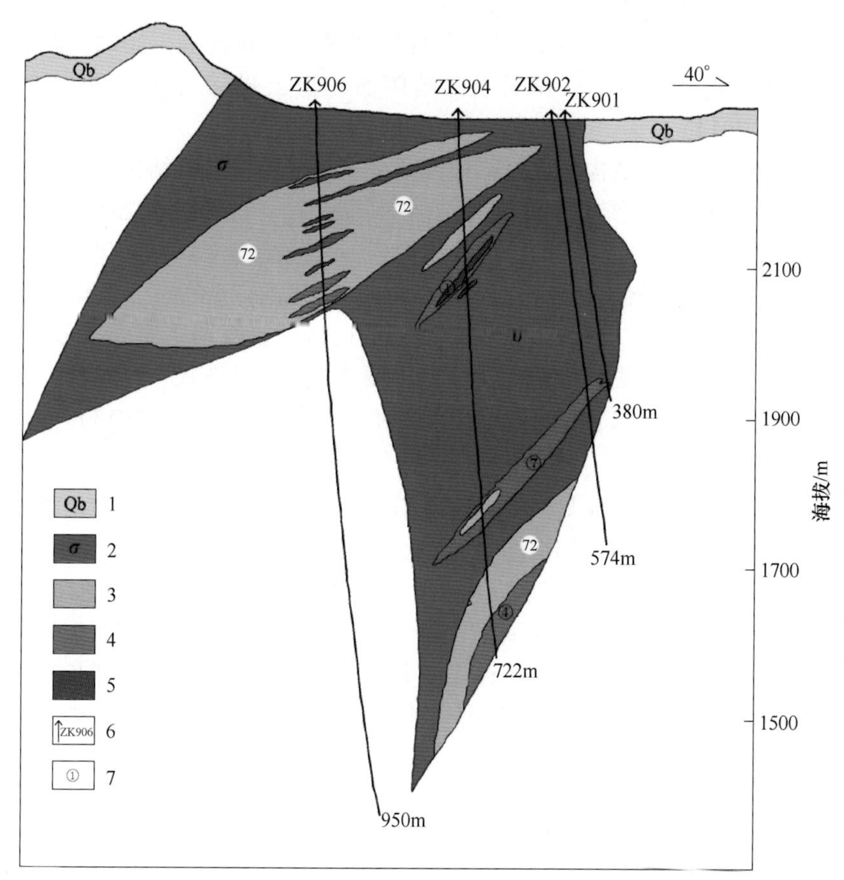

图 3-16 黑山矿床 9 号勘探线剖面图
（根据徐刚（2013）修编）
1—新元古代青白口系白云质大理岩；2—辉橄岩；3—表外矿；4—浸染状矿；5—稠密浸染状矿；
6—钻孔及编号、孔深；7—矿体编号

镍 6.45%、铜 35.0%，平均品位镍 1.03%、铜 0.58%。6 号矿体位于 1 号矿体下盘，产状与 1 号矿体相似，其储量占全矿区金属总储量的镍 1.7%、铜 7.4%，平均品位镍 0.54%、铜 0.24%。72 号矿体为表外矿，是黑山矿床中最大的矿体，矿体体积约占岩体体积的 40%，沿倾斜方向延伸超过 1000m（见图 3-16），至 1400m 水平尚未见尖灭；其储量占全矿区金属总储量的镍 81.24%、铜 26.51%，平均品位镍 0.24%、铜 0.01%（王亚磊，2011；徐刚，2013）。

针对矿体中矿石矿物的定年目前尚缺少资料，但由于矿体呈悬浮状、似层状、枝杈状等形态赋存于岩体中，由此可认为成岩与成矿应同时发生，故此处暂取黑山杂岩体的成岩年龄 367Ma 代表黑山铜镍矿床的成矿年龄。

B 矿石特征

黑山矿区的铜镍矿石按自然类型可分为氧化矿石和原生矿石两种，以原生矿石为主。原生矿石以橄榄岩型铜镍硫化物矿石为主（崔进寿，2010）。

矿区矿石矿物主要有磁黄铁矿、镍黄铁矿、黄铜矿、红砷镍矿、砷镍矿、针镍矿、辉铜矿、磁铁矿，其次有黄铁矿、紫硫镍矿和自然铜等（张新虎等，2012；徐刚，2013）。脉石矿物主要有橄榄石、辉石、斜长石、角闪石、黑云母等（王亚磊，2011；徐刚，2013；俞军真等，2014）。

根据形成作用矿区矿石结构可分为三种类型：结晶结构、出溶结构和交代结构。结晶结构主要为自形-半自形粒状结构、半自形-他形粒状结构、他形粒状结构等，出溶结构有页片状结构、板状结构、火焰状结构、羽状结构等，交代结构主要有交代熔蚀结构、交代残余结构、反应边结构、交代假象结构、浸蚀结构等（徐刚，2013）。根据成因矿区矿石构造可以分为岩浆期、热液期和表生期三种类型的构造。岩浆期主要为星散状、浸染状、半海绵状、脉状、角砾状、块状构造，热液期主要为细脉-浸染状、尾丝状、星点状、斑点状构造，表生期主要为胶状、蜂窝状、土状、团块状构造（徐刚，2013）。

C 围岩蚀变

黑山矿床中因矿体围岩不同其蚀变表现也不同，矿区围岩蚀变特征主要是岩浆期后热液作用导致。悬浮状矿体的顶、底板围岩为斜长方辉橄榄岩，其蚀变主要为橄榄石的蛇纹石化、滑石化，角闪石、辉石的次闪石化和绿泥石化等。岩体底部矿体根据产出部位差异，围岩有所变化，如 2 号矿体底板围岩主要为黑云母长英质角岩，而产于岩枝底部的矿体，其底板围岩主要为白云质大理岩。白云质大理岩在热力作用下产生褪色现象，尤其在岩枝周围最为明显，形成了 5～15m 宽的褪色带；而堇青石黑云母角岩、黑云母长英质角岩是由泥质围岩热接触变质角岩化所形成（徐刚，2013；崔进寿，2010）。

3.4.2.4 勘查开发概况

1960 年甘肃地质局酒泉物探队完成 1：25000 地面磁测和 1：50000 化探时在该区发现铜镍异常高点（李百祥等，1999；邵小阳，2010）。1966 年地质部甘肃省地质局第一区域地质测量队填制 1：200000 地质图星星峡幅和牛圈子幅，分别涵盖该区的西部和东部，但随后并未进行有效的勘探工作。

黑山铜镍矿床是汤中立先生在 20 世纪 90 年代初利用小岩体成矿理论，亲自选区、亲自部署工程发现的铜镍矿床（张新虎等，2012）。1991～1993 年甘肃省地质矿产勘查局对黑山岩体作了初步勘查，揭示地表有较好的矿化，认为应进一步深入开展普查工作。1996 年甘肃省地质矿产开发局酒泉地质矿产勘查队在黑山矿区进行了 1：2000 地质草测、磁法和槽探等工作，完成了甘肃省肃北蒙古族自治县黑山铜镍矿普查地质报告，确定黑山矿床为铜镍硫化物矿床（邵小阳，2010）。

2008 年完成的黑山铜镍矿详查结果获得 121b+122b+331+332+333 级镍金属量 61.12 万吨、Cu 金属量 6.45 万吨，平均品位镍 0.26%、铜 0.03%，储量达大型镍矿规模并伴生铜（徐刚，2013）。

3.4.2.5 矿床类型

根据崔进寿（2010）、邵小阳（2010）、徐刚（2013）、俞军真等（2014）的研究成果，认为甘肃肃北黑山铜镍矿床应属于基性超基性岩铜镍矿床。

3.4.2.6 地质特征简表

综合上述矿床地质特征，除矿床基本信息表（见表 3-22）中所表达的信息以外，甘肃肃北黑山铜镍矿床的地质特征可归纳列入表 3-23 中。

表 3-23 甘肃肃北黑山铜镍矿床地质特征简表

序号	项目名称	项目描述	序号	项目名称	项目描述
10	赋矿地层时代	寒武系	16	矿石类型	橄榄岩型铜镍硫化物矿石
11	赋矿地层岩性	硅质板岩、千枚岩	17	成矿年龄	367Ma
12	相关岩体岩性	橄榄岩、辉长岩等	18	矿石矿物	磁黄铁矿、镍黄铁矿、黄铜矿、红砷镍矿等
13	相关岩体年龄	367Ma	19	围岩蚀变	蛇纹石化、滑石化、次闪石化、绿泥石化、褪色化、角岩化等
14	是否断裂控矿	否			
15	矿体形态	似层状、脉状等	20	矿床类型	基性超基性岩铜镍矿床

注：序号从 10 开始是为了和数据库保持一致。

3.4.3 地球化学特征

3.4.3.1 区域化探

A 元素含量统计参数

本次收集到研究区内 1：200000 水系沉积物 264 件样品的 39 种元素含量数据。计算水系沉积物中元素平均值相对其在中国水系沉积物（*CSS*）中的富集系数，将其地球化学统计参数列于表 3-24 中。

表 3-24 研究区 1：200000 区域化探元素含量[①]统计参数

元素	Ag	As	Au	B	Ba	Be	Bi	Cd	Co	Cr	Cu	F	Hg
最大值	349	23	31	138	4442	3.90	1.30	2890	18.1	99	68	820	39
最小值	10	1.3	0.15	1.1	271	0.15	0.04	72	0.3	1.4	4.8	192	7.0
中位值	60	6.5	0.7	7.7	968	0.70	0.20	196	4.7	18	18	470	15
平均值	80	7.8	1.15	11	1149	0.86	0.21	327	6.0	23	21	476	16
标准差	59	4.2	2.23	13	646	0.64	0.13	380	3.8	16	12	113	6.1
富集系数[②]	1.04	0.78	0.87	0.23	2.34	0.41	0.67	2.33	0.49	0.39	0.95	0.97	0.44
元素	La	Li	Mo	Nb	Ni	Pb	Sb	Sn	Sr	Th	U	V	W
最大值	58	28	6.95	42	50	27	3.39	6.8	1426	17.6	6.20	104	8.60
最小值	6.2	2.0	0.10	4.4	4.1	5.6	0.08	0.2	76	0.3	0.60	5.9	0.20
中位值	26	11.5	1.00	9.1	15.1	15.0	0.66	1.7	354	5.4	1.80	27	0.69
平均值	26	12.0	1.43	10	17.4	15.2	0.84	1.9	487	5.9	1.98	33	0.83
标准差	8.8	4.0	1.26	5.0	8.2	4.5	0.62	1.1	315	3.3	0.84	21	0.67
富集系数[②]	0.67	0.38	1.70	0.65	0.69	0.63	1.22	0.63	3.36	0.50	0.81	0.42	0.46
元素	Y	Zn	Zr	SiO_2	Al_2O_3	Fe_2O_3	K_2O	Na_2O	CaO	MgO	Ti	P	Mn
最大值	36.7	185	334	73.54	14.16	20.00	4.03	4.09	37.20	37.19	4834	3957	2519
最小值	5.0	15	24	10.86	1.05	0.46	0.47	0.16	0.72	0.62	669	292	164
中位值	18.7	39	114	46.36	6.24	1.46	1.61	1.02	17.36	2.72	1602	671	468
平均值	18.2	47	123	46.61	6.72	1.81	1.74	1.32	17.26	3.49	1827	857	541
标准差	5.5	26	49	16.91	3.03	1.42	0.79	0.96	8.74	3.08	747	558	301
富集系数[②]	0.73	0.68	0.46	0.71	0.52	0.40	0.74	1.00	9.59	2.55	0.44	1.48	0.81

①元素含量的单位见表 2-4；②富集系数=平均值/*CSS*，*CSS*（中国水系沉积物）数据详见表 2-4。

与中国水系沉积物相比，研究区内微量元素富集系数大于3的有Sr，介于2~3之间的有Ba、Cd，介于1.2~2之间的有Mo、Sb。富集系数大于1.2的微量元素共计5种，其中热液成矿元素有Mo、Cd、Sb，造岩微量元素有Sr、Ba。

在研究区内已发现有大型镍矿床，并伴生铜，上述Ni和Cu的富集系数分别为0.69和0.95。

B　地球化学异常剖析图

依据研究区内1∶200000化探数据，采用全国变值七级异常划分方案制作29种微量元素的单元素地球化学异常图，其异常分级结果见表3-25。

表3-25　黑山矿区1∶200000区域化探元素异常分级

元素	Ag	As	Au	B	Ba	Be	Bi	Cd	Co	Cr	Cu	F	Hg	La	Li	Mo	Nb	Ni	Pb	Sb	Sn	Sr	Th	U	V	W	Y	Zn	Zr
异常分级	1	0	0	0	0	0	2	2	0	1	2	0	0	0	0	0	0	1	1	0	0	0	1	0	1	0	0	0	0

注：0代表在黑山矿区基本不存在异常，不作为找矿指示元素。

从表3-25中可以看出，在黑山铜镍矿区存在异常的微量元素有Ni、Cu、V、Cr、Bi、Pb、Cd、Ag、Th共计9种。这9种微量元素及Co在研究区内的地球化学异常剖析图如图3-17所示。

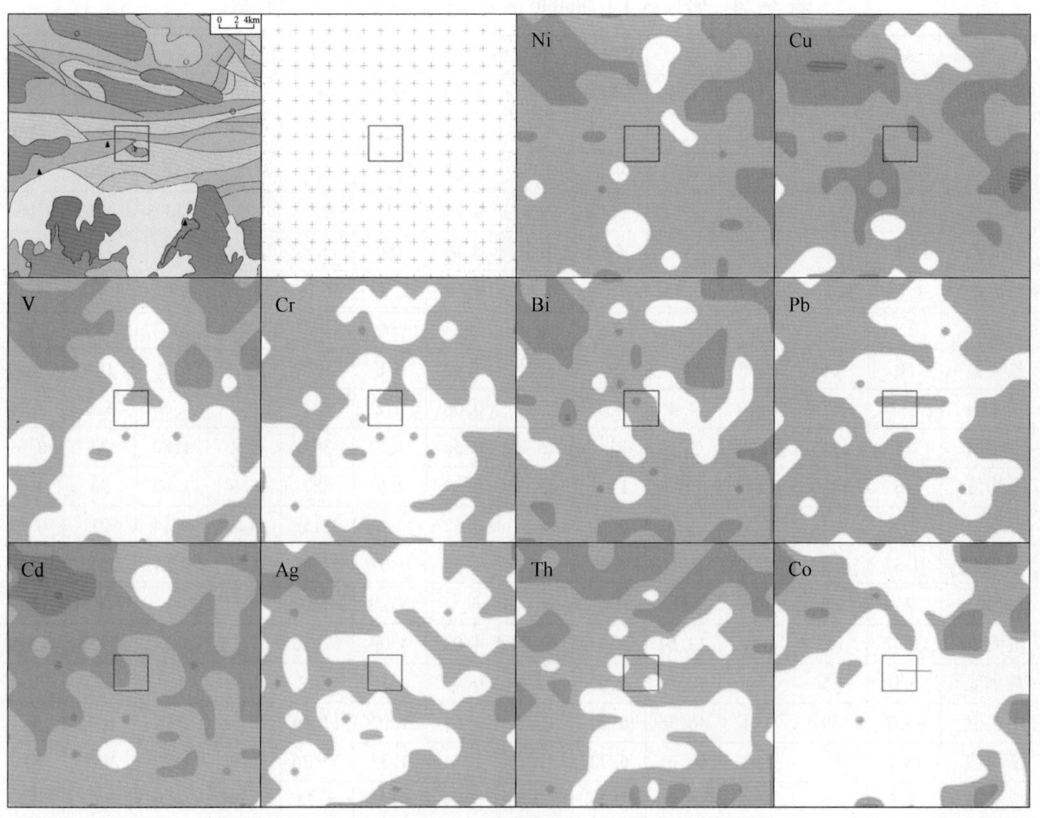

图3-17　区域化探地球化学异常剖析图
（地质图为图3-14黑山铜镍矿区域地质图）

上述 9 种元素可以作为黑山铜镍矿在区域化探工作阶段的找矿指示元素组合。在这 9 种元素中 Cu、Bi、Cd 具有 2 级异常，Ni、V、Cr、Pb、Ag、Th 具有 1 级异常。

3.4.3.2 *岩石地球化学勘查*

A 元素含量统计参数

本次收集到黑山矿区岩石 131 件样品的 26 种微量元素含量数据（崔进寿，2010；邵小阳，2010；王亚磊，2011；Xie et al.，2012；王磊等，2013；徐刚，2013；谢燮等，2016），其中不同类型的矿石 15 件、蚀变岩石 66 件、较新鲜岩石 50 件。计算岩石中元素平均值相对其在中国水系沉积物（*CSS*）中的富集系数，将其地球化学统计参数列于表 3-26 中。

表 3-26 矿区岩石样品元素含量①统计参数

元素	Ag	As	Au	B	Ba	Be	Bi	Cd	Co	Cr	Cu	F	Hg	La	Li
样品数	50	50	44		86	62	70		83	126	84		36	81	69
最大值	970	1131	71		550	0.54	2.40		258	3030	4098		35	6.36	120
最小值	100	0.66	2.9		25	0.12	0.05		23	11	14.8		4.0	1.44	4.5
中位值	260	4.5	16.2		51	0.26	0.29		130	1583	262		6.5	2.88	7.6
平均值	328	154	22		81	0.27	0.58		122	1283	537		7.6	3.13	12
标准差	217	315	20		93	0.08	0.54		46	898	781		5.4	1.04	15
富集系数②	4.26	15.4	16.8		0.17	0.13	1.88		10.1	21.8	24.4		0.21	0.08	0.37
元素	Mo	Nb	Ni	Pb	Sb	Sn	Sr	Th	U	V	W	Y	Zn	Zr	
样品数	14	81	84	117	44	6	87	81	80	111	13	87	113	84	
最大值	3.20	2.29	7180	24	24	5.00	297	2.12	0.48	141	15.0	36.0	204	87	
最小值	0.60	0.55	91	1.3	0.09	4.00	40	0.41	0.11	3	0.7	4.26	11	20	
中位值	0.90	1.07	1526	3.6	0.80	4.00	75	0.84	0.22	63	5.0	7.43	81	41	
平均值	1.19	1.16	1733	4.8	3.79	4.17	94	0.89	0.23	55	5.4	9.87	67	43	
标准差	0.85	0.40	1197	4.0	6.72	0.41	60	0.30	0.08	34	4.4	6.43	33	15	
富集系数②	1.42	0.07	69.3	0.20	5.49	1.39	0.65	0.07	0.09	0.69	2.97	0.39	0.95	0.16	

注：数据引自崔进寿（2010）、邵小阳（2010）、王亚磊（2011）、Xie et al.（2012）、王磊等（2013）、徐刚（2013）、谢燮等（2016）。

①元素含量的单位见表 2-4；②富集系数=平均值/*CSS*，*CSS*（中国水系沉积物）数据详见表 2-4。

与中国水系沉积物相比，矿区岩石微量元素富集系数介于 10~100 之间的有 Ni、Cu、Cr、Au、As、Co；介于 3~10 之间的元素有 Sb、Ag；介于 2~3 之间的元素有 W；介于 1.2~2 之间的元素有 Bi、Mo、Sn。富集系数大于 1.2 的微量元素共计 12 种，其中基性微量元素有 Ni、Co、Cr，热液成矿元素有 Cu、W、Sn、Mo、Bi、Au、Ag、As、Sb。

在研究区内发现黑山大型镍矿床并伴生铜，上述 Ni、Cu 的富集系数分别为 69.3 和 24.4。

B 地球化学异常剖面图

本次在矿区范围内所收集的岩石有矿石、蚀变岩与较新鲜岩石，尤其以蚀变岩和矿石为主，元素含量可采用平均值来表征，该平均值的大小取决于所收集岩石中矿石和蚀变岩相对较新鲜岩石的多少。

依据上述矿区岩石中元素含量的平均值，采用全国定值七级异常划分方案评定 26 种微量元素的异常分级，结果见表 3-27。

表 3-27 黑山矿区岩矿石中元素异常分级

元素	Ag	As	Au	B	Ba	Be	Bi	Cd	Co	Cr	Cu	F	Hg	La	Li	Mo	Nb	Ni	Pb	Sb	Sn	Sr	Th	U	V	W	Y	Zn	Zr
异常分级	1	2	2		0	0	0		5	2	4		0	0	0	0	0	6	0	1	0	0	0	0	0	1	0	0	0

注：0 代表在黑山矿区基本不存在异常，不作为找矿指示元素。

从表 3-27 中可以看出，在黑山矿区存在异常的微量元素有 Ni、Cu、Co、Cr、W、Au、Ag、As、Sb 共计 9 种，这 9 种元素可作为黑山铜镍矿床在岩石地球化学勘查工作阶段的找矿指示元素组合。在这 9 种元素中 Ni 具有 6 级异常，Co 具有 5 级异常，Cu 具有 4 级异常，Cr、Au、As 具有 2 级异常，W、Ag、Sb 具有 1 级异常。

3.4.3.3 勘查地球化学特征简表

综合上述勘查地球化学特征，甘肃肃北黑山铜镍矿床的勘查地球化学特征可归纳列入表 3-28 中。

表 3-28 甘肃肃北黑山铜镍矿床勘查地球化学特征简表

矿床编号	项目名称	Ag	As	Au	B	Ba	Be	Bi	Cd	Co	Cr	Cu	F	Hg	La	Li
621901	区域富集系数	1.04	0.78	0.87	0.23	2.34	0.41	0.67	2.33	0.49	0.39	0.95	0.97	0.44	0.67	0.38
621901	区域异常分级	1	0	0	0	0	0	2	2	0	1	2	0	0	0	0
621901	岩石富集系数	4.26	15.4	16.8		0.17	0.13	1.88		10.1	21.8	24.4		0.21	0.08	0.37
621901	岩石异常分级	1	2	2		0	0	0		5	2	4		0	0	0
矿床编号	项目名称	Mo	Nb	Ni	Pb	Sb	Sn	Sr	Th	U	V	W	Y	Zn	Zr	
621901	区域富集系数	1.70	0.65	0.69	0.63	1.22	0.63	3.36	0.50	0.81	0.42	0.46	0.73	0.68	0.46	
621901	区域异常分级	0	0	1	1	0	0	0	1	0	1	0	0	0	0	
621901	岩石富集系数	1.42	0.07	69.3	0.20	5.49	1.39	0.65	0.07	0.09	0.69	2.97	0.39	0.95	0.16	
621901	岩石异常分级	0	0	6	0	1	0	0	0	0	0	1	0	0	0	

注：该表可与矿床基本信息、地质特征简表依据矿床编号建立对应关系。

3.4.4 地质地球化学找矿模型

甘肃肃北黑山铜镍矿床为一大型铜镍硫化物矿床，位于甘肃省肃北蒙古族自治县境内，矿体呈出露状态，赋矿建造为泥盆系黑山基性超基性杂岩体。成矿与黑山杂岩体关系密切，黑山岩体岩性主要为橄榄岩和辉长岩，其成岩年龄约 367Ma。矿体受黑山杂岩体形态、产状控制，矿石类型以橄榄岩型原生硫化物矿石为主，矿体呈似层状、脉状、枝杈状及透镜状等，成矿年龄约 367Ma。围岩蚀变主要有蛇纹石化、滑石化、次闪石化、绿泥石化、褪色化、角岩化等。因此，矿床类型属于基性超基性岩铜镍矿床。

甘肃肃北黑山矿床区域化探找矿指示元素组合为 Ni、Cu、V、Cr、Bi、Pb、Cd、Ag、Th 共计 9 种，其中 Cu、Bi、Cd 具有 2 级异常，Ni、V、Cr、Pb、Ag、Th 具有 1 级异常。矿区岩石化探找矿指示元素组合为 Ni、Cu、Co、Cr、W、Au、Ag、As、Sb 共计 9 种，其中 Ni 具有 6 级异常，Co 具有 5 级异常，Cu 具有 4 级异常，Cr、Au、As 具有 2 级异常，W、Ag、Sb 具有 1 级异常。

3.5 甘肃金昌金川铜镍矿床

3.5.1 矿床基本信息

表 3-29 为甘肃金昌金川铜镍矿床基本信息。

表 3-29 甘肃金昌金川铜镍矿床基本信息表

序号	项目名称	项目描述	序号	项目名称	项目描述
0	矿床编号	621902	4	矿床规模	超大型
1	经济矿种	镍、铜	5	主矿种资源量	558
2	矿床名称	甘肃金昌金川铜镍矿床	6	伴生矿种资源量	354 Cu
3	行政隶属地	甘肃省金昌市金川区宁远堡镇	7	矿体出露状态	出露

注：经济矿种资源量数据引自甘肃省地质矿产局第六地质队（1984），矿种资源量单位为万吨。

3.5.2 矿床地质特征

3.5.2.1 区域地质特征

甘肃金昌金川铜镍矿床位于甘肃省金昌市金川区宁远堡镇境内，距金昌市西南方向约3km处，在成矿带划分上金川铜镍矿床位于华北成矿省阿拉善（台隆）成矿带内（徐志刚等，2008）。

区域内出露地层有古元古代龙首山群、中元古代蓟县系、新元古代南华系、寒武系、二叠系、白垩系和第四系，如图 3-18 所示。地层大多呈北西向或北西西向展布，古元古代变质碎屑岩为该区的主要赋矿地层。

区域内岩浆岩发育，以超基性-酸性侵入岩为主。超基性岩体主要为区域中部的金川超基性岩体，该岩体为金川铜镍矿的含矿岩体，长约 6500m、宽 20~500m，走向北西，倾角 50°~80°，延深可达千余米，但地表出露规模较小，出露面积仅 1.34km^2（曾认宇等，2016）。在区域南部自西向东出露有石英闪长岩体、二长花岗岩体和花岗闪长岩体，其中花岗闪长岩体出露面积较大，如图 3-18 所示。

区域内构造以断裂为主，褶皱表现为北西向的龙首山隆起带。龙首山隆起南缘与早古生代祁连造山带毗邻，北缘与潮水凹陷盆地相接，如图 3-18 所示。龙首山北缘断裂（F1）是在 10km 深处向南收敛的电性薄层，是中生代印支期陆内造山作用逆冲推覆构造的界面，其主要贡献是将深侵位的含矿岩体（金川超基性岩体）推覆至地表遭受剥蚀，该界面上部倾向南西，平均倾角大于 60°（马关宇等，2014）。龙首山隆起带两侧断裂为该区主控断裂，其北缘 F1 断裂及其次级断裂为金川超基性岩体和铜镍矿床的控岩、控矿断裂。

区域内矿产资源以铜、镍矿床为主，代表性铜镍矿床有金川超大型铜镍矿床和毛草泉铜矿床（焦建刚等，2006）与墩子沟铜矿床。

3.5.2.2 矿区地质特征

金川铜镍矿床是我国第一大镍矿床（符志强等，2015），也是世界在采的第三大铜镍

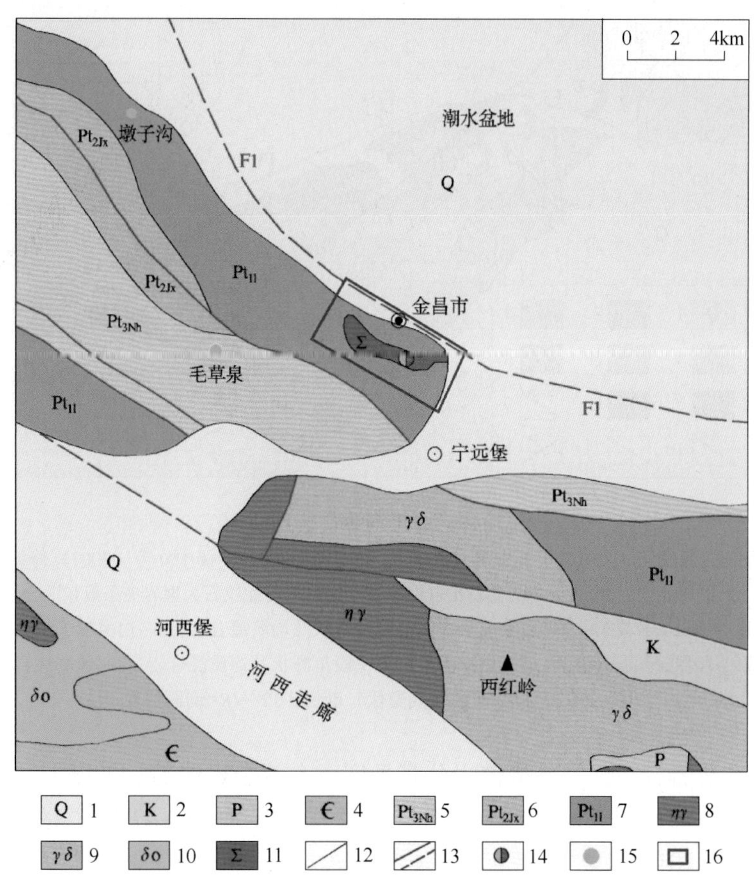

图 3-18　金川铜镍矿区域地质图

（根据中国地质调查局 1：1000000 地质图修编）

1—第四系砂质黏土、砂砾石层；2—白垩系砾岩、砂砾岩、砂岩、砂质页岩夹泥灰岩；3—二叠系细砂岩夹板岩、砂质千枚岩及灰岩、硅质岩；4—寒武系细砂岩夹板岩、砂质千枚岩及灰岩、变砾岩、硅质岩；5—新元古代南华系变砾岩、砂岩、千枚岩及角砾状灰岩；6—新元古代蓟县系砂岩、变砾岩、硅质岩、千枚岩夹石英岩；7—古元古代龙首山群混合片麻岩、大理岩、斜长角闪岩、片岩、变粒岩等；8—二长花岗岩；9—花岗闪长岩；10—石英闪长岩；11—超基性岩；12—岩性界线；13—断层及推测断层；14—铜镍矿床；15—铜矿床；16—金川矿区范围

硫化物矿床（曾认宇等，2016）。金昌既因金川矿企而设市，又因盛产镍被誉为“镍都”。

矿区出露的地层主要为古元古代龙首山群白家嘴子组混合岩、片麻岩与大理岩以及第四系砂质黏土、砂砾石层（见图 3-19），白家嘴子组大理岩和混合岩是金川矿区含矿岩体的主要围岩（曾认宇等，2016）。

矿区出露的岩浆岩主要为金川超基性岩体，该超基性岩体以矿区 F16 断层为界可划分为东、西两个大岩体（王睿等，2015）。西岩体又以 F8 断层为界划分为两个岩体，F8 西北侧岩体编号为Ⅲ，F8 东南侧岩体编号为Ⅰ。东岩体又以 F17 断层为界划分为两个岩体，F17 西北侧岩体编号为Ⅱ，F17 东南侧岩体编号为Ⅳ（高亚林，2009）。因此，自西北至东南可划分出编号分别为Ⅲ、Ⅰ、Ⅱ、Ⅳ的四个超基性岩体。金川超基性岩体以纯橄榄岩、二辉橄榄岩为主要组成岩相，其次是含二辉橄榄岩、斜长二辉橄榄岩、橄榄二辉岩、

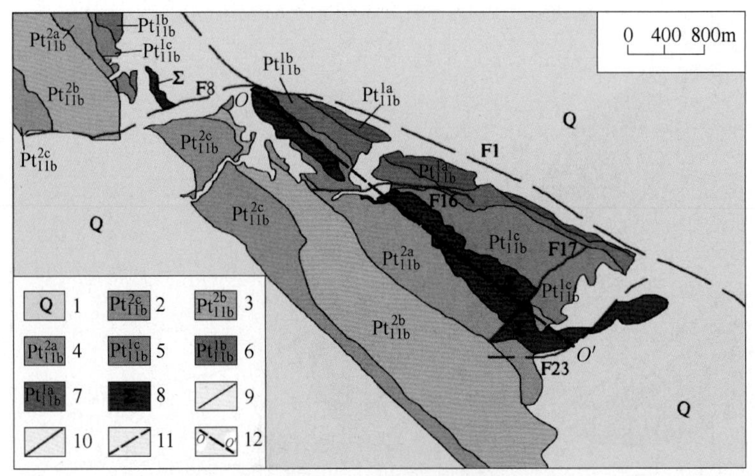

图 3-19 金川铜镍矿床地质图

（根据曾认宇等（2016）、高亚林（2009）、高辉等（2009）、汤中立等（2007）修编）

1—第四系砂质黏土、砂砾石层；2—古元古界龙首山群白家嘴子组第二段蛇纹石大理岩夹条痕状混合岩；3—白家嘴子组第二段绿泥石英片岩夹二云片麻岩；4—白家嘴子组第二段条带状及均质混合岩；5—白家嘴子组第一段蛇纹大理岩；6—白家嘴子组第一段黑云斜长片麻岩；7—白家嘴子组第一段角砾状及均质混合岩；8—超基性岩；9—岩性界线；10—断层；11—推测（或隐伏）断层；12—*OO′*剖面位置

橄榄辉石岩。在诸岩相中，二辉橄榄岩分布最广，占整个岩体的一半以上，其余各岩相呈与岩体走向一致的似层状分布，各岩相之间没有明显的侵入界线（赵振华和钱汉东，2008；焦建刚等，2012）。

对矿区成岩年龄的研究一直存在分歧，廖文建（2016）在对前人测年成果综合分析的基础上，认为李献华等（2004）对金川岩体中含斜长二辉橄榄岩的 SHRIMP 锆石 U-Pb 年龄值 827Ma 最接近实际成岩年龄，属新元古代。因此，此处暂取 827Ma 代表金川岩体的成岩年龄。

矿区内构造以断裂为主，区内断裂构造可划分为三级（廖文建，2016）。一级构造为北西展布的 F1 断裂，即龙首山北缘断裂在矿区的表现，控制着区内岩体和矿床的分布。二级断裂构造主要分布在一级断裂附近及两侧，一般呈近东西向、北东向及北东东向延伸，如 F16、F23 和 F8 等，该级别断裂错断矿区成矿岩体。三级断裂构造为二级断裂的延续，主要呈近南北向和北东向，延伸不超过数百米，破碎带不发育且较窄，控制着次级矿脉的分布（廖文建，2016）。矿区褶皱比较简单，主要为倾向南西的单斜构造，层间褶曲发育，常形成紧闭的小背斜和小向斜（叶亮山等，2014）。

3.5.2.3 矿体地质特征

A 矿体特征

根据金川超基性岩体的划分方法，矿区也划分为四个矿段，即每一超基性岩体为一矿段，自西北至东南按岩体编号为Ⅲ、Ⅰ、Ⅱ、Ⅳ四个矿段，其中Ⅲ和Ⅰ矿段又合称为西矿段，Ⅱ和Ⅳ矿段又合称为东矿段（高亚林，2009；叶亮山等，2014；曾认宇等，2016）。

在四个矿段中，主要矿体分布在Ⅱ、Ⅰ、Ⅳ三个矿段中，以Ⅱ-1、Ⅱ-2、Ⅰ-24、

Ⅳ-1、Ⅳ-26、Ⅲ-1 矿体为矿区主要矿体，占全矿区镍金属量的 87.82%（曾认宇等，2016）。Ⅱ-1、Ⅱ-2 和Ⅰ-24 矿体分别是金川矿区第一、第二和第三大矿体，这三个矿体的储量占整个矿床储量的 90%以上（王泸文，2012）。

Ⅱ矿段主要由Ⅱ-1 和Ⅱ-2 矿体组成，其中Ⅱ-1 矿体形态呈同心分带的“火苗状”，产于岩体的中下部（见图 3-20），矿体形态呈巨大的透镜状，膨缩变化明显，矿石类型按品位可划分为贫矿体、富矿体和特富矿体（块状硫化物矿石）。Ⅱ-2 矿体整体呈“歪漏斗状”或透镜状，赋存于岩体深部和底部，沿走向、倾向膨缩变化很大，分枝尖灭明显（高亚林，2009；廖文建，2016）。Ⅰ矿段主要由Ⅰ-24 矿体组成，属露天矿体，矿体形态呈似层状（汤中立等，2007；田毓龙等，2009；符志强等，2015）。

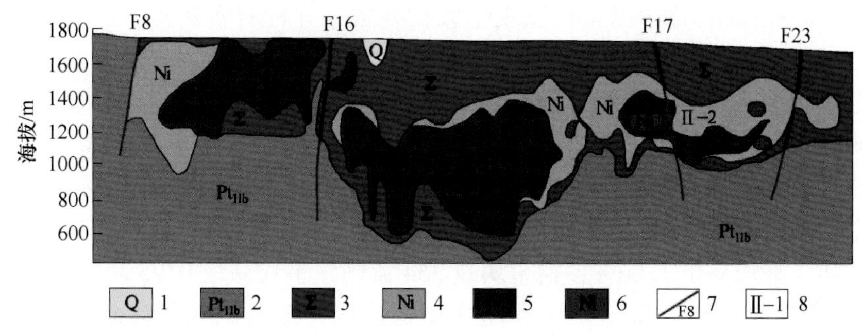

图 3-20　金川矿床 *OO′*地质剖面图

（根据曾认宇等（2016）、高亚林（2009）、高辉等（2009）、汤中立等（2007）修编）

1—第四系砂质黏土、砂砾石层；2—古元古界龙首山群白家嘴子组大理岩、片麻岩、混合岩；3—超基性岩；4—贫矿体；5—富矿体；6—特富矿体（块状硫化物矿石）；7—断层及编号；8—矿体编号

杨胜洪等（2007）采用 Re-Os 测年法对矿区浸染状矿石获得约 1126Ma 的等时线年龄和模式年龄，对块状矿石则获得（840±79）Ma；前者^{187}Os/^{188}Os 初始值为 0.119±0.018，后者初始值为 0.242±0.028。杨刚等（2004）采用 Re-Os 测年法对块状矿石获得（833±35）Ma 的等时线年龄，其^{187}Os/^{188}Os 初始值为 0.279±0.018。因此，此处可暂取块状矿石的 833Ma 代表金川铜镍矿床的成矿年龄（廖文建，2016）。

B　矿石特征

金川矿区的铜镍矿石可划分为岩浆型、气成热液型和热液叠加型三种矿石类型，以岩浆型矿石为主。岩浆型矿石包括星点状（浸染状）矿石、块状矿石和网状（海绵陨铁状）矿石，其中网状矿石占全区矿石储量的 90%以上（廖文建，2016）。

矿石中金属矿物主要有黄铜矿、镍黄铁矿、紫硫镍矿、黄铁矿、磁黄铁矿、磁铁矿、铬尖晶石等；脉石矿物主要有橄榄石、辉石、角闪石、斜长石、云母及次生蚀变矿物，可见少量铬云母、方解石等（廖文建，2016）。

矿石结构以自形-半自形-他形不等粒状结构、（变）海绵陨铁结构、包含结构、假象结构、碎裂结构为主，其次有填隙胶结结构、交代残余结构、反应边结构、环带结构、叶片状结构、乳滴状结构和网状结构等（廖文建，2016）。矿石构造有块状构造、星散-稀疏浸染状构造、稠密浸染状构造、斑点状构造、细脉状构造、细脉-浸染状构造等（廖文建，2016）。

C 围岩蚀变

金川铜镍矿床赋矿岩体的直接围岩是大理岩、片岩和混合岩等。围岩发生过不同程度的蚀变作用，主要有蛇纹石化、透闪石化、绿泥石化、滑石化、碳酸盐化等，其中以蛇纹石化最为发育，且与成矿关系极为密切（焦建刚等，2012，2014）。

3.5.2.4 勘查开发概况

金川铜镍矿床及区域地质研究简史的研究程度和内容可划分为四个阶段（高亚林，2009）：（1）1958 年发现金川铜镍矿床以前，仅为零星路线和剖面地质调查，研究重点是地层的划分。（2）1958~1959 年，围绕矿区进行了普查、详查、勘探以及 1：200000 区域地质调查，较系统地建立了该区地层系统和构造格架。（3）1969~1989 年，相继开展了航磁测量和 1：50000 岩石化学测量，发现了大批异常，并针对各矿点、矿化点及异常进行了检查验证工作，提高了该区矿产调查研究程度。（4）1990 年以来，诸多科研院所和大专院校在金川地区开展了多方面专题科学研究工作，特别是 2000 年以后，尤其重视从理论高度来研究金川矿床的成矿规律、成矿模式和靶区优选等方面（高亚林，2009）。

廖文建（2016）、符志强等（2015）、王亮等（2014）调研报道及汤中立等（1995）的储量数据均源自 1984 年甘肃省地质矿产局第六地质队的数据，金川矿区已探明镍金属量约 558 万吨，平均品位 1.06%；铜金属量 354 万吨，平均品位 0.75%；伴生铂族金属量约 68t。该矿床规模属超大型镍矿床和超大型铜矿床，金川铜镍矿床成为我国最大的镍矿床。

3.5.2.5 矿床类型

根据汤中立等（1995）、高强组和黄满湘（2006）、汤中立等（2007）、高亚林（2009）、曾认宇等（2013）、高亚林等（2014）的研究成果，认为甘肃金昌金川铜镍矿床应属于基性超基性岩铜镍矿床。

3.5.2.6 地质特征简表

综合上述矿床地质特征，除矿床基本信息表（见表 3-29）中所表达的信息以外，甘肃金昌金川铜镍矿床的地质特征可归纳列入表 3-30 中。

表 3-30 甘肃金昌金川铜镍矿床地质特征简表

序号	项目名称	项目描述	序号	项目名称	项目描述
10	赋矿地层时代	古元古代	16	矿石类型	岩浆型铜镍硫化物矿石
11	赋矿地层岩性	大理岩、混合岩	17	成矿年龄	833Ma
12	相关岩体岩性	二辉橄榄岩	18	矿石矿物	黄铜矿、镍黄铁矿、紫硫镍矿、黄铁矿、磁黄铁矿、磁铁矿、铬尖晶石等
13	相关岩体年龄	827Ma			
14	是否断裂控矿	否	19	围岩蚀变	蛇纹石化、透闪石化、绿泥石化、碳酸盐化等
15	矿体形态	透镜状、似层状	20	矿床类型	基性超基性岩铜镍矿床

注：序号从 10 开始是为了和数据库保持一致。

3.5.3 地球化学特征

3.5.3.1 区域化探

A 元素含量统计参数

本次收集到研究区内 1：200000 水系沉积物 234 件样品的 39 种元素含量数据。计算

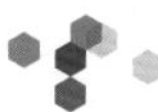

水系沉积物中元素平均值相对其在中国水系沉积物（*CSS*）中的富集系数，将其地球化学统计参数列于表 3-31 中。

表 3-31 研究区 1：200000 区域化探元素含量①统计参数

元素	Ag	As	Au	B	Ba	Be	Bi	Cd	Co	Cr	Cu	F	Hg
最大值	622	32.9	22.6	61	7794	5.03	2.12	448	38.8	497	783	3603	79
最小值	14.2	0.08	0.13	2.3	142	0.49	0.09	40	2.9	3.4	0.1	156	1.0
中位值	64.7	5.09	2.27	19	735	2.03	0.33	105	10.5	46	26	441	15
平均值	81	5.4	3.0	20	927	2.05	0.35	119	11	60	58	494	18
标准差	71	3.7	2.9	10	838	0.65	0.17	58	4.8	54	98	278	13
富集系数②	1.05	0.54	2.30	0.42	1.89	0.98	1.13	0.85	0.94	1.01	2.65	1.01	0.51
元素	La	Li	Mo	Nb	Ni	Pb	Sb	Sn	Sr	Th	U	V	W
最大值	92.0	49	7.44	46.4	759	53	2.39	9.0	1078	42.8	6.5	135	4.2
最小值	13.9	7.7	0.1	5.6	0.23	11	0.08	0.4	92	3.2	0.9	13	0.18
中位值	32.3	17	0.91	13.9	27	21	0.42	2.1	246	11.8	2.4	47	1.1
平均值	35.7	18	1.07	15	66	23	0.46	2.3	286	12.3	2.48	49	1.1
标准差	10.9	6	0.84	5.1	119	6.5	0.25	1.0	135	4.3	0.68	14	0.50
富集系数②	0.91	0.56	1.27	0.94	2.66	0.96	0.66	0.78	1.97	1.04	1.01	0.61	0.61
元素	Y	Zn	Zr	SiO_2	Al_2O_3	Fe_2O_3	K_2O	Na_2O	CaO	MgO	Ti	P	Mn
最大值	33.3	121	437	80.24	15.76	9.12	4.13	4.14	35.60	7.74	6182	3803	1508
最小值	12.1	8	62	15.22	3.94	0.77	0.85	0.28	1.13	0.46	789	243	203
中位值	21.5	35	186	64.05	11.90	2.76	2.21	1.83	4.53	2.18	2514	522	434
平均值	22	39	187	62.42	11.70	3.06	2.22	1.97	6.04	2.38	2607	553	452
标准差	3.0	17	49	9.15	1.59	1.17	0.42	0.70	4.49	0.95	683	248	145
富集系数②	0.88	0.56	0.69	0.96	0.91	0.68	0.94	1.49	3.35	1.74	0.63	0.95	0.67

①元素含量的单位见表 2-4；②富集系数=平均值/*CSS*，*CSS*（中国水系沉积物）数据详见表 2-4。

与中国水系沉积物相比，研究区内微量元素富集系数介于 2~3 之间的有 Ni、Cu、Au，介于 1.2~2 之间的有 Sr、Ba、Mo。富集系数大于 1.2 的微量元素共计 6 种，其中基性微量元素有 Ni，热液成矿元素有 Mo、Cu、Au，造岩微量元素有 Sr、Ba。

在研究区内已发现有超大型镍、铜矿床，上述 Ni 和 Cu 的富集系数分别为 2.66 和 2.65。

B　地球化学异常剖析图

依据研究区内 1：200000 化探数据，采用全国变值七级异常划分方案制作 29 种微量元素的单元素地球化学异常图，其异常分级结果见表 3-32。

表 3-32 金川矿区 1：200000 区域化探元素异常分级

元素	Ag	As	Au	B	Ba	Be	Bi	Cd	Co	Cr	Cu	F	Hg	La	Li	Mo	Nb	Ni	Pb	Sb	Sn	Sr	Th	U	V	W	Y	Zn	Zr
异常分级	1	0	3	0	0	0	0	1	3	3	4	0	0	2	0	0	0	5	1	1	1	0	0	2	2	0	2	1	0

注：0 代表在金川矿区基本不存在异常，不作为找矿指示元素。

从表 3-32 中可以看出，在金川矿区存在异常的微量元素有 Ni、Cu、Co、V、Cr、Sn、Pb、Zn、Cd、Au、Ag、Sb、U、La、Y 共计 15 种。这 15 种微量元素在研究区内的地球化学异常剖析图如图 3-21 所示。

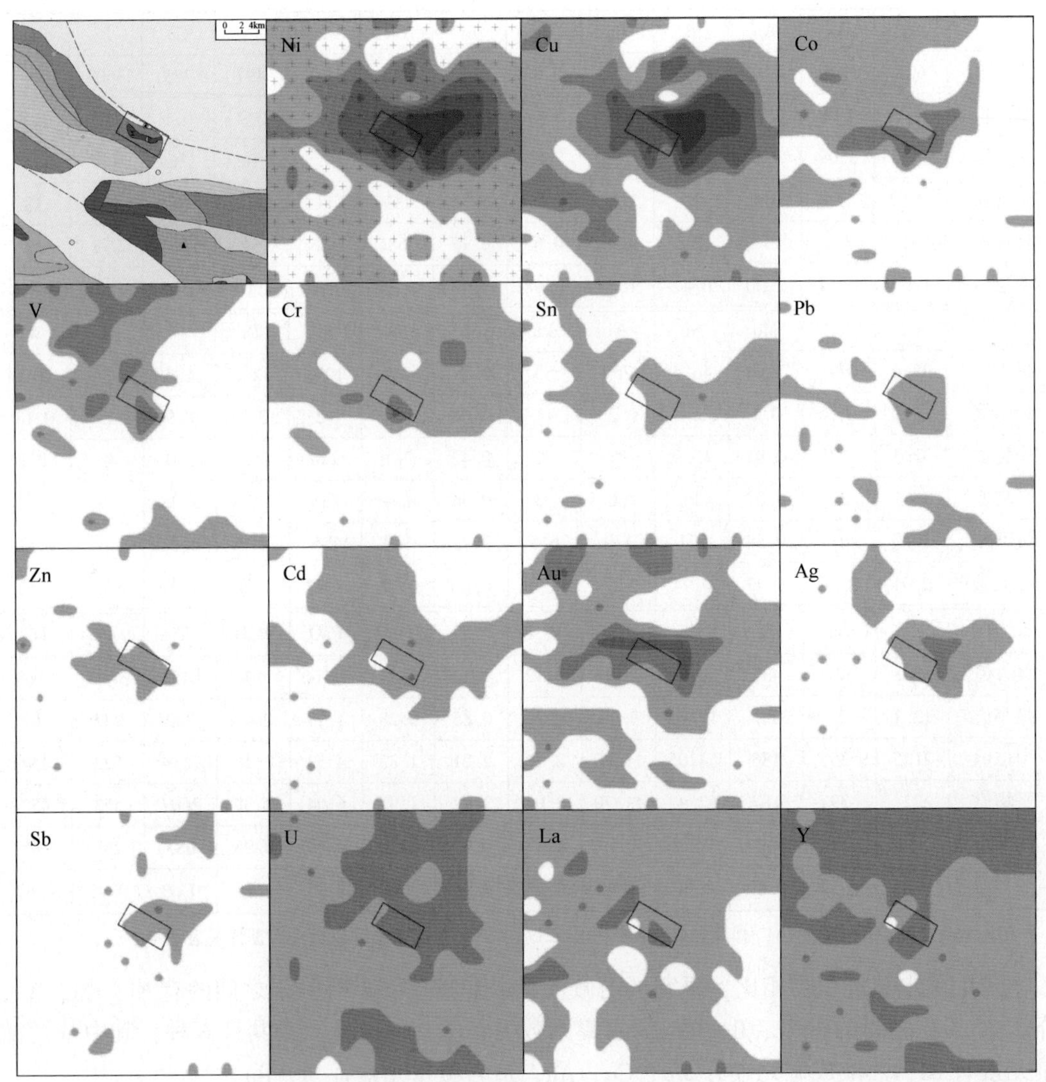

图 3-21　区域化探地球化学异常剖析图

（地质图为图 3-18 金川铜镍矿区域地质图）

上述 15 种微量元素可以作为金川铜镍矿在区域化探工作阶段的找矿指示元素组合。在这 15 种元素中 Ni 具有 5 级异常，Cu 具有 4 级异常，Co、Cr、Au 具有 3 级异常，V、U、La、Y 具有 2 级异常，Sn、Pb、Zn、Cd、Ag、Sb 具有 1 级异常。

3.5.3.2　岩石地球化学勘查

A　元素含量统计参数

本次收集到金川矿区岩石 285 件样品的 24 种微量元素含量数据（宋恕夏，1983；王瑞廷，2002；邓津辉等，2003；刘民武，2003；高强祖和黄满湘，2006；焦建刚等，

2006；赵振华和钱汉东，2008；高亚林，2009；田毓龙等，2009；王泸文，2012；王亮等，2014；廖文建，2016），其中不同类型的矿石 191 件、蚀变岩 11 件、较新鲜岩石 83 件。计算岩石中元素平均值相对其在中国水系沉积物（*CSS*）中的富集系数，将其地球化学统计参数列于表 3-33 中。

表 3-33 矿区岩石样品元素含量①统计参数

元素	Ag	As	Au	B	Ba	Be	Bi	Cd	Co	Cr	Cu	F	Hg	La	Li
样品数	21	24	58	3	107	29	24		148	121	150			199	29
最大值	28000	7.2	5370	6.83	839	1.72	1.85		1400	33696	38818			40.4	40
最小值	46	0.5	5.2	4.71	1.4	0.02	0.05		0.2	12.5	0.1			0.15	0.97
中位值	3500	2.2	135	6.74	44	0.35	0.61		130	2825	1000			2.67	5.42
平均值	9009	2.57	541	6.09	86	0.50	0.60		247	3100	5343			4.27	8.85
标准差	9246	1.77	961	0.98	128	0.49	0.32		261	3295	7812			6.16	8.74
富集系数②	117	0.26	410	0.13	0.18	0.24	1.95		20.4	52.5	243			0.11	0.28
元素	Mo	Nb	Ni	Pb	Sb	Sn	Sr	Th	U	V	W	Y	Zn	Zr	
样品数		106	152	85	35	5	110	121	102	111		138	95	108	
最大值		42.7	56700	65.7	3.4	6.64	510	23.2	22	8029		47.8	314	321	
最小值		0.08	2.3	0.26	0.07	0.48	1.2	0.04	0.01	8.0		0.5	23	2	
中位值		1.35	2684	9.5	0.18	0.83	34	0.36	0.125	76		3.9	110	22	
平均值		2.81	8184	12.2	1.14	1.97	66	0.89	0.47	167		6.3	113	43	
标准差		5.46	9726	10.7	1.41	2.35	90	2.34	2.18	753		7.5	50	59	
富集系数②		0.18	327	0.51	1.66	0.66	0.46	0.08	0.19	2.09		0.25	1.61	0.16	

注：数据引自宋恕夏（1983）、王瑞廷（2002）、邓津辉等（2003）、刘民武（2003）、高强祖和黄满湘（2006）、焦建刚等（2006）、赵振华和钱汉东（2008）、高亚林（2009）、田毓龙等（2009）、王泸文（2012）、王亮等（2014）、廖文建（2016）。

①元素含量的单位见表 2-4；②富集系数=平均值/*CSS*，*CSS*（中国水系沉积物）数据详见表 2-4。

与中国水系沉积物相比，矿区岩石微量元素富集系数大于 100 的有 Au、Ni、Cu、Ag；介于 10~100 之间的有 Cr、Co；介于 2~3 之间的元素有 V；介于 1.2~2 之间的有 Bi、Sb、Zn。富集系数大于 1.2 的微量元素共计 10 种，其中基性微量元素有 Ni、Co、Cr、V，热液成矿元素有 Cu、Bi、Zn、Au、Ag、Sb。

在研究区内发育金川超大型镍、铜矿床，上述 Ni、Cu 的富集系数分别为 327 和 243。

B 地球化学异常剖面图

本次在矿区范围内所收集的岩石有矿石、蚀变岩与较新鲜岩石，尤其以矿石和蚀变岩为主，元素含量可采用平均值来表征，该平均值的大小取决于所收集岩石中矿石和蚀变岩相对较新鲜岩石的多少。

依据上述矿区岩石中元素含量的平均值，采用全国定值七级异常划分方案评定 24 种微量元素的异常分级，结果见表 3-34。

表 3-34　金川矿区岩矿石中元素异常分级

元素	Ag	As	Au	B	Ba	Be	Bi	Cd	Co	Cr	Cu	F	Hg	La	Li	Mo	Nb	Ni	Pb	Sb	Sn	Sr	Th	U	V	W	Y	Zn	Zr
异常分级	5	0	6	0	0	0	0		7	3	7			0	0		0	7	0	0	0	0	0	0	1		0	0	0

注：0 代表在金川矿区基本不存在异常，不作为找矿指示元素。

从表 3-34 中可以看出，在金川矿区存在异常的微量元素有 Ni、Cu、Co、V、Cr、Au、Ag 共计 7 种，这 7 种元素可作为金川铜镍矿床在岩石地球化学勘查工作阶段的找矿指示元素组合。在这 7 种元素中 Ni、Cu、Co 具有 7 级异常，Au 具有 6 级异常，Ag 具有 5 级异常，Cr 具有 3 级异常，V 具有 1 级异常。

3.5.3.3　勘查地球化学特征简表

综合上述勘查地球化学特征，甘肃金昌金川铜镍矿床的勘查地球化学特征可归纳列入表 3-35 中。

表 3-35　甘肃金昌金川铜镍矿床勘查地球化学特征简表

矿床编号	项目名称	Ag	As	Au	B	Ba	Be	Bi	Cd	Co	Cr	Cu	F	Hg	La	Li
621902	区域富集系数	1.05	0.54	2.30	0.42	1.89	0.98	1.13	0.85	0.94	1.01	2.65	1.01	0.51	0.91	0.56
621902	区域异常分级	1	0	3	0	0	0	0	1	3	3	4	0	0	2	0
621902	岩石富集系数	117	0.26	410	0.13	0.18	0.24	1.95		20.4	52.5	243			0.11	0.28
621902	岩石异常分级	5	0	6	0	0	0	0		7	3	7			0	0
矿床编号	项目名称	Mo	Nb	Ni	Pb	Sb	Sn	Sr	Th	U	V	W	Y	Zn	Zr	
621902	区域富集系数	1.27	0.94	2.66	0.96	0.66	0.78	1.97	1.04	1.01	0.61	0.61	0.88	0.56	0.69	
621902	区域异常分级	0	0	5	1	1	1	0	0	2	2	0	2	1	0	
621902	岩石富集系数		0.18	327	0.51	1.66	0.66	0.46	0.08	0.19	2.09		0.25	1.61	0.16	
621902	岩石异常分级		0	7	0	0	0	0	0	0	1		0	0	0	

注：该表可与矿床基本信息、地质特征简表依据矿床编号建立对应关系。

3.5.4　地质地球化学找矿模型

甘肃金昌金川铜镍矿床为一超大型铜镍硫化物矿床，位于甘肃省金昌市金川区宁远堡镇境内，矿体呈出露状态，赋矿建造为新元古代金川超基性岩体。成矿与金川超基性岩体关系密切，金川岩体岩性主要为二辉橄榄岩，其成岩年龄约 827Ma。矿体受金川岩体形态、产状控制，矿石类型以岩浆型铜镍硫化物矿石为主，矿体呈透镜状、似层状等，成矿年龄约 833Ma。围岩蚀变主要有蛇纹石化、透闪石化、绿泥石化、滑石化、碳酸盐化等。因此，矿床类型属于基性超基性岩铜镍矿床。

甘肃金昌金川矿床区域化探找矿指示元素组合为 Ni、Cu、Co、V、Cr、Sn、Pb、Zn、Cd、Au、Ag、Sb、U、La、Y 共计 15 种，其中 Ni 具有 5 级异常，Cu 具有 4 级异常，Co、Cr、Au 具有 3 级异常，V、U、La、Y 具有 2 级异常，Sn、Pb、Zn、Cd、Ag、Sb 具有 1 级异常。矿区岩石化探找矿指示元素组合为 Ni、Cu、Co、V、Cr、Au、Ag 共计 7 种，其中 Ni、Cu、Co 具有 7 级异常，Au 具有 6 级异常，Ag 具有 5 级异常，Cr 具有 3 级异常，V 具有 1 级异常。

3.6 陕西略阳煎茶岭镍矿床

3.6.1 矿床基本信息

表 3-36 为陕西略阳煎茶岭镍矿床基本信息。

表 3-36 陕西略阳煎茶岭镍矿床基本信息表

序号	项目名称	项目描述	序号	项目名称	项目描述
0	矿床编号	611901	4	矿床规模	大型
1	经济矿种	镍、钴	5	主矿种资源量	34.3
2	矿床名称	陕西略阳煎茶岭镍矿床	6	伴生矿种资源量	1.40 Co
3	行政隶属地	陕西省汉中市略阳县何家岩镇	7	矿体出露状态	出露

注：经济矿种资源量数据引自李静等（2014），矿种资源量单位为万吨。

3.6.2 矿床地质特征

3.6.2.1 区域地质特征

陕西略阳煎茶岭镍矿床位于陕西省汉中市略阳县何家岩镇境内，距略阳县城东约 28km 处（王瑞廷，2002），在成矿带划分上煎茶岭镍矿床位于扬子成矿省龙门山-大巴山（台缘凹陷）成矿带内（徐志刚等，2008）。

区域内出露地层有新太古代、元古代、志留系、泥盆系、石炭系和二叠系，如图 3-22 所示。元古代碳酸盐岩是该区金属矿床的主要赋矿地层。

区域内岩浆岩比较发育，以酸性到中基性岩株和岩脉为主。酸性岩体主要有位于区域中西部的斜长花岗岩株，中基性岩主要有位于区域中部呈北西向展布的煎茶岭超基性岩体和位于区域南部呈北东东向展布的一系列闪长玢岩脉和辉绿玢岩脉，以及位于区域北部呈北西西向展布的一系列基性岩脉。

区域内构造以断裂为主。区域内主控断裂为呈北西西向展布的何家岩-茶店断裂带，该断裂带将区域内地质体划分为南北两部分。断裂带北侧地层和岩体整体呈北西西向展布，南侧地层和岩体整体呈北东向展布。煎茶岭镍矿床位于何家岩-茶店断裂带内。

区域内矿产资源丰富，以镍、金、铜等多金属为主（王小红，2006）。代表性矿床有煎茶岭大型镍矿床和大型金矿床（陈民扬等，1994；王瑞廷等，2000；聂江涛等，2012）、东沟坝多金属矿床（谢元清，1987；尹福光和唐文清，1999；丁振举等，2003）、庙坝金矿床、李家沟金矿床（陈世杰等，2014）和铜厂铜矿床（韩润生等，2000）。

3.6.2.2 矿区地质特征

矿区出露的地层主要有新太古代、中元古代、新元古代和下石炭统，如图 3-23 所示。新元古代震旦系灯影组碳酸盐岩为煎茶岭镍矿、金矿和铅锌矿的主要赋矿地层（任小华，2000；代军治等，2014）。

矿区岩浆岩比较发育，以超基性和酸性侵入岩为主。煎茶岭超基性岩体在矿区大面积

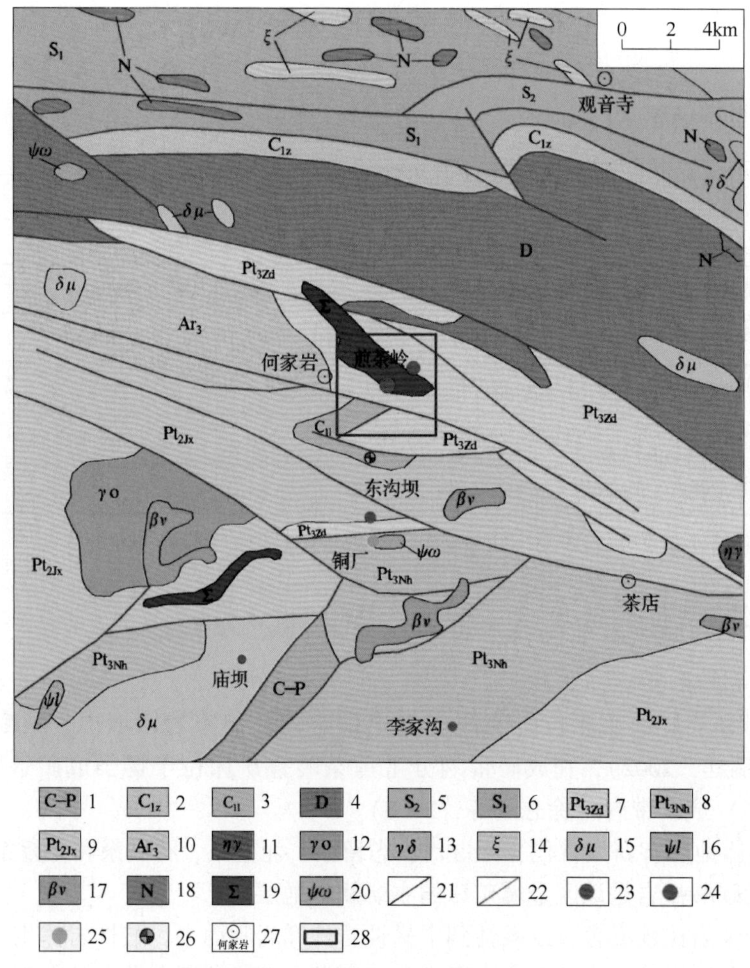

图 3-22 煎茶岭镍矿区域地质图

（根据中国地质调查局 1∶1000000 地质图和任小华（2000）修编）

1—石炭系-二叠系灰岩、粉砂质板岩及砂岩；2—下石炭统状元碑组大理岩；3—下石炭统略阳组灰岩夹粉砂质板岩及砂岩；4—泥盆系千枚岩夹灰岩、砂岩及中基性火山岩；5—中志留统板岩、粉砂质千枚岩，夹硅质岩、灰岩；6—下志留统板岩、硅质岩、变砂岩、千枚岩，夹白云岩；7—新元古代震旦系灯影组白云岩；8—新元古代南华系莲沱组、南沱组、陡山沱组、灯影组并层白云岩、灰岩、板岩；9—中元古代蓟县系绿片岩、云母石英片岩、千枚岩夹大理岩、石英岩、碧玉岩；10—新太古代混合斜长角闪岩、混合片麻岩夹变粒岩、大理岩；11—二长花岗岩；12—斜长花岗岩；13—花岗闪长岩；14—正长岩；15—闪长玢岩；16—辉石岩；17—辉绿（玢）岩；18—基性岩；19—超基性岩；20—蛇纹岩；21—岩性界线；22—断层；23—镍矿；24—金矿；25—铜矿；26—金银铅锌多金属矿；27—地名；28—煎茶岭矿区范围

出露，花岗斑岩和花岗岩呈脉状零星出露，如图 3-23 所示。

煎茶岭超基性岩体由一个主岩体和两个分支岩体组成，主体呈北西西向展布，长约 5km、宽 0.3~1.2km，平面上呈透镜状，出露面积约 $5km^2$，剖面上钻探测深大于 1.1km，呈陡倾岩墙状（王瑞廷等，2003；任华，2011）。超基性岩体岩性主要为纯橄榄岩、方辉橄榄岩等，由于构造破碎和蚀变作用形成蛇纹岩、滑石岩及透闪岩等（王瑞廷等，2005a）。

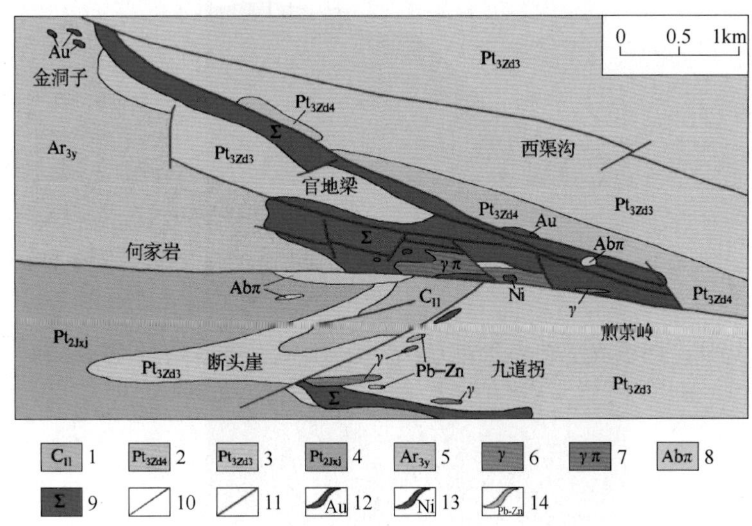

图 3-23 煎茶岭镍矿地质图

（根据任小华（2000）、代军治等（2014）修编）

1—下石炭统略阳组灰岩；2—新元古代震旦系灯影组白云岩；3—新元古代震旦系灯影组白云岩、灰岩、板岩；4—中元古代蓟县系接官亭组细碧角斑岩；5—新太古代鱼洞子群混合岩、变粒岩、片麻岩；6—花岗岩；7—花岗斑岩；8—钠长斑岩；9—超基性岩；10—岩性界线；11—断层；12—金矿；13—镍矿；14—铅锌矿

在超基性岩体内部侵入有晚期的花岗斑岩脉、钠长斑岩脉和花岗岩脉（王瑞廷等，2003；代军治等，2014）。花岗斑岩脉位于超基性岩体中段南缘，出露面积约 0.34km^2，长轴北西西向，受北西西向和北东向韧性剪切带控制（任华，2011）。钠长斑岩分布较为广泛，但主要集中在超基性岩体中部，大致呈左行斜列的脉岩群，构成了一个宽 0.1～0.3km 的脉岩带，走向近东西，受北西西向和北东向韧性剪切带控制（任华，2011）。

庞春勇和陈民扬（1993）对矿区超基性岩体采用 Sm-Nd 法测年获得（927±49）Ma 的等时线年龄，认为超基性岩体形成于新元古代。代军治等（2014）对矿区花岗斑岩和钠长斑岩采用 LA-ICP-MS 锆石 U-Pb 测年分别获得（859±26）Ma 和（844±26）Ma 的谐和年龄，认为斑岩脉属于新元古代晋宁期岩体。此外，聂江涛（2010）对矿区花岗斑岩采用 LA-ICP-MS 锆石 U-Pb 测年获得（216±4）Ma 的谐和年龄，认为花岗斑岩体形成时代为三叠纪（印支期）。

矿区断裂构造非常发育，主要有超基性岩体南、北两侧的何家岩断裂、西渠沟断裂、岩体内部及外侧一系列近东西向、北东向、北西向、近南北向断裂组（任文清和周鼎武，1999）。矿区褶皱主要发育轴向北西向至近东西向的何家岩背斜，煎茶岭超基性岩体侵位于何家岩背斜向东倾没端近轴部的东西向断裂带内（雷祖志等，1988）。

3.6.2.3 矿体地质特征

A 矿体特征

煎茶岭镍矿床共圈定矿体 13 个，矿带长 800m、宽 300m，矿体成群成带分布于花岗斑岩株与超基性岩北凸弧区处（见图 3-24），大多数矿体属于半盲矿体（任小华，2008），局部在地表呈出露状态。

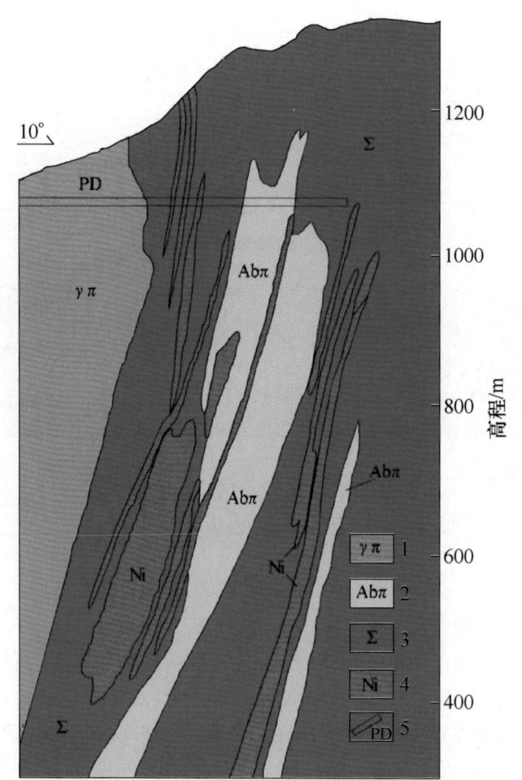

图 3-24 煎茶岭矿床 40 勘探线剖面图
（根据王瑞廷（2002）、代军治等（2014）修编）
1—花岗斑岩；2—钠长斑岩；3—超基性岩；4—镍矿；5—探矿平硐

镍矿体的分布有以下特征：（1）矿体集中产于超基性岩体内花岗斑岩北侧，总体具有矿体埋藏深、品位低的特点。其产状在水平切面呈“鱼群”状，单个矿体沿走向和倾向有分枝复合、尖灭再现或侧现特征，单体形态为似层状或透镜状。（2）矿体在浅部多向北倾，且品位较低或为矿化体。深部向南倾斜，与花岗斑岩北界产状变化一致。在走向和倾向上厚度膨缩变化较大。矿体内部结构一般较简单，表现为边缘贫、中间富的特征。富矿体一般夹于厚大贫矿体之中或深部，富矿（Ni 含量>1%）占全部矿床储量的 30%，产状与贫矿体保持一致（任小华，2008）。

王瑞廷等（2003）对煎茶岭矿区镍矿石采用 Re-Os 法测年获得（878±27）Ma 的等时线年龄，认为煎茶岭镍矿床成矿时代为新元古代。此处取 878Ma 代表煎茶岭镍矿床的成矿年龄。

B 矿石特征

矿区矿石分为硫化镍矿和硅酸镍矿两种，前者占矿石的 90%以上。按照赋矿岩石类型可以划分为四种自然类型：滑石-菱镁岩型、蛇纹岩型、菱镁岩型和透闪石型（任小华，2008）。

矿石结构既有早期岩浆熔离作用形成的自形晶粒状结构、他形粒状结构、填隙结构和乳浊状结构等，又有晚期交代作用形成的残余结构、边缘结构、包含结构等特征（任小

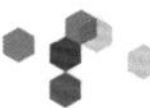

华，2008；代军治等，2014）。矿石构造主要为稀疏-稠密浸染状、致密块状、脉状-网脉状、似条带状、斑杂状构造等（任小华，2008；代军治等，2014）。

矿石矿物组成复杂，主要金属矿物有磁黄铁矿、镍黄铁矿、黄铁矿、磁铁矿、铬铁矿及紫硫镍铁矿、针镍矿、辉镍矿等，脉石矿物主要有叶蛇纹石、纤蛇纹石、胶蛇纹石、滑石、菱镁矿、石英、铁白云石、铬云母等（代军治等，2014）。

C　围岩蚀变

矿区围岩蚀变主要为硅化、黄铁矿化、磁黄铁矿化、透闪石化、滑石菱镁岩化、蛇纹石化等，其中硅化、黄铁矿化、磁黄铁矿化与成矿关系密切。透闪石化、滑石菱镁岩化、蛇纹石化属于超基性岩变质作用产物（代军治等，2014）。

3.6.2.4　勘查开发概况

陕西省冶金地勘公司711队20世纪70年代对煎茶岭镍（钴）矿开展找矿与初评工作，1984年提交了矿床评价报告（李静等，2014）。西北有色地质勘查局717总队补充进行煎茶岭镍矿床的详查工作，1995年提交了《陕西省略阳县煎茶岭镍矿床地质详查报告》，圈出并计算储量的矿体13个，探明镍金属量34.3万吨，伴生钴1.40万吨，属大型镍矿床（李静等，2014；廖俊红等，1995）。

3.6.2.5　矿床类型

根据张本仁等（1986）、王新等（2000）、任小华（2008）、代军治等（2014）的研究成果，认为陕西略阳煎茶岭镍矿床应属于基性超基性岩型矿床。

3.6.2.6　地质特征简表

综合上述矿床地质特征，除矿床基本信息表（见表3-36）中所表达的信息以外，陕西略阳煎茶岭镍矿床的地质特征可归纳列入表3-37中。

表3-37　陕西略阳煎茶岭镍矿床地质特征简表

序号	项目名称	项目描述	序号	项目名称	项目描述
10	赋矿地层时代	新元古代	16	矿石类型	硫化镍型
11	赋矿地层岩性	碳酸盐岩	17	成矿年龄	878Ma
12	相关岩体岩性	超基性岩	18	矿石矿物	镍黄铁矿、黄铁矿、磁铁矿、紫硫镍铁矿、针镍矿、辉镍矿等
13	相关岩体年龄	957Ma			
14	是否断裂控矿	是	19	围岩蚀变	硅化、黄铁矿化、透闪石化、蛇纹石化等
15	矿体形态	似层状、透镜状	20	矿床类型	基性超基性岩镍矿床

注：序号从10开始是为了和数据库保持一致。

3.6.3　地球化学特征

3.6.3.1　区域化探

A　元素含量统计参数

本次收集到研究区内1：200000水系沉积物224件样品的39种元素含量数据。计算水系沉积物中元素平均值相对其在中国水系沉积物（*CSS*）中的富集系数，将其地球化学统计参数列于表3-38中。

表 3-38　研究区 1∶200000 区域化探元素含量①统计参数

元素	Ag	As	Au	B	Ba	Be	Bi	Cd	Co	Cr	Cu	F	Hg
最大值	833	52	43	228	2982	3.80	0.67	390	49	1073	138	985	456
最小值	28.8	2.1	0.54	19.4	213	0.38	0.09	30	7.8	10	15	299	8
中位值	100	7.5	2.01	53	530	1.70	0.29	72	16	76	30	564	53
平均值	116	10.5	3.29	57	601	1.71	0.31	94	17	152	31	571	58
标准差	75	8.1	5.06	23	445	0.60	0.09	65	6.8	205	14	131	39
富集系数②	1.51	1.05	2.49	1.22	1.23	0.81	0.99	0.67	1.42	2.58	1.41	1.17	1.62
元素	La	Li	Mo	Nb	Ni	Pb	Sb	Sn	Sr	Th	U	V	W
最大值	58	60	5.70	47	890	93	3.30	4.00	375	15	10.5	291	8.40
最小值	21	7.6	0.17	9.3	15	18	0.20	0.80	45	4.0	1.29	45	0.41
中位值	37	28	0.36	15	42	34	0.95	2.60	141	9.5	2.00	91	2.38
平均值	37	29	0.77	16	97	35	1.05	2.52	161	9.5	2.28	94	2.39
标准差	5.6	8.2	1.12	5.4	145	7.8	0.57	0.71	82	1.8	0.76	37	0.89
富集系数②	0.95	0.91	0.91	1.00	3.86	1.46	1.52	0.84	1.11	0.80	0.93	1.18	1.33
元素	Y	Zn	Zr	SiO_2	Al_2O_3	Fe_2O_3	K_2O	Na_2O	CaO	MgO	Ti	P	Mn
最大值	31	346	1050	73.20	17.30	10.04	3.37	4.52	7.44	15.06	10844	2258	6634
最小值	17	36	127	50.54	6.89	3.52	1.29	0.49	0.57	0.69	2847	317	360
中位值	23	109	213	63.50	13.70	5.99	2.16	1.84	2.48	2.37	5078	679	818
平均值	23	109	227	63.36	13.47	6.15	2.13	1.99	2.74	3.15	5458	708	860
标准差	2.6	43	86	3.63	2.03	1.33	0.39	0.75	1.36	2.36	1585	284	525
富集系数②	0.92	1.56	0.84	0.97	1.05	1.37	0.90	1.51	1.52	2.30	1.33	1.22	1.28

①元素含量的单位见表 2-4；②富集系数=平均值/*CSS*，*CSS*（中国水系沉积物）数据详见表 2-4。

与中国水系沉积物相比，研究区内微量元素富集系数大于 3 的有 Ni，介于 2~3 之间的有 Cr、Au；介于 1.2~2 之间的有 Hg、Zn、Sb、Ag、Pb、Co、Cu、W、Ba、B。富集系数大于 1.2 的微量元素共计 13 种，其中基性微量元素有 Ni、Co、Cr，热液成矿元素有 W、Cu、Pb、Zn、Au、Ag、Sb、Hg，热液运矿元素有 B，造岩微量元素有 Ba。

在研究区内已发现有大型镍矿床和金矿床，上述 Ni 和 Au 的富集系数分别为 3.86 和 2.49。

B　地球化学异常剖析图

依据研究区内 1∶200000 化探数据，采用全国变值七级异常划分方案制作 29 种微量元素的单元素地球化学异常图，其异常分级结果见表 3-39。

表 3-39　煎茶岭矿区 1∶200000 区域化探元素异常分级

元素	Ag	As	Au	B	Ba	Be	Bi	Cd	Co	Cr	Cu	F	Hg	La	Li	Mo	Nb	Ni	Pb	Sb	Sn	Sr	Th	U	V	W	Y	Zn	Zr
异常分级	1	3	2	3	0	0	2	2	1	3	2	0	2	2	1	3	0	5	2	2	1	0	1	2	3	2	2	3	0

注：0 代表在煎茶岭矿区基本不存在异常，不作为找矿指示元素。

从表 3-39 中可以看出，在煎茶岭矿区存在异常的微量元素有 Ni、V、Cr、Co、Cu、W、Sn、Mo、Bi、Pb、Zn、Cd、Au、Ag、As、Sb、Hg、B、Li、Th、U、Y、La 共计 23 种。这 23 种微量元素在研究区内的地球化学异常剖析图如图 3-25 所示。

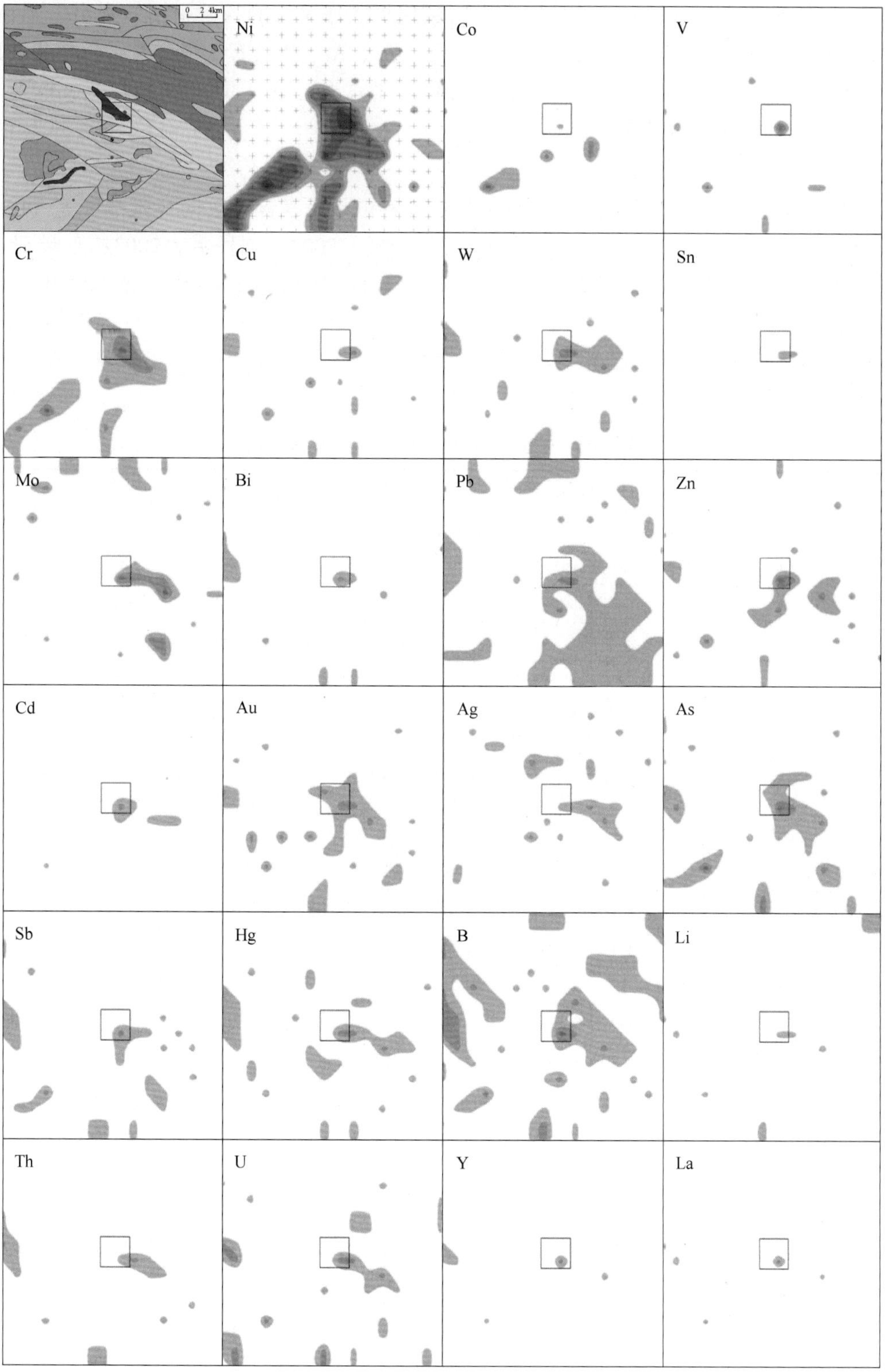

图 3-25 区域化探地球化学异常剖析图

（地质图为图 3-22 煎茶岭镍矿区域地质图）

上述23种元素可以作为煎茶岭镍矿在区域化探工作阶段的找矿指示元素组合。在这23种微量元素中Ni具有5级异常，V、Cr、Mo、Zn、As、B具有3级异常，Cu、W、Bi、Pb、Cd、Au、Sb、Hg、U、Y、La具有2级异常，Co、Sn、Ag、Th、Li具有1级异常。

3.6.3.2 岩石地球化学勘查

A 元素含量统计参数

本次收集到煎茶岭矿区岩石200件样品的25种微量元素含量数据（张本仁等，1986；庞奖励等，1994；任文清和周鼎武，1999；王瑞廷，2002；刘民武，2003；王瑞延等，2003，2005b；王小红，2006；郑崔勇等，2007；聂江涛，2010；姜修道等，2010；聂江涛等，2012；代志军等，2014），其中不同类型的矿石107件、蚀变岩36件、较新鲜岩石57件。计算岩石中元素平均值相对其在中国水系沉积物（*CSS*）中的富集系数，将其地球化学统计参数列于表3-40中。

表3-40 矿区岩石样品元素含量①统计参数

元素	Ag	As	Au	B	Ba	Be	Bi	Cd	Co	Cr	Cu	F	Hg	La	Li
样品数	35	49	82		75	41		41	133	117	116		17	124	41
最大值	2000	2531	181410		3802	1.56		11700	1731	9800	900		581000	76	18
最小值	20	1.8	0.6		0.5	0.001		10	1.4	3.0	0.27		20	0.02	0.2
中位值	130	62	44		27	0.17		153	90	1536	29		241	4.8	2.6
平均值	453	342	8444		256	0.32		1354	175	1610	139		46022	11	4.4
标准差	721	623	26238		532	0.36		2776	238	1342	214		141725	15	4.8
富集系数②	5.89	34.2	6397		0.52	0.15		9.67	14.5	27.3	6.32		1278	0.29	0.14

元素	Mo	Nb	Ni	Pb	Sb	Sn	Sr	Th	U	V	W	Y	Zn	Zr	
样品数	26	75	128	61	30		75	72	59	71	13	79	85	75	
最大值	12	15	33100	288	30		583	10	3	140	97	22	717	160	
最小值	0.23	0.01	7.3	1.6	0.25		0.2	0.001	0.001	2.5	0.48	0.01	7.4	0.08	
中位值	1.11	0.64	1995	8.0	3.65		36	0.87	0.81	20	2.92	1.80	61	3.2	
平均值	1.95	2.82	4622	19	9.27		54	2.22	0.92	32	11.3	4.27	115	30	
标准差	2.46	4.58	6003	39	9.67		76	2.77	0.81	29	26.3	5.37	148	49	
富集系数②	2.33	0.18	185	0.80	13.4		0.37	0.19	0.38	0.40	6.26	0.17	1.64	0.11	

注：数据引自张本仁等（1986）、庞奖励等（1994）、任文清和周鼎武（1999）、王瑞廷（2002）、刘民武（2003）、王瑞延等（2003，2005b）、王小红（2006）、郑崔勇等（2007）、聂江涛（2010）、姜修道等（2010）、聂江涛等（2012）、代志军等（2014）。

①元素含量的单位见表2-4；②富集系数=平均值/*CSS*，*CSS*（中国水系沉积物）数据详见表2-4。

与中国水系沉积物相比，矿区岩石微量元素富集系数大于100的有Au、Hg、Ni；介于10~100之间的有As、Cr、Co、Sb；介于3~10之间的有Cd、Cu、W、Ag；介于2~3之间的有Mo；介于1.2~2之间的有Zn。富集系数大于1.2的微量元素有13种，其中基性微量元素有Ni、Co、Cr，热液成矿元素有W、Mo、Cu、Zn、Cd、Au、Ag、As、Sb、Hg。

在研究区内已发现煎茶岭大型镍矿床和金矿床，上述Ni和Au的富集系数分别高达185和6397。

B　地球化学异常剖面图

本次在矿区范围内所收集的岩石有矿石、蚀变岩与较新鲜岩石，尤其以蚀变岩和矿石为主，元素含量可采用平均值来表征，该平均值的大小取决于所收集岩石中矿石和蚀变岩相对较新鲜岩石的多少。

依据上述矿区岩石中元素含量的平均值，采用全国定值七级异常划分方案评定 25 种微量元素的异常分级，结果见表 3-41。

表 3-41　煎茶岭矿区岩矿石中元素异常分级

元素	Ag	As	Au	B	Ba	Be	Bi	Cd	Co	Cr	Cu	F	Hg	La	Li	Mo	Nb	Ni	Pb	Sb	Sn	Sr	Th	U	V	W	Y	Zn	Zr
异常分级	1	3	7		0	0		2	6	2	2		5	0	0	1	0	7	0	2		0	0	0	0	2	0	0	0

注：0 代表在煎茶岭矿区基本不存在异常，不作为找矿指示元素。

从表 3-41 中可以看出，在煎茶岭矿区存在异常的微量元素有 Ni、Co、Cr、W、Mo、Cu、Cd、Au、Ag、As、Sb、Hg 共计 12 种，这 12 种元素可作为煎茶岭铜镍矿床在岩石地球化学勘查工作阶段的找矿指示元素组合。在这 12 种元素中 Ni、Au 具有 7 级异常，Co 具有 6 级异常，Hg 具有 5 级异常，As 具有 3 级异常，Cr、W、Cu、Cd、Sb 具有 2 级异常，Mo、Ag 具有 1 级异常。由此看出，这种异常元素多且强度强的特征与煎茶岭矿区发育大型镍矿床和大型金矿床的经济矿种相一致，且由本次所收集的岩石样品具有较多的矿石和蚀变岩所致。

3.6.3.3　勘查地球化学特征简表

综合上述勘查地球化学特征，陕西略阳煎茶岭镍矿床的勘查地球化学特征可归纳列入表 3-42 中。

表 3-42　陕西略阳煎茶岭镍矿床勘查地球化学特征简表

矿床编号	项目名称	Ag	As	Au	B	Ba	Be	Bi	Cd	Co	Cr	Cu	F	Hg	La	Li
611901	区域富集系数	1.51	1.05	2.49	1.22	1.23	0.81	0.99	0.67	1.42	2.58	1.41	1.17	1.62	0.95	0.91
611901	区域异常分级	1	3	2	3	0	0	2	2	1	3	2	0	2	2	1
611901	岩石富集系数	5.89	34.2	6397		0.52	0.15		9.67	14.5	27.3	6.32		1278	0.29	0.14
611901	岩石异常分级	1	3	7		0	0		2	6	2	2		5	0	0
矿床编号	项目名称	Mo	Nb	Ni	Pb	Sb	Sn	Sr	Th	U	V	W	Y	Zn	Zr	
611901	区域富集系数	0.91	1.00	3.86	1.46	1.52	0.84	1.11	0.80	0.93	1.18	1.33	0.92	1.56	0.84	
611901	区域异常分级	3	0	5	2	2	1	0	1	2	3	2	2	3	0	
611901	岩石富集系数	2.33	0.18	185	0.80	13.4		0.37	0.19	0.38	0.40	6.26	0.17	1.64	0.11	
611901	岩石异常分级	1	0	7	0	2		0	0	0	0	2	0	0	0	

注：该表可与矿床基本信息、地质特征简表依据矿床编号建立对应关系。

3.6.4　地质地球化学找矿模型

陕西略阳煎茶岭镍矿床为一大型镍矿床，位于陕西省略阳县何家岩镇境内，矿体呈出露状态，侵位于新元古代碳酸盐岩地层中的煎茶岭超基性岩体为煎茶岭镍矿床的主要赋矿建造。成矿与煎茶岭超基性岩体关系密切，煎茶岭岩体岩性主要为纯橄榄岩、方辉橄榄岩及其蚀变形成的蛇纹岩、滑石岩及透闪岩等，其成岩年龄约957Ma。矿石类型以原生镍硫化物矿石为主，矿体呈似层状、透镜状等，成矿年龄约878Ma。围岩蚀变主要有硅化、黄铁矿化、透闪石化、蛇纹石化等。矿床类型属于基性超基性岩镍矿床。

陕西略阳煎茶岭矿床区域化探找矿指示元素组合为Ni、V、Cr、Co、Cu、W、Sn、Mo、Bi、Pb、Zn、Cd、Au、Ag、As、Sb、Hg、B、Li、Th、U、Y、La共计23种，其中Ni具有5级异常，V、Cr、Mo、Zn、As、B具有3级异常，Cu、W、Bi、Pb、Cd、Au、Sb、Hg、U、Y、La具有2级异常，Co、Sn、Ag、Th、Li具有1级异常。矿区岩石化探找矿指示元素组合为Ni、Co、Cr、W、Mo、Cu、Cd、Au、Ag、As、Sb、Hg共计12种，其中Ni、Au具有7级异常，Co具有6级异常，Hg具有5级异常，As具有3级异常，Cr、W、Cu、Cd、Sb具有2级异常，Mo、Ag具有1级异常。

3.7 云南墨江金厂镍金矿床

3.7.1 矿床基本信息

表 3-43 为云南墨江金厂镍金矿床基本信息。

表 3-43 云南墨江金厂镍金矿床基本信息表

序号	项目名称	项目描述	序号	项目名称	项目描述
0	矿床编号	531901	4	矿床规模	大型
1	经济矿种	镍、金	5	主矿种资源量	33.3
2	矿床名称	云南墨江金厂镍金矿床	6	伴生矿种资源量	30 Au
3	行政隶属地	云南省普洱市墨江县联珠镇	7	矿体出露状态	出露

注：经济矿种资源量数据引自应汉龙等（2005）、熊伊曲等（2015），金矿种资源量单位为 t，其他矿种资源量单位为万吨。

3.7.2 矿床地质特征

3.7.2.1 区域地质特征

云南墨江金厂镍金矿床位于云南省普洱市墨江县联珠镇（碧溪古镇）境内，距墨江县城北东方向约 10km 处（张志仲等，1967），在成矿带划分上金厂镍金矿床位于扬子成矿省盐源-丽江-金平（陆缘凹陷和逆冲推覆带）成矿带的点仓山-哀牢山（逆冲推覆带）成矿亚带内（徐志刚等，2008）。

区域内出露地层有古元古代、志留系、泥盆系、古生代未分组地层、二叠系、三叠系和侏罗系，如图 3-26 所示。地层大多呈北西向展布。古生代三叠系和泥盆系泥岩、灰岩、砂岩及板岩、千枚岩和片岩为该区金属矿床的主要赋矿建造（熊伊曲，2014）。

区域内岩浆岩发育，以酸性和超基性侵入岩为主。酸性侵入岩主要分布在区域北东部，呈北西向带状展布，岩性主要为花岗岩。超基性侵入体主要为区域中部呈北北西向展布的金厂超基性岩体。金厂超基性岩体中间宽、两端窄，平面上呈“豆荚状”，长 16km、宽 0.4～2km。岩石普遍蛇纹石化，岩体分异程度差，以斜辉辉橄岩、斜辉橄榄岩为主（晏祥云，1993）。

区域内构造以断裂为主。断裂构造以北西向为主，北北西和近南北向次之。位于区域中部的北西向断裂带是区域上哀牢山断裂带在该区的表现（熊伊曲，2014）。

区域内矿产资源以镍、金矿床为主，代表性铜镍矿床有金厂大型镍金矿床和团田金矿床等。

3.7.2.2 矿区地质特征

矿区出露的地层主要有上泥盆统金厂组和上三叠统一碗水组，如图 3-27 所示。上泥盆统金厂组变余粉砂岩、石英岩和板岩、炭质硅质岩及硅质菱镁岩和蛇纹岩为金厂镍金矿的主要赋矿建造（应汉龙等，2005）。方维萱等（2001）测得热水化学沉积硅质岩的 Rb-Sr 等时线年龄为（358.02±0.3）Ma，Sm-Nd 等时线年龄为（359±21）Ma。

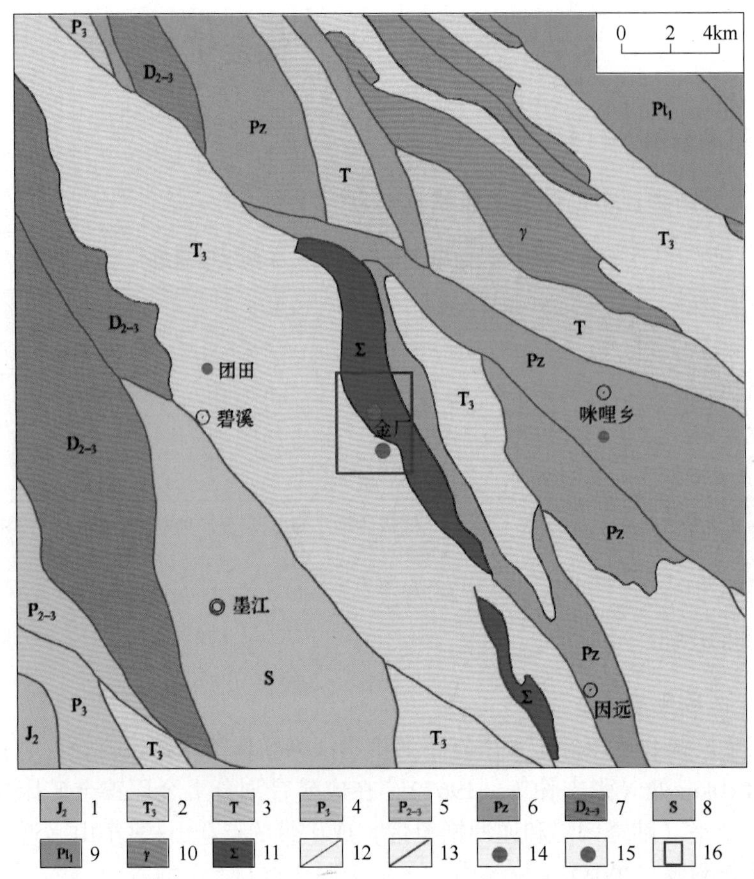

图 3-26　金厂镍金矿区域地质图

（根据中国地质调查局 1∶1000000 地质图修编）

1—中侏罗统砂岩、泥岩、钙质泥岩；2—上三叠统泥岩、灰岩、砂岩；3—三叠系变质砾岩、砂岩、千枚岩；4—上二叠统砂岩、粉砂岩、泥岩；5—中上二叠统砂岩、粉砂岩、泥岩夹灰岩、凝灰岩、安山岩；6—古生代板岩、千枚岩、变质砂岩夹绿片岩、结晶灰岩；7—中上泥盆统石英砂岩、杂砂岩夹粉砂质页岩；8—志留系页岩、砂岩夹灰岩；9—古元古代片麻岩、片岩、大理岩夹角闪岩、变粒岩、石墨片岩；10—花岗岩；11—超基性岩；12—岩性界线；13—断层；14—镍矿床；15—金矿床；16—金厂矿区范围

矿区岩浆岩以金厂超基性岩体为主，在金厂超基性岩体的西部发育有花岗斑岩脉、基性岩脉和煌斑岩脉等。金厂超基性岩体岩石强烈蛇纹石化，边部发育滑镁岩和菱镁岩，其原岩可能以斜方辉橄岩、斜方橄榄岩为主，含少量的含辉纯橄岩和纯橄榄岩，但地表以下500m 内经钻探证实未见原岩（陈锦荣等，2002；应汉龙等，2005）。

谢桂青等（2001a）报道了金厂超基性岩体中蛇纹石岩的 Rb-Sr 等时线年龄为（302±7.3）Ma，Sm-Nd 等时线年龄为（304±16）Ma，即蛇纹岩的成岩年龄约 300Ma，属石炭纪侵入岩。矿区西侧花岗斑岩脉的全岩 K-Ar 年龄为（180.3±1.6）Ma（陈锦荣等，2002）。

矿区内断裂构造十分发育，断裂走向大体以北西向为主。矿区内的断裂属于区域上九甲-安定深大断裂的一部分，在矿区内出露的一段称为“金厂大断裂”。矿区褶皱为轴向北西的金厂背斜，该背斜控制着矿区褶皱的基本格局，金厂镍金矿床位于该背斜的西南

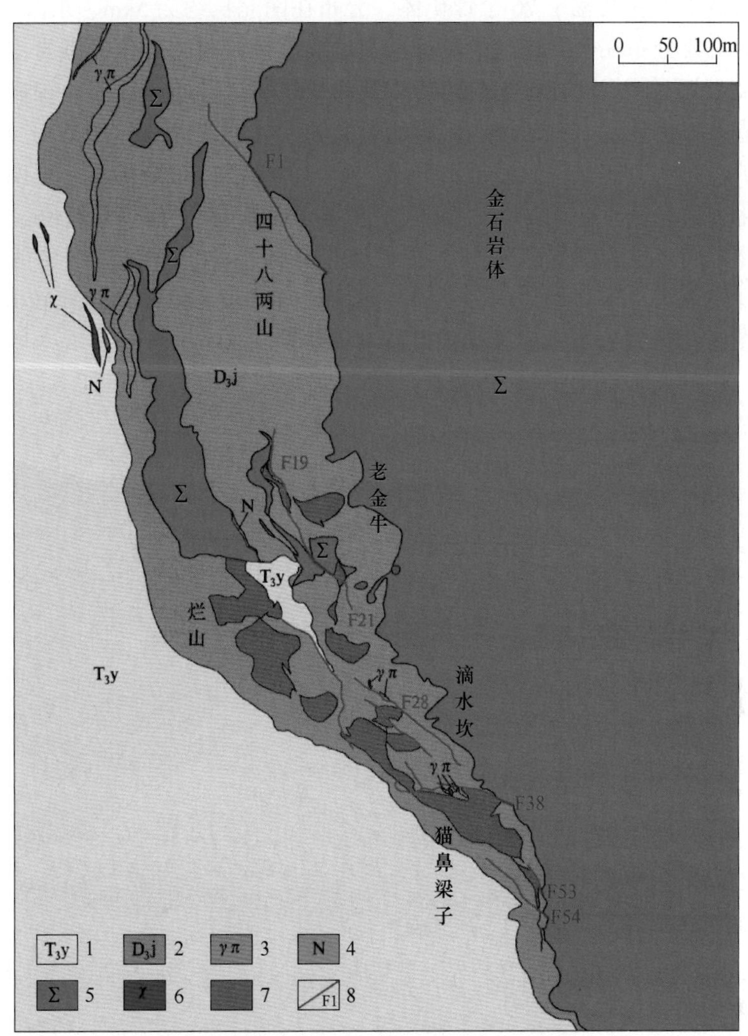

图 3-27 金厂镍金矿矿区地质图

（根据应汉龙等（2005）和熊伊曲（2014）修编）

1—上三叠统一碗水组灰色砂岩夹砂质泥岩、紫红色砂砾岩；2—上泥盆统金厂组变余粉砂岩、石英岩、板岩、薄层灰岩；3—花岗斑岩；4—基性岩；5—超基性岩；6—煌斑岩；7—镍金矿体；8—断层及编号

翼（陈锦荣等，2002）。矿区由于动力挤压作用形成的挤压带也十分明显，烂山一带岩石常显似角砾状、糜棱状构造（应汉龙等，2005）。断裂带具有成群分布的特点，从北向南分布有四十八两山、老金牛、烂山、猫鼻梁子等断裂群，矿体受断裂控制明显，断裂群内岩石遭受构造破坏强烈，矿体与围岩均明显碎裂（熊伊曲，2014）。

3.7.2.3 矿体地质特征

A 矿体特征

由于自西北至东南断裂带具有成群分布特征，镍金矿体可划分为四十八两山、老金牛、烂山、滴水坎和猫鼻梁子五个矿段，如图 3-27 所示。矿区大部分镍矿体与金矿体在空间上是分离的，少数重叠、穿插。

在金厂镍金矿区共发现了76个镍矿体，分布在南北长约2.5km、东西宽约300m的范围内。镍矿体主要分布在金厂超基性岩体与围岩接触带弯曲的部位，围岩主要为上泥盆统金厂组烂山段上部石英岩和变余粉砂岩，少数为蛇纹岩、硅质菱镁岩。镍矿体受北西走向断裂带或构造破碎带控制，镍矿体与围岩为过渡关系（应汉龙等，2005）。从平面上来看，从猫鼻梁子矿段向北，镍矿体大致成群分布，至烂山地段分布渐稀疏，至四十八两山地段仅见微弱矿化现象。从垂向上来看，镍矿体多位于金矿体的上、下部位，金矿体多夹于上、下镍矿体之间，也有少数镍矿体与金矿体呈穿插、叠合状态产出（熊伊曲，2014）。单个镍矿体规模不大，多为透镜状，走向北西，倾向北东。单矿体规模较大的是1号和3号矿体（见图3-28），分布于猫鼻梁子矿段（熊伊曲，2014）。

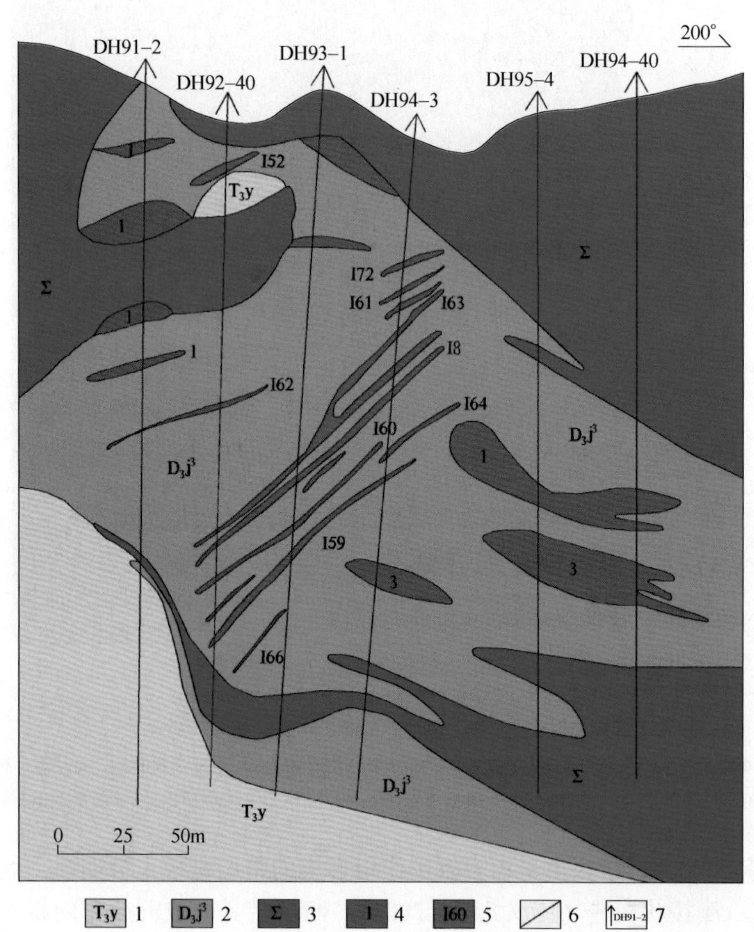

图3-28　金厂镍金矿床猫鼻梁子矿段勘探线剖面图
（根据应汉龙等（2005）修编）

1—上三叠统一碗水组紫红色砂砾岩；2—上泥盆统金厂组烂山段变余粉砂岩、石英岩和板岩；3—超基性岩；4—镍矿体及编号；5—金矿体及编号；6—岩性界线；7—钻孔及其编号

金厂镍金矿区金矿体出露比较规则平整，矿体大多呈脉状、不规则透镜状等。脉状矿体多为含金石英脉矿石，不规则透镜状矿体多为混合蚀变岩型矿石，矿体局部有分枝、膨

缩分叉现象（熊伊曲，2014）。部分矿体属缓倾斜，倾角 20°~30°（见图 3-29），部分属倾斜，倾角 45°~60°（见图 3-29），矿体长轴多与区域主构造线的方向一致。Ⅰ10 号金矿体产于烂山矿段，矿体长 1120m、宽 110m，呈长条带似层状，走向北西；矿体两端形态较规整，在剖面上呈透镜状（见图 3-29），其北端已剥露于地表，矿体厚度变化较大，局部地段具有露天开采条件，矿石大多已经氧化（熊伊曲，2014）。产于猫鼻梁子矿段的Ⅰ59~Ⅰ64 等金矿体多为盲矿体，矿体形态呈多脉状，如图 3-29 所示。

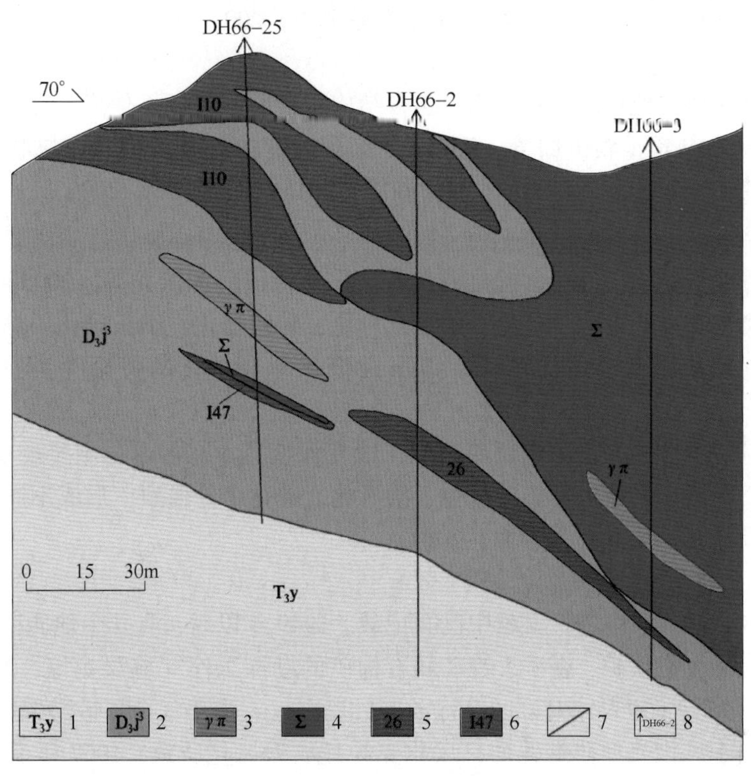

图 3-29 金厂矿床 66 号勘探线剖面图

（根据应汉龙等（2005）修编）

1—上三叠统一碗水组紫红色砂砾岩；2—上泥盆统金厂组烂山段变余粉砂岩、石英岩和板岩；3—花岗斑岩；4—超基性岩；5—镍矿体及编号；6—金矿体及编号；7—断层；8—钻孔及编号

应汉龙等（2005）对金厂矿区镍矿体中蚀变铬绢云母采用 Ar-Ar 法测年获得约 62Ma 的坪年龄。胡云中等（1995）对与成矿关系密切的铬水云母采用 K-Ar 法测年获得约 61Ma 的等时线年龄。李元（1992）对猫鼻梁子矿段 1783 坑道中铬水云母采用 K-Ar 法测年获得（114.64±4.01）Ma 的等时线年龄。谢桂青等（2004）以富金石英脉中的石英流体包裹体为测定对象，采用 Rb-Sr 法测年获得（135±3）Ma 的等时线年龄。依据刘星和王德会（1992）、熊伊曲等（2015）的研究成果，认为该区金矿的形成应晚于镍矿的形成，又由于同位素测年受封闭温度的影响，上述年龄难以反映镍矿的真实成矿年龄，此处暂取金厂超基性岩体的成岩年龄约 300Ma 代表镍矿的成矿年龄。

B 矿石特征

金厂矿区的镍矿石以浸染型为主，可进一步细分为绿色泥岩稠密浸染状黄铁矿型和石英岩浸染状黄铁矿型两种（应汉龙等，2005）。金矿石主要有石英脉型和蚀变岩型两种（熊伊曲，2014），浅部以蚀变岩型矿石为主、深部则多为石英脉型矿石（方维萱等，2001）。

矿区金属矿物主要为黄铁矿、辉砷镍矿、磁铁矿、铬铁矿、铬尖晶石、自然金、银金矿，含少量针镍矿、方硫镍矿、锑硫镍矿、斜方砷镍矿、黄铜矿、方铅矿、闪锌矿、毒砂、白铁矿和镍华等。脉石矿物主要有石英、玉髓、蛋白石、绿色云母、绿泥石、钠长石、白云山、蛇纹石、滑石、高岭石等（陈锦荣等，2002；应汉龙等，2005；熊伊曲等，2015）。

矿石结构主要为他形晶粒状结构、包含结构、自形-半自形-他形不等粒结构、交代残余结构、压碎结构等（熊伊曲等，2015），矿石构造主要有浸染状、块状、皮壳状、片状（片理化带）、细网脉状构造等（熊伊曲等，2015；陈锦荣等，2002）。

C　围岩蚀变

镍矿体以强烈铬绢云母化、硅化和黄铁矿化为特征（应汉龙等，2005）。金矿体两侧主要的蚀变类型有硅化、黄铁矿化、铬水云母化、碳酸盐化、绢云母化、黏土化、滑石化及绿泥石化，其中硅化、黄铁矿化、铬水云母化与金矿化的关系尤为密切（熊伊曲，2014）。

金厂超基性岩体蚀变作用广泛而强烈，蚀变深度达500多米，主要表现为蛇纹岩化、绢英岩化与石棉化。岩体边缘碳酸盐化、滑石化、硅化十分强烈，形成不同规模的菱镁岩带、硅化带及滑石片岩带（熊伊曲，2014）。

3.7.2.4　勘查开发概况

金厂矿区金矿开采在清代文献中已有记载。1949年以后，有几个地质勘探单位在矿区及其周围地区做过铬铁矿、金矿、镍矿和石棉矿的勘探工作（应汉龙等，2005）。如中国科学院地质研究所（1957）对该区进行考察后提交《云南墨江金厂矽酸镍矿报告》，认为金厂镍矿床属于风化壳型矽酸镍矿，风化壳为蛇纹岩风化所致。1967年云南省地质局第16地质队对该区金矿进行普查，提交了《云南墨江金厂金矿普查评价报告书》，探明该区金金属量约2.05t、镍金属量约0.256万吨（张志仲等，1967），矿床规模为小型金矿床和小型镍矿床。1977年云南省冶金局地勘公司311队对该区四十八两山矿段进行了勘查工作，提交了《云南省墨江县金厂金矿四十八两山矿段V1～V4矿脉储量计算说明书》，探明金金属量0.57t、银金属量5.86t（朱崇仁，1977）。

中国人民解放军00533部队（武警黄金部队13支队）于1982年提交了《云南省墨江县金厂矿区金矿详细地质勘探报告》，探明镍和金的金属量分别为1.08万吨和30t（应汉龙等，2005），金储量达大型金矿规模，但镍储量仍为小型镍矿规模。随后该区经过多次科研与勘查工作，逐渐确定了自北至南的五个镍金矿段，探明镍矿储量达33.3万吨，矿床规模达大型镍矿床规模（熊伊曲等，2015）。

3.7.2.5　矿床类型

根据李元（1992）、晏祥云（1993）、应汉龙等（2005）、杨平等（2013）、熊伊曲（2014）、熊伊曲等（2015）的研究成果，认为云南墨江金厂镍金矿床应属于基性超基性岩型镍矿床和岩浆热液型金矿床。

3.7.2.6 地质特征简表

综合上述矿床地质特征，除矿床基本信息表（见表3-43）中所表达的信息以外，云南墨江金厂镍金矿床的地质特征可归纳列入表3-44中。

表3-44 云南墨江金厂镍金矿床地质特征简表

序号	项目名称	项目描述	序号	项目名称	项目描述
10	赋矿地层时代	上泥盆统	16	矿石类型	浸染型、蚀变岩型、石英脉型
11	赋矿地层岩性	变质碎屑岩	17	成矿年龄	300Ma
12	相关岩体岩性	蛇纹岩、滑镁岩等	18	矿石矿物	黄铁矿、辉砷镍矿、磁铁矿、铬铁矿、自然金、银金矿、针镍矿、锑硫镍矿等
13	相关岩体年龄	300Ma			
14	是否断裂控矿	是	19	围岩蚀变	绢云母化、硅化、黄铁矿化、碳酸盐化等
15	矿体形态	透镜状、脉状等	20	矿床类型	基性超基性岩镍矿床+岩浆热液型金矿床

注：序号从10开始是为了和数据库保持一致。

3.7.3 地球化学特征

3.7.3.1 区域化探

A 元素含量统计参数

本次收集到研究区内1∶200000水系沉积物254件样品的39种元素含量数据。计算水系沉积物中元素平均值相对其在中国水系沉积物（*CSS*）中的富集系数，将其地球化学统计参数列于表3-45中。

表3-45 研究区1∶200000区域化探元素含量①统计参数

元素	Ag	As	Au	B	Ba	Be	Bi	Cd	Co	Cr	Cu	F	Hg
样品数	254	254	254	254	254	254	248	254	254	254	254	254	254
最大值	8800	370	3429	132	750	5.5	1.50	2140	176	4339	97	845	3280
最小值	40	0.1	0.2	5.6	106	0.4	0.10	46	3.4	24	11	135	10
中位值	100	7.5	1.5	52	379	2.0	0.20	120	13.6	62	23	447	55
平均值	173	12	22	52	384	2.0	0.30	151	19.3	199	25	437	81
标准差	665	33	226	22	121	0.7	0.21	151	23.3	518	10	115	213
富集系数②	2.24	1.25	17.0	1.11	0.78	0.97	0.96	1.08	1.60	3.37	1.12	0.89	2.24
元素	La	Li	Mo	Nb	Ni	Pb	Sb	Sn	Sr	Th	U	V	W
样品数	254	254	254	254	254	254	242	254	254	254	254	254	254
最大值	78.2	66	10.4	33.7	4580	165	58.4	9.3	354	44.1	12.7	174	5.9
最小值	13.4	7.8	0.20	5.5	9	4.9	0.10	1.3	0.7	3.7	1.1	35	0.4
中位值	37.5	29	0.50	13.7	31	26	0.75	3.0	38	11.6	2.5	83	1.8
平均值	37.9	30	0.69	14.2	153	29	1.65	3.2	59	12.7	3.1	89	2.0
标准差	12.1	8.3	0.78	4.1	504	17	4.94	1.1	56	5.9	1.7	29	0.8
富集系数②	0.97	0.93	0.82	0.88	6.11	1.23	2.39	1.07	0.40	1.07	1.27	1.11	1.09

续表 3-45

元素	Y	Zn	Zr	SiO_2	Al_2O_3	Fe_2O_3	K_2O	Na_2O	CaO	MgO	Ti	P	Mn
样品数	254	254	254	254	254	254	254	185	234	254	254	254	254
最大值	52.9	144	627	85.50	23.50	17.80	4.50	2.20	4.30	20.50	8446.1	1139.6	1803.5
最小值	8.3	22	68	37.40	3.60	2.70	0.30	0.10	0.10	0.30	1706.4	144.5	265.8
中位值	19.5	58	293	66.95	14.00	4.90	2.60	0.20	0.20	0.90	4245.6	414.5	670.7
平均值	21.2	60	302	66.18	13.92	5.36	2.47	0.44	0.53	1.54	4435	458	726
标准差	6.8	20	90	7.98	2.63	2.14	0.70	0.54	0.76	2.53	1135	177	260
富集系数②	0.85	0.86	1.12	1.01	1.08	1.19	1.05	0.33	0.29	1.13	1.08	0.79	1.08

①元素含量的单位见表 2-4；②富集系数=平均值/*CSS*，*CSS*（中国水系沉积物）数据详见表 2-4。

与中国水系沉积物相比，研究区内微量元素富集系数介于 10~100 之间的有 Au，介于 3~10 之间的有 Ni、Cr，介于 2~3 之间的有 Sb、Ag、Hg，介于 1.2~2 之间的有 Co、U、As、Pb。富集系数大于 1.2 的微量元素共计 10 种，其中基性微量元素有 Ni、Co、Cr，热液成矿元素有 Pb、Au、Ag、As、Sb、Hg，酸性微量元素有 U。

在研究区内已发现有大型镍矿床和金矿床，上述 Ni 和 Au 的富集系数分别为 6.11 和 17.0。

B　地球化学异常剖析图

依据研究区内 1：200000 化探数据，采用全国变值七级异常划分方案制作 29 种微量元素的单元素地球化学异常图，其异常分级结果见表 3-46。

表 3-46　金厂矿区 1：200000 区域化探元素异常分级

元素	Ag	As	Au	B	Ba	Be	Bi	Cd	Co	Cr	Cu	F	Hg	La	Li	Mo	Nb	Ni	Pb	Sb	Sn	Sr	Th	U	V	W	Y	Zn	Zr
异常分级	5	3	7	0	0	0	0	0	6	3	0	0	3	0	0	1	0	7	0	3	0	0	0	0	1	0	0	0	0

注：0 代表在金厂矿区基本不存在异常，不作为找矿指示元素。

从表 3-46 中可以看出，在金厂矿区存在异常的微量元素有 Ni、Au、Co、V、Cr、Mo、Ag、As、Sb、Hg 共计 10 种。这 10 种微量元素在研究区内的地球化学异常剖析图如图 3-30 所示。

上述 10 种元素可以作为金厂镍金矿在区域化探工作阶段的找矿指示元素组合。在这 10 种元素中 Ni、Au 具有 7 级异常，Co 具有 6 级异常，Ag 具有 5 级异常，Cr、As、Sb、Hg 具有 3 级异常，V、Mo 具有 1 级异常。

3.7.3.2　*岩石地球化学勘查*

A　元素含量统计参数

本次收集到金厂矿区岩石 45 件样品的 20 种微量元素含量数据（李元，1992；晏祥云，1993；谢桂青等，2001b，2001c；熊伊曲，2014），其中不同类型的矿石 8 件、蚀变岩 20 件、较新鲜岩石 17 件。计算岩石中元素平均值相对其在中国水系沉积物（*CSS*）中的富集系数，将其地球化学统计参数列于表 3-47 中。

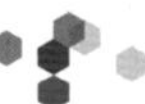

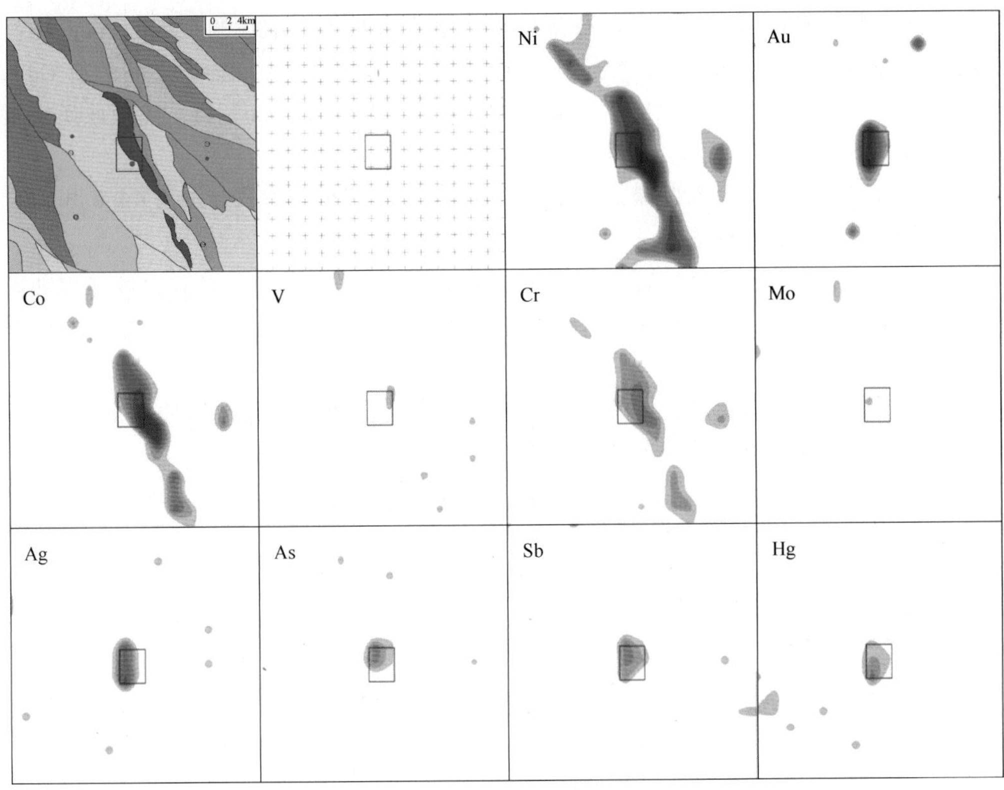

图 3-30　区域化探地球化学异常剖析图
（地质图为图 3-26 金厂镍金矿区域地质图）

表 3-47　矿区岩石样品元素含量①统计参数

元素	Ag	As	Au	B	Ba	Be	Bi	Cd	Co	Cr	Cu	F	Hg	La	Li
样品数	30	30	26		13		18	8	41	31	31			27	
最大值	32	3	2		10		0. 01	60	0. 10	16	5			0. 11	
最小值	59230	24230	1290		785		0. 51	710	392	29960	81			43. 5	
中位值	1868	1043	110		33		0. 10	120	30. 0	881	23			0. 71	
平均值	7395	2613	216		122		0. 15	209	68. 4	2839	25. 8			7. 73	
标准差	15178	4483	288		207		0. 13	201	83. 5	5448	17. 5			12. 1	
富集系数②	96. 0	261	164		0. 25		0. 48	1. 49	5. 65	48. 1	1. 17			0. 20	
元素	Mo	Nb	Ni	Pb	Sb	Sn	Sr	Th	U	V	W	Y	Zn	Zr	
样品数	14		42	14	29		13	11	11	21		34	13		
最大值	0. 10		2	0. 31	1. 79		5	0. 01	0. 03	0. 1		0. 10	1. 3		
最小值	2. 10		5694	66. 5	4200		56	16. 8	2. 62	763		35. 5	234		
中位值	0. 53		560	1. 93	232		8	0. 12	0. 08	35. 8		0. 72	28. 8		
平均值	0. 72		1115	8. 71	636		13. 8	2. 76	0. 55	84. 6		5. 08	53. 2		
标准差	0. 61		1339	16. 7	933		14. 7	5. 13	0. 80	164		8. 13	61. 1		
富集系数②	0. 86		44. 6	0. 36	921		0. 10	0. 23	0. 23	1. 06		0. 20	0. 76		

注：数据引自李元（1992）、晏祥云（1993）、谢桂青等（2001b，2001c）、熊伊曲（2014）。
①元素含量的单位见表 2-4；②富集系数 = 平均值/*CSS*，*CSS*（中国水系沉积物）数据详见表 2-4。

与中国水系沉积物相比，矿区岩石微量元素富集系数大于 100 的有 Sb、As、Au；介于 10~100 之间的有 Ag、Cr、Ni；介于 3~10 之间的有 Co；介于 1.2~2 之间的有 Cd。富集系数大于 1.2 的微量元素共计 8 种，其中基性微量元素有 Ni、Co、Cr，热液成矿元素有 Au、Ag、As、Sb、Cd。

在研究区内已发现金厂大型镍金矿床，上述 Ni、Au 的富集系数分别为 44.6 和 164。

B　地球化学异常剖面图

本次在矿区范围内所收集的岩石有矿石、蚀变岩与较新鲜岩石，尤其以蚀变岩和矿石为主，元素含量可采用平均值来表征，该平均值的大小取决于所收集岩石中矿石和蚀变岩相对较新鲜岩石的多少。

依据上述矿区岩石中元素含量的平均值，采用全国定值七级异常划分方案评定 20 种微量元素的异常分级，结果见表 3-48。

表 3-48　金厂矿区岩矿石中元素异常分级

元素	Ag	As	Au	B	Ba	Be	Bi	Cd	Co	Cr	Cu	F	Hg	La	Li	Mo	Nb	Ni	Pb	Sb	Sn	Sr	Th	U	V	W	Y	Zn	Zr
异常分级	5	5	5		0		0	0	4	3	0			0		0		6	0	5		0	0	0	0		0	0	

注：0 代表在金厂矿区基本不存在异常，不作为找矿指示元素。

从表 3-48 中可以看出，在金厂矿区存在异常的微量元素有 Ni、Co、Cr、Au、Ag、As、Sb 共计 7 种，这 7 种元素可作为金厂镍金矿床在岩石地球化学勘查工作阶段的找矿指示元素组合。在这 7 种元素中 Ni 具有 6 级异常，Au、Ag、As、Sb 具有 5 级异常，Co 具有 4 级异常，Cr 具有 3 级异常。

3.7.3.3　勘查地球化学特征简表

综合上述勘查地球化学特征，云南墨江金厂镍金矿床的勘查地球化学特征可归纳列入表 3-49 中。

表 3-49　云南墨江金厂镍金矿床勘查地球化学特征简表

矿床编号	项目名称	Ag	As	Au	B	Ba	Be	Bi	Cd	Co	Cr	Cu	F	Hg	La	Li
531901	区域富集系数	2.24	1.25	17.0	1.11	0.78	0.97	0.96	1.08	1.60	3.37	1.12	0.89	2.24	0.97	0.93
531901	区域异常分级	5	3	7	0	0	0	0	0	6	3	0	0	3	0	0
531901	岩石富集系数	96.0	261	164		0.25		0.48	1.49	5.65	48.1	1.17			0.20	
531901	岩石异常分级	5	5	5		0		0	0	4	3	0			0	
矿床编号	项目名称	Mo	Nb	Ni	Pb	Sb	Sn	Sr	Th	U	V	W	Y	Zn	Zr	
531901	区域富集系数	0.82	0.88	6.11	1.23	2.39	1.07	0.40	1.07	1.27	1.11	1.09	0.85	0.86	1.12	
531901	区域异常分级	1	0	7	0	3	0	0	0	0	1	0	0	0	0	
531901	岩石富集系数	0.86		44.6	0.36	921		0.10	0.23	0.23	1.06		0.20	0.76		
531901	岩石异常分级	0		6	0	5		0	0	0	0		0	0		

注：该表可与矿床基本信息、地质特征简表依据矿床编号建立对应关系。

3.7.4　地质地球化学找矿模型

云南墨江金厂镍金矿床为一大型镍矿床和大型金矿床，位于云南省普洱市墨江县联珠

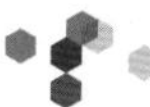

镇境内，矿体呈出露状态，赋矿建造为上泥盆统变质碎屑岩和石炭系蛇纹岩。成矿与金厂超基性岩体关系密切，金厂岩体岩性主要为蛇纹岩和滑镁岩，其成岩年龄约300Ma。矿体受金厂岩体形态、产状及矿区断裂控制明显，矿石类型有浸染型、蚀变岩型和石英脉型，矿体形态呈透镜状、脉状等，成矿年龄约300Ma。围岩蚀变主要有绢云母化、硅化、黄铁矿化、碳酸盐化等。因此，矿床类型属于基性超基性岩镍矿床和岩浆热液型金矿床。

云南墨江金厂矿床区域化探找矿指示元素组合为Ni、Au、Co、V、Cr、Mo、Ag、As、Sb、Hg共计10种，其中Ni、Au具有7级异常，Co具有6级异常，Ag具有5级异常，Cr、As、Sb、Hg具有3级异常，V、Mo具有1级异常。矿区岩石化探找矿指示元素组合为Ni、Co、Cr、Au、Ag、As、Sb共计7种，其中Ni具有6级异常，Au、Ag、As、Sb具有5级异常，Co具有4级异常，Cr具有3级异常。

3.8 云南富宁尾洞铜镍矿床

3.8.1 矿床基本信息

表 3-50 为云南富宁尾洞铜镍矿床基本信息。

表 3-50 云南富宁尾洞铜镍矿床基本信息表

序号	项目名称	项目描述	序号	项目名称	项目描述
0	矿床编号	531902	4	矿床规模	矿点
1	经济矿种	镍、铜	5	主矿种资源量	0.0934
2	矿床名称	云南富宁尾洞铜镍矿床	6	伴生矿种资源量	0.0605 Cu
3	行政隶属地	云南省文山壮族苗族自治州富宁县新华镇	7	矿体出露状态	出露

注：经济矿种资源量数据引自李亚辉和蒋秀坤（2012），矿种资源量单位为万吨。

3.8.2 矿床地质特征

3.8.2.1 区域地质特征

云南富宁尾洞铜镍矿床位于云南省文山壮族苗族自治州富宁县新华镇境内，距富宁县城 170°方向约 7km 处（樊艳云，2012），在成矿带划分上尾洞铜镍矿床位于华南成矿省桂西-黔西南-滇东南北部成矿带的滇东南北部成矿亚带内（徐志刚等，2008）。

区域内出露地层有寒武系、奥陶系、泥盆系、石炭系、二叠系和三叠系，如图 3-31 所示。地层因受岩体和断裂影响而呈不规则状展布。二叠系灰岩和泥盆系泥质灰岩为该区金属矿床的主要赋矿建造。

区域内岩浆岩发育，以基性-超基性侵入岩为主。区域内代表性岩体为分布于区域中部和南部的富宁基性-超基性侵入岩体。富宁岩体岩性较复杂，主要为辉长岩、辉绿岩及辉长苏长岩等。富宁基性-超基性岩体呈岩盆状产出，出露面积约 160km^2，是尾洞铜镍矿床的主要赋矿建造（黄庆，2013）。

区域构造以断裂为主，发育有三条深大断裂，并产生一系列次生断层，如图 3-31 所示。这三条断裂分别为北西向的富宁断裂、北西向董堡-那桑圩断裂以及南北向的里达断裂，其中里达断裂和富宁断裂是该区主要的控岩和控矿断裂（周文龙，2013）。

区域内矿产资源为铜、镍、金、锑，其中铜镍矿床主要有尾洞铜镍矿点（李亚辉和蒋秀坤，2012）、拉塞铜镍矿点；锑矿床有里达小型锑矿（亓春英和杨云保，2011）；金矿床有那坪小型金矿床（窦慧茹，2011）、渭沙小型金矿床（丛冲，2009）、革档村金矿点、弄内金矿点以及弄央金矿点。

3.8.2.2 矿区地质特征

矿区地层仅出露上二叠统吴家坪组灰岩、页岩及部分硅质岩。灰岩主要为灰白色薄-中厚层灰岩、含硅质灰岩、斑块状灰岩（朱晖等，2010）。上二叠统吴家坪组地层在矿区呈北西向展布，是研究区与成矿有关的基性-超基性侵入杂岩体的直接围岩，如图 3-32 所示。

矿区岩浆岩以基性-超基性侵入岩为主，主要分布在矿区东北部（见图 3-32）。基性-

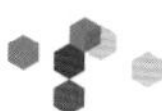

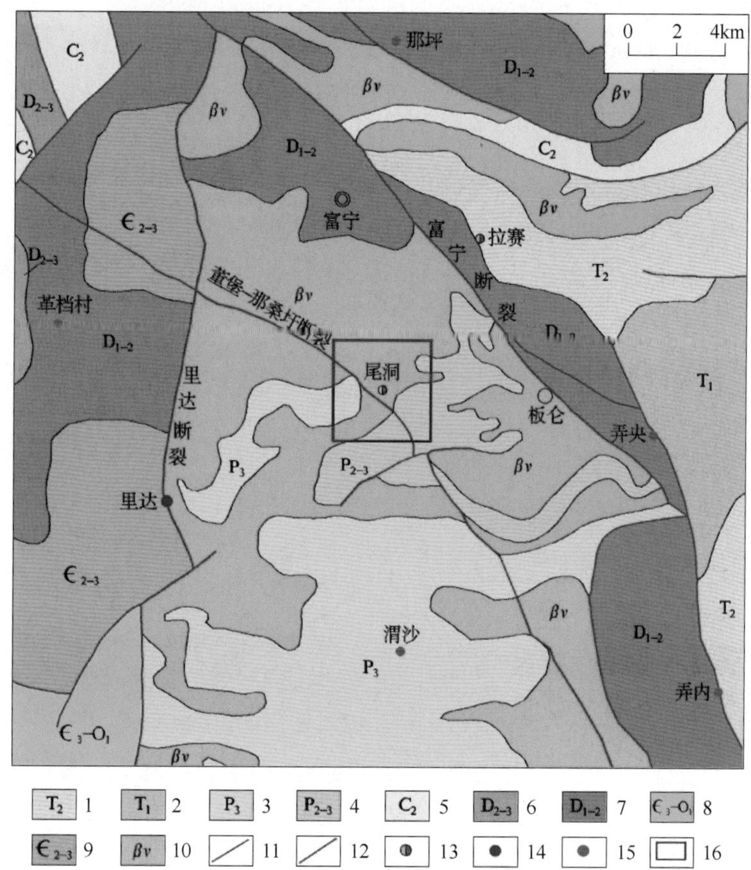

图 3-31 尾洞铜镍矿区域地质图

（根据中国地质调查局 1∶1000000 地质图及李亚辉和蒋秀坤（2013）修编）

1—中三叠统砂岩夹泥岩及灰岩；2—下三叠统泥页岩、灰岩；3—上二叠统吴家坪组灰岩；4—中上二叠统阳新组与吴家坪组灰岩；5—中石炭统灰岩；6—中上泥盆统灰岩、鲕状灰岩；7—中下泥盆统泥页岩夹砂岩、泥质灰岩、灰岩夹白云质灰岩；8—上寒武统-下奥陶统灰岩、白云岩夹页岩、粉砂岩；9—中上寒武统灰岩、白云岩夹泥岩、粉砂岩；10—辉绿岩、辉长岩；11—岩性界线；12—断层；13—铜镍矿床；14—锑矿床；15—金矿床；16—尾洞矿区范围

超基性岩体形态呈不规则状，北西向展布，受区内断层控制明显（黄庆，2013；周文龙等，2013）。侵入岩体分异明显，岩相清楚，可划分为辉绿岩相（$\beta\nu$）、含橄榄辉长苏长岩相（$\sigma\nu$）、辉长苏长岩（ν）-辉长辉绿岩相（N）和闪长岩（δ）相 4 个基性岩相（樊艳云，2012）。

矿区内辉长苏长岩的 LA-ICP-MS 锆石 U-Pb 年龄为（268.8±8.8）Ma，代表岩浆结晶年龄（雷浩，2016），矿区侵入岩成岩年龄约 267Ma，属于中二叠世岩浆活动的产物。

矿区构造以断裂为主，未见明显的褶皱构造（周文龙，2013）。董堡-那桑圩深大断裂穿越矿区，受其影响，矿区内次一级裂隙非常发育，主要呈北西向展布，对成岩、成矿具有明显的控制作用（周文龙，2013；黄庆，2013）。

3.8.2.3 矿体地质特征

A 矿体特征

尾洞铜镍矿体主要分布于含橄榄辉长苏长岩及辉长苏长岩中（周文龙，2013）。矿区

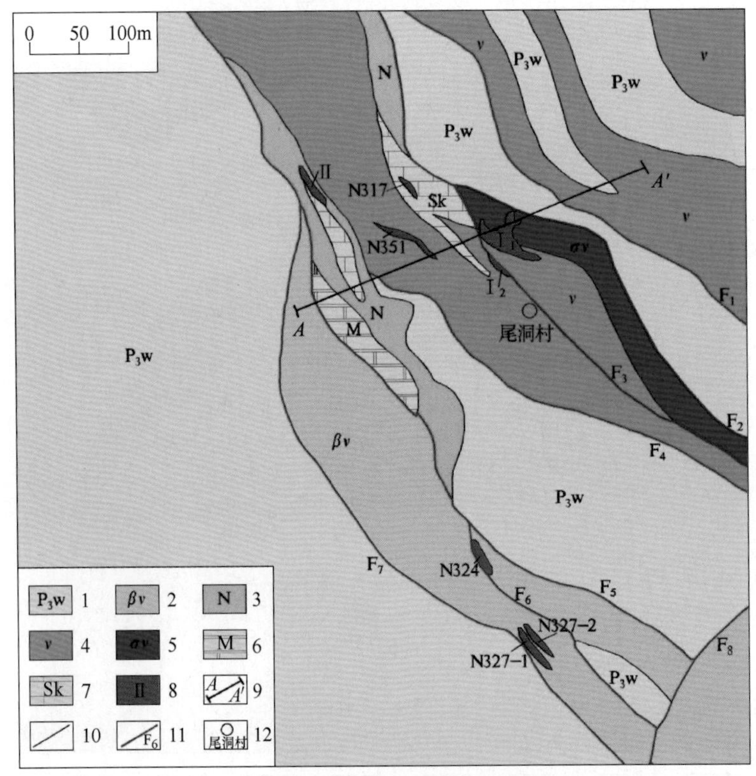

图 3-32 尾洞矿区地质图

（根据樊艳云（2012）、周文龙（2013）修编）

1—上二叠统吴家坪组灰岩、页岩、硅质岩；2—辉绿岩；3—辉长辉绿岩；4—辉长苏长岩；5—含橄榄辉长苏长岩；6—大理岩；7—矽卡岩；8—铜镍矿体及其编号；9—剖面线；10—岩性界线；11—断层及编号；12—地名

发现了多个矿体，已有工程控制的矿体共 8 个，其中 N327-1、N327-2、N324 矿体产于辉绿岩体中，Ⅱ、N317 产于辉长辉绿岩及矽卡岩接触带上，N351 产于辉长苏长岩中，$Ⅰ_1$ 和 $Ⅰ_2$ 产于橄榄辉长苏长岩中（黄庆，2013；樊艳云，2012）。各矿体的品位变化较大，其中 $Ⅰ_1$ 和 $Ⅰ_2$ 的平均品位较高，Ni 品位最高可达 0.64%，Cu 品位最高可达 0.51%，矿体都属于富 Ni 贫 Cu 矿体（周文龙，2013）。矿体形态多呈透镜状、狭长透镜状产出（樊艳云，2012），矿体埋深较浅，属出露矿体，如图 3-33 所示。

针对矿体中矿石矿物的定年目前尚缺少资料。

B 矿石特征

矿区矿石按自然类型可分为氧化矿石和原生矿石两种，以原生矿石为主。原生硫化物矿石以稠密浸染状和块状的硫化物矿石为主（周文龙等，2013）。

矿床有用组分以 Ni 为主，伴生 Cu、Co、Pt、Pd、Rh、Ir、Os、Au 等有益组分（李亚辉和蒋秀坤，2012）。矿石的金属矿物以磁黄铁矿、镍黄铁矿、黄铁矿、黄铜矿等原生硫化物为主，其次为辉镍矿、硫铁镍矿、磁铁矿等。脉石矿物主要为硅酸盐矿物及其蚀变矿物，包括辉石、基性斜长石、橄榄石、蛇纹石、黝帘石、次闪石、绿泥石、绢云母、滑石等，有少量角闪石、石英、黑云母、方解石等（周文龙，2013）。

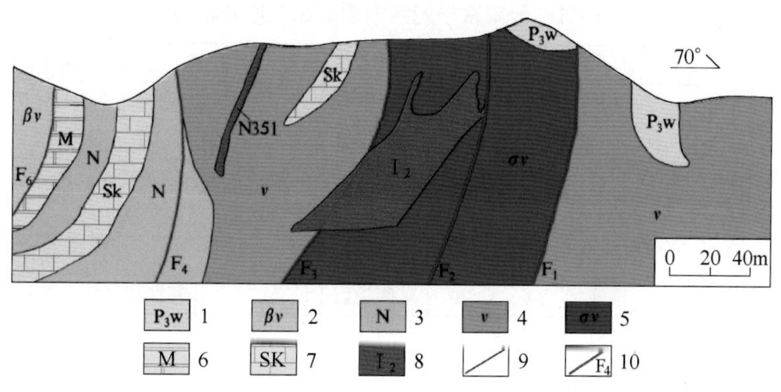

图 3-33 尾洞矿床 I_2、N351 号矿体 A-A′勘探线剖面图

（根据周文龙（2013）修编）

1—上二叠统吴家坪组灰岩、页岩、硅质岩；2—辉绿岩；3—辉长辉绿岩；4—辉长苏长岩；5—含橄榄辉长苏长岩；6—大理岩；7—矽卡岩；8—铜镍矿体及其编号；9—岩性界线；10—断层及其编号

矿石结构以自形-他形不等粒结构、交代结构为主，氧化带可见胶状结构等（黄庆，2013）。原生矿石构造主要为浸染状构造、致密块状构造，其次为细粒状构造、细脉侵染状构造、斑杂状构造等（周文龙，2013；黄庆，2013）。

C 围岩蚀变

尾洞矿区围岩蚀变产生的范围狭小，局部地区绿泥石化、蛇纹石化等现象断续出现，蚀变程度强弱不等（周文龙，2013）。

3.8.2.4 勘查开发概况

自 20 世纪 50 年代末期以来，中国科学院对富宁岩体进行过研究，完成《云南富宁基性岩及硫化铜镍矿床》（吴利仁等，1959）。1963 年，云南省地质局第二地质队完成了《富宁镍矿尾洞矿区评价报告》，获得 C2 级储量镍金属量 587t，铜金属量 392t（田斌钧，1963）。

1978 年，云南省地质局对富宁区域进行了地质调查，并完成了 1∶200000 富宁幅的区域地质调查报告及 1∶200000 的区域水文地质普查报告（吴家聪等，1978）。1991 年云南省有色地质局 312 队对矿区进行了普查，完成了《云南省富宁县铜矿区地质普查报告》。2005 年云南省有色地质地球物理化学勘查院整理完成了《云南省富宁县尾洞铜镍矿区尾洞矿段地质报告》。2010 年，云南富宁博信矿业收购了尾洞铜镍矿矿山（樊艳云，2012）。

截至 2012 年，尾洞铜镍矿点矿区已查明 8 个矿体，全区探获金属镍 934.3t、铜 605.1t，且伴生有益组分如 Co、Pt、Au 等均达到综合利用要求（李亚辉和蒋秀坤，2012）。

3.8.2.5 矿床类型

根据朱晖等（2010）、周文龙（2013）、黄庆（2013）、郑国龙（2014）的研究成果，认为云南富宁尾洞铜镍矿床应属于基性超基性岩铜镍矿床。

3.8.2.6 地质特征简表

综合上述矿床地质特征，除矿床基本信息表（见表 3-50）中所表达的信息以外，云南富宁尾洞铜镍矿床的地质特征可归纳列入表 3-51 中。

表 3-51　云南富宁尾洞铜镍矿床地质特征简表

序号	项目名称	项目描述	序号	项目名称	项目描述
10	赋矿地层时代	二叠纪	16	矿石类型	原生矿石、氧化矿石
11	赋矿地层岩性	灰岩、页岩等	17	成矿年龄	暂无
12	相关岩体岩性	辉长苏长岩、辉绿岩	18	矿石矿物	磁黄铁矿、镍黄铁矿、黄铁矿、黄铜矿、磁铁矿、辉镍矿、硫铁镍矿等
13	相关岩体年龄	267Ma			
14	是否断裂控矿	是	19	围岩蚀变	绿泥石化、蛇纹石化等
15	矿体形态	透镜状	20	矿床类型	基性超基性岩铜镍矿床

注：序号从 10 开始是为了和数据库保持一致。

3.8.3　地球化学特征

3.8.3.1　区域化探

A　元素含量统计参数

本次收集到研究区内 1∶200000 水系沉积物 248 件样品的 39 种元素含量数据。计算水系沉积物中元素平均值相对其在中国水系沉积物（*CSS*）中的富集系数，将其地球化学统计参数列于表 3-52 中。

表 3-52　研究区 1∶200000 区域化探元素含量①统计参数

元素	Ag	As	Au	B	Ba	Be	Bi	Cd	Co	Cr	Cu	F	Hg
最大值	1200	111	33	140	1012	4.80	1.20	15000	74.7	389	811	3727	1828
最小值	40	2.4	0.77	4.9	205	0.60	0.10	60	8.3	46	12	262	26
中位值	90	14.9	2.4	32	468	1.60	0.20	400	33.6	107	67	506	100
平均值	144	18	3.0	40	492	1.79	0.29	910	35	117	69	611	141
标准差	138	13	2.9	29	169	0.72	0.19	1588	16	50	57	342	156
富集系数②	1.87	1.77	2.26	0.85	1.00	0.85	0.94	6.50	2.87	1.98	3.13	1.25	3.92
元素	La	Li	Mo	Nb	Ni	Pb	Sb	Sn	Sr	Th	U	V	W
最大值	174	82.3	8.8	39	201	95	757	8.1	303	27	6.8	500	9.6
最小值	8.0	4.4	0.2	9.2	18	5.6	0.40	1.8	18	2.9	0.6	62	0.7
中位值	35	23.8	1.2	20.2	66	20	2.8	3.2	70	11.3	2.5	255	1.65
平均值	38	28.2	1.76	20.5	69	25	8.3	3.4	87	12.0	2.59	256	2.2
标准差	22	13.1	1.60	5.2	34	14	48	1.0	58	5.1	1.04	103	1.5
富集系数②	0.98	0.88	2.10	1.28	2.76	1.03	12.0	1.14	0.60	1.01	1.06	3.20	1.20
元素	Y	Zn	Zr	SiO_2	Al_2O_3	Fe_2O_3	K_2O	Na_2O	CaO	MgO	Ti	P	Mn
最大值	378	534	519	80.4	26.7	19.0	5.2	1.50	12.10	2.80	23649	3378	6500
最小值	17	51	98	38.7	8.9	2.9	0.5	0.08	0.10	0.40	4035	376	345
中位值	29	146	206	56.54	14.30	10.20	1.10	0.30	1.10	1.00	11263	1030	1860
平均值	37	161	217	57.07	14.55	10.05	1.53	0.44	1.58	1.11	11841	1112	1911
标准差	34	82	62	8.46	2.98	3.40	1.07	0.34	1.36	0.45	5199	498	1048
富集系数②	1.47	2.30	0.81	0.87	1.13	2.23	0.65	0.33	0.88	0.81	2.88	1.92	2.85

①元素含量的单位见表 2-4；②富集系数=平均值/*CSS*，*CSS*（中国水系沉积物）数据详见表 2-4。

与中国水系沉积物相比，研究区内微量元素富集系数介于10~100之间的有Sb；介于3~10之间的有Cd、Hg、V、Cu；介于2~3之间的有Co、Ni、Zn、Au、Mo；介于1.2~2之间的有Cr、Ag、As、Y、Nb、F、W。富集系数大于1.2的微量元素共计17种，其中基性微量元素有Ni、Co、V、Cr，热液成矿元素有W、Mo、Cu、Zn、Cd、Au、Ag、As、Sb、Hg，热液运矿元素有F，酸性微量元素有Nb、Y。

在研究区内已发现有尾洞铜镍矿点，上述Ni和Cu的富集系数分别为2.76和3.13。

B 地球化学异常剖析图

依据研究区内1：200000化探数据，采用全国变值七级异常划分方案制作29种微量元素的单元素地球化学异常图，其异常分级结果见表3-53。

表3-53 尾洞矿区1：200000区域化探元素异常分级

元素	Ag	As	Au	B	Ba	Be	Bi	Cd	Co	Cr	Cu	F	Hg	La	Li	Mo	Nb	Ni	Pb	Sb	Sn	Sr	Th	U	V	W	Y	Zn	Zr
异常分级	0	0	0	0	0	0	0	0	0	0	1	0	0	0	0	0	0	0	0	2	0	0	0	0	0	0	0	0	0

注：0代表在尾洞矿区基本不存在异常，不作为找矿指示元素。

从表3-53中可以看出，在尾洞矿区存在异常的微量元素只有Cu、Sb。研究区内微量元素Ni、Cu及Sb的地球化学异常剖析图如图3-34所示。

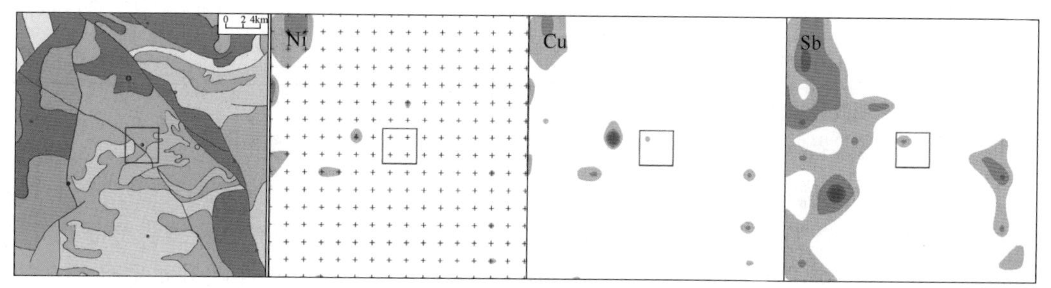

图3-34 区域化探地球化学异常剖析图

（地质图为图3-31尾洞铜镍矿区域地质图）

上述3种元素可以作为尾洞铜镍矿在区域化探工作阶段的找矿指示元素组合。在这3种元素中Sb具有2级异常，Cu具有1级异常。由此看出，这种异常组合元素少且主成矿元素Ni不具有异常的特征是由于尾洞铜镍矿床其规模仅为一矿点，不足以在1：200000区域化探中得到有效反映。

3.8.3.2 岩石地球化学勘查

A 元素含量统计参数

本次收集到尾洞矿区岩石50件样品的19种微量元素含量数据（朱明波，2010；周文龙，2013；冯开平和张纯钢，2013），其中不同类型的矿石33件、蚀变岩1件、较新鲜岩石16件。计算岩石中元素平均值相对其在中国水系沉积物（*CSS*）中的富集系数，将其地球化学统计参数列于表3-54中。

表 3-54　矿区岩石样品元素含量①统计参数

元素	Ag	As	Au	B	Ba	Be	Bi	Cd	Co	Cr	Cu	F	Hg	La	Li
样品数	16	16	15		34	4			50	34	50			34	
最大值	710	50	29.7		1044	3.04			1560	543	21764			23.4	
最小值	60	1.01	0.54		0.33	2.91			5	3.16	5.2			0.16	
中位值	130	1.8	1.23		59.3	2.96			68.5	112	151			5.79	
平均值	188	6.85	4.94		177	2.97			221	229	2308			6.70	
标准差	161	12.5	8.15		282	0.05			386	207	5341			5.44	
富集系数②	2.44	0.69	3.74		0.36	1.41			18.3	3.88	105			0.17	
元素	Mo	Nb	Ni	Pb	Sb	Sn	Sr	Th	U	V	W	Y	Zn	Zr	
样品数		34	50	20			30	34	34	50		34	20	34	
最大值		57.1	69100	20			586	13	2.74	529		56.6	293	567	
最小值		0.01	2.59	1.19			2.03	0.05	0.02	2.95		0.48	19	1.98	
中位值		2.545	272	10.5			64.3	1.84	0.45	112.5		18.05	102	65.9	
平均值		8.18	7278	10.3			154	2.56	0.59	167		19.3	115	93.7	
标准差		15.5	18193	4.97			165	2.72	0.61	142		14.6	77.9	117	
富集系数②		0.51	291	0.43			1.06	0.21	0.24	2.09		0.77	1.64	0.35	

注：数据引自朱明波（2010）、周文龙（2013）、冯开平和张纯钢（2013）。

①元素含量的单位见表 2-4；②富集系数=平均值/*CSS*，*CSS*（中国水系沉积物）数据详见表 2-4。

与中国水系沉积物相比，矿区岩石微量元素富集系数大于 100 的有 Ni、Cu；介于 10~100 之间的有 Co；介于 3~10 之间的有 Cr、Au；介于 2~3 之间的有 Ag、V；介于 1.2~2 之间的有 Zn、Be。富集系数大于 1.2 的微量元素共计 9 种，其中基性微量元素有 Ni、Co、V、Cr，热液成矿元素有 Cu、Zn、Au、Ag，造岩微量元素有 Be。

在研究区内已发现尾洞铜镍矿床，上述 Ni、Cu 的富集系数分别高达 291 和 105。

B　地球化学异常剖面图

本次在矿区范围内所收集的岩石有矿石、蚀变岩与较新鲜岩石，尤其是含有一定量的矿石，元素含量采用平均值来表征，该平均值的大小取决于所收集岩石中矿石和蚀变岩相对较新鲜岩石的多少。

依据上述矿区岩石中元素含量的平均值，采用全国定值七级异常划分方案评定 29 种微量元素的异常分级，结果见表 3-55。

表 3-55　尾洞矿区岩矿石中元素异常分级

元素	Ag	As	Au	B	Ba	Be	Bi	Cd	Co	Cr	Cu	F	Hg	La	Li	Mo	Nb	Ni	Pb	Sb	Sn	Sr	Th	U	V	W	Y	Zn	Zr
异常分级	0	0	1	0	0	0	0	0	7	1	7	0	0	0	0	0	0	7	0	0	0	0	0	0	1	0	0	0	0

注：0 代表在尾洞矿区基本不存在异常，不作为找矿指示元素。

从表 3-55 中可以看出，在尾洞矿区存在异常的微量元素有 Ni、Co、V、Cr、Cu、Au

共计6种，这6种元素可作为尾洞铜镍矿床在岩石地球化学勘查工作阶段的找矿指示元素组合。在这6种元素中Ni、Cu、Co具有7级异常，Au、V、Cr具有1级异常。

3.8.3.3　勘查地球化学特征简表

综合上述勘查地球化学特征，云南富宁尾洞铜镍矿床的勘查地球化学特征可归纳列入表3-56中。

表3-56　云南富宁尾洞铜镍矿床勘查地球化学特征简表

矿床编号	项目名称	Ag	As	Au	B	Ba	Be	Bi	Cd	Co	Cr	Cu	F	Hg	La	Li
531902	区域富集系数	1.87	1.77	2.26	0.85	1.00	0.85	0.94	6.50	2.87	1.98	3.13	1.25	3.92	0.98	0.88
531902	区域异常分级	0	0	0	0	0	0	0	0	0	0	1	0	0	0	0
531902	岩石富集系数	2.44	0.69	3.74		0.36	1.41			18.3	3.88	105			0.17	
531902	岩石异常分级	0	0	1	0	0	0	0	0	7	1	7	0	0	0	0
矿床编号	项目名称	Mo	Nb	Ni	Pb	Sb	Sn	Sr	Th	U	V	W	Y	Zn	Zr	
531902	区域富集系数	2.10	1.28	2.76	1.03	12.0	1.14	0.60	1.01	1.06	3.20	1.20	1.47	2.30	0.81	
531902	区域异常分级	0	0	0	0	2	0	0	0	0	0	0	0	0	0	
531902	岩石富集系数		0.51	291	0.43			1.06	0.21	0.24	2.09		0.77	1.64	0.35	
531902	岩石异常分级	0	0	7	0	0	0	0	0	0	1	0	0	0	0	

注：该表可与矿床基本信息、地质特征简表依据矿床编号建立对应关系。

3.8.4　地质地球化学找矿模型

云南富宁尾洞铜镍矿床为一铜镍硫化物矿点，位于云南省文山壮族苗族自治州富宁县新华镇境内，矿体呈出露状态，赋矿建造为富宁基性-超基性杂岩体。成矿与富宁岩体关系密切，富宁杂岩体岩性主要为辉绿岩、含橄榄辉长苏长岩、辉长苏长岩和闪长岩，其成岩年龄约268Ma。矿体受断裂及富宁杂岩体形态、产状控制，矿石类型以原生硫化物矿石为主，矿体形态主要呈透镜状产出，成矿年龄暂缺。围岩蚀变断续出现，主要为绿泥石化、蛇纹石化等。因此，矿床类型属于基性-超基性岩铜镍矿床。

云南富宁尾洞矿床区域化探找矿指示元素组合为Ni、Cu、Sb共计3种，除成矿元素Ni外，指示元素中Sb具有2级异常，Cu具有1级异常。矿区岩石化探找矿指示元素组合为Ni、Co、V、Cr、Cu、Au共计6种，其中Ni、Cu、Co具有7级异常，Au、V、Cr具有1级异常。

3.9 贵州遵义黄家湾镍钼矿床

3.9.1 矿床基本信息

表 3-57 为贵州遵义黄家湾镍钼矿床基本信息。

表 3-57 贵州遵义黄家湾镍钼矿床基本信息表

序号	项目名称	项目描述	序号	项目名称	项目描述
0	矿床编号	521901	4	矿床规模	中型
1	经济矿种	镍、钼	5	主矿种资源量	4.94
2	矿床名称	贵州遵义黄家湾镍钼矿床	6	伴生矿种资源量	9.61 Mo
3	行政隶属地	贵州省遵义市遵义县松林镇	7	矿体出露状态	出露

注：经济矿种资源量数据引自杜小全等（2011），矿种资源量单位为万吨。

3.9.2 矿床地质特征

3.9.2.1 区域地质特征

贵州遵义黄家湾镍钼矿床位于贵州省遵义市遵义县松林镇境内，距松林镇南西约 5km 处（周洁等，2009a），在成矿带划分上黄家湾镍钼矿床位于扬子成矿省上扬子中东部（褶皱带）成矿带的滇东-川南-黔西成矿亚带内（徐志刚等，2008）。

区域内出露地层有新元古代、寒武系、奥陶系、二叠系和三叠系，如图 3-35 所示。区域内地层大多呈北东向展布，但在区域中心穹窿处呈弧形分布。下寒武统碳质页岩夹粉砂岩、灰岩、硅质岩及磷块岩为该区金属矿床的主要赋矿建造。

区域内岩浆岩不发育，在地表未见岩浆岩出露。

区域内构造以松林穹窿构造为主，断裂次之。松林穹窿构造是区域上北东向延伸的松林-岩孔弧形构造的北段（周洁和胡凯，2008）。松林穹窿核部由新元古代一套浅变质岩系地层构成，翼部主要由寒武系地层组成，岩层倾角一般 8°~35°，长轴方向北东 27°延长 18.6km，短轴方向北西 297°延长 14.4km，面积约 $162km^2$，沿穹窿的边缘发育了一系列北东向至北北东向的高角度逆冲断层，对穹窿翼部地层有一定的切割破坏作用（沈大兴等，2015）。

区域内矿产资源以镍、钼为主，代表性镍钼矿床有黄家湾中型矿床、新土沟矿床（张仕容，1987；高军波等，2011）、白云台矿床、芭蕉矿床和珍珠山矿床（杜小全等，2011）。

3.9.2.2 矿区地质特征

黄家湾镍钼矿床位于松林穹窿的西南翼，矿区出露的地层主要有新元古代震旦系白云岩和下寒武统炭泥质细碎屑沉积岩系或黑色岩系（见图 3-36），两者呈不整合接触，其中下寒武统黑色岩系为黄家湾镍钼矿床的主要赋矿地层（周洁和胡凯，2008；周洁等，2009a）。

矿区内未见岩浆岩出露（周洁等，2009a）。

矿区地质构造比较简单，整体表现为一向南缓倾的单斜构造，地层倾角 15°~18°。次

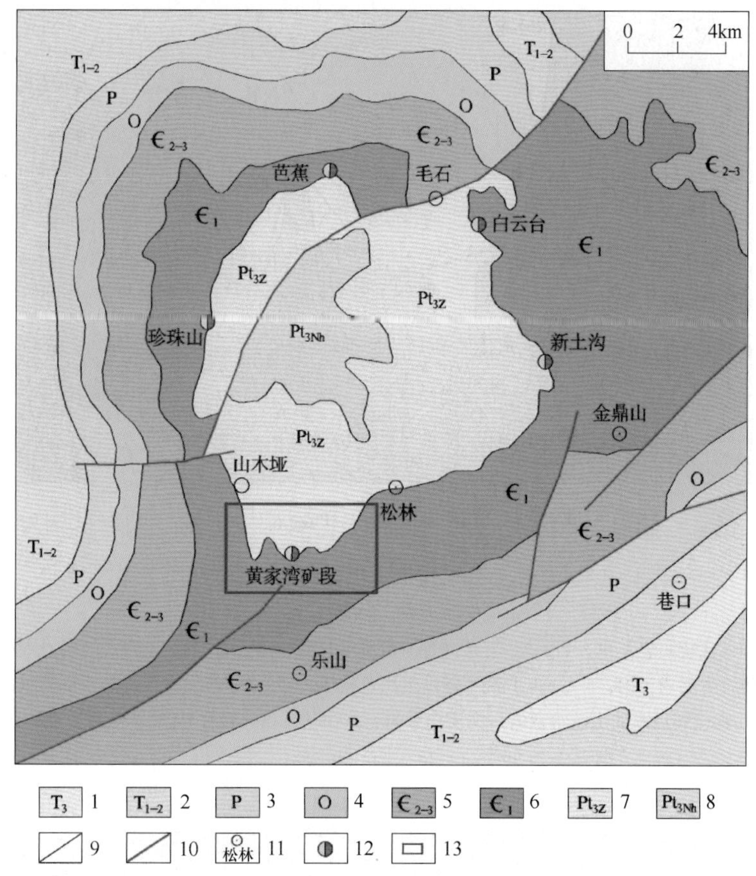

图 3-35 黄家湾镍钼矿区域地质图

（根据中国地质调查局 1：1000000 地质图、周洁等（2009a）、杜小全等（2011）修编）

1—上三叠统砂砾岩、粉砂岩、泥岩夹灰岩；2—中下三叠统灰岩、白云岩夹泥岩；3—二叠系灰岩、泥岩夹砂岩；4—奥陶系白云岩、灰岩、页岩；5—中上寒武统白云岩、白云质粉砂岩、页岩；6—下寒武统碳质页岩夹粉砂岩、灰岩、硅质岩及磷块岩；7—新元古代震旦系白云岩、碳质黏土岩夹磷块岩及硅质岩；8—新元古代南华系砾质泥岩、杂砾岩夹砂页岩、泥岩、凝灰岩；9—岩性界线；10—断层；11—地名；12—镍钼矿床；13—黄家湾矿区范围

级褶皱不很发育。在矿区中段发育一北北西向横向断层，使断层西盘地层抬高 150m 左右，为镍钼矿的浅部开采创造了更加方便的条件。区内未见其他更显著的控矿或严重破坏矿层的大型断裂构造（曾明果，1998）。

3.9.2.3 矿体地质特征

A 矿体特征

黄家湾镍钼矿床矿体主要赋存于下寒武统牛蹄塘组底部的一套富含有机质碳硅质黑色岩系中，包括碳质页岩、硅质岩、含磷结核的碳质泥岩组成，不整合于新元古代震旦系灯影组白云岩之上（周洁等，2009a）。两类地层接触面有一层 5~10cm 厚的风化层，风化层上为含硅质岩与含磷结核的碳质页岩，厚约 2m；再往上为镍钼矿层，整体厚 5~30cm，矿体呈层状、似层状及透镜状产出（见图 3-37）；矿体顶板围岩为碳质页岩与碳质泥岩（周洁和胡凯，2008）。

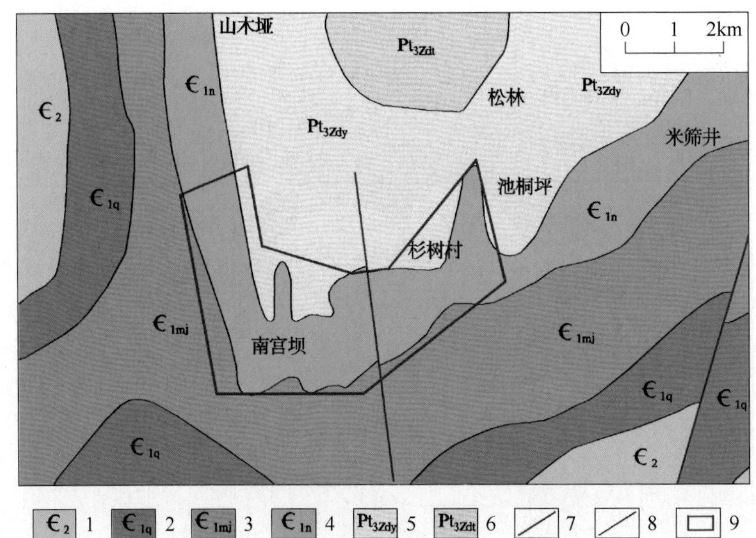

图 3-36 黄家湾镍钼矿地质图

（根据周洁等（2009a）修编）

1—中寒武统灰岩夹白云岩；2—下寒武统清虚洞组灰岩、白云岩；3—下寒武统明心寺组与金顶山组页岩夹白云岩；4—下寒武统牛蹄塘组黑色碳质页岩；5—新元古代震旦系灯影组白云岩；6—新元古代震旦系陡山沱组灰岩、泥质白云岩；7—断层；8—岩性界线；9—黄家湾矿区范围

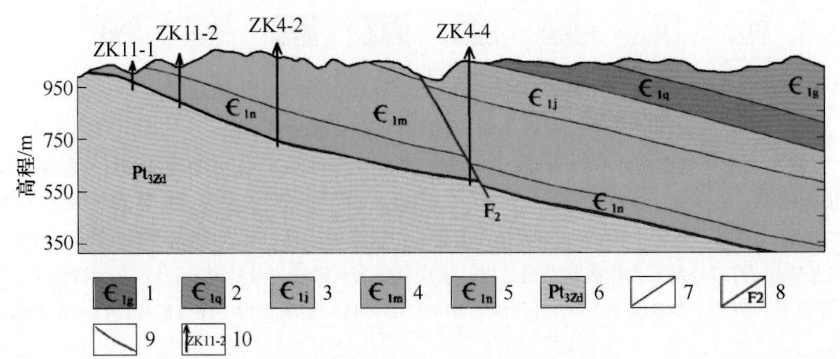

图 3-37 黄家湾矿床 11 号勘探线剖面图

（根据杨菊等（2008）修编）

1—中寒武统高台组白云岩；2—下寒武统清虚洞组灰岩；3—下寒武统金顶山组页岩、泥岩；4—下寒武统明心寺组中砾砂岩、灰岩、页岩；5—下寒武统牛蹄塘组碳质页岩、泥岩；6—新元古代震旦系灯影组白云岩；7—岩性界线；8—断层及编号；9—镍钼矿体；10—钻孔及编号

矿体产状与地层产状相一致，矿体长 100~2000m、宽 100~150m，厚度一般 3~14cm，平均约 5cm，局部可达 40~105cm 厚。单工程钼品位 4.96%~8.56%，镍品位 1.79%~6.07%，当矿层厚度增加到 20cm 后矿石品位降低（胡廷辉等，2008）。虽然矿体在地表呈出露状态，但由于矿体为单层矿体且厚度较薄，在地表仅呈线状出露，下寒武统牛蹄塘组和新元古代震旦系灯影组的界线是该区镍钼矿找矿的重要标志层（沈大兴等，2015）。

毛景文等（2011）对黄家湾黑色岩系镍钼矿石采用 Re-Os 同位素测年获得（541.3±

16)Ma 的成矿年龄，这与赋矿地层的年龄相一致（王文全，2016）。李胜荣等（2002）对黄家湾矿区矿石采用 Re-Os 同位素测年获得 530~560Ma 的模式年龄，与同层位矿床测年资料一起综合获得（542±11)Ma 的等时线年龄。上述年龄基本一致，此处暂取 541Ma 代表黄家湾镍钼矿床的成矿年龄。

B 矿石特征

黄家湾矿床矿石自然类型为碳质页岩型镍钼矿石，可进一步划分为条带状、碎屑状和竹叶状三种类型的矿石（胡廷辉等，2008），其工业类型属特富硫化镍钼矿石（沈大兴等，2015）。

矿区矿石矿物主要有碳硫钼矿、针镍矿、辉砷镍矿、方硫镍矿、紫硫镍矿、赫硫镍矿、黄铁矿、白铁矿、闪锌矿、黄铜矿、毒砂、方铅矿等（韩善楚等，2012；周洁等，2009a；畅斌和温汉捷，2008），脉石矿物主要有水白云母、伊利石、绢云母、石英、方解石和胶磷矿等（毛景文等，2011）。

矿石结构主要有砾屑状结构、生物碎屑结构、藻包粒结构、显微莓球结构等（胡廷辉等，2008），矿石构造有叠层构造、滑动角砾构造、生物搅动构造以及微层状、纹层状和脉状构造等（胡廷辉等，2008；沈大兴等，2015）。

C 围岩蚀变

矿区未见明显的围岩蚀变现象，镍钼硫化物矿层发育在下寒武统碳质页岩岩层中，矿层与顶底板围岩的界线清楚，在矿层中可见黄铁矿化、水云母化、石英和方解石化现象（毛景文等，2011；冯彩霞等，2011）。

3.9.2.4 勘查开发概况

20 世纪 80 年代初期在松林地区普查评价了新土沟中型镍钼矿床，但在黄家湾一带镍钼矿地质工作并未见报道（曾明果，1998）。1997 年 7 月经曾明果等人实地踏勘，认为黄家湾一带镍钼矿远景可观，具备大规模开采条件（曾明果，1998）。

2008 年 8 月中化地质矿山总局贵州地质勘查院提交的《贵州省遵义县松林镇黄家湾钼镍矿详查地质报告》中获得钼金属资源量 26287t，其中（332）资源量 3388t、(333) 资源量 22899t；镍金属资源量 19127t，其中（332）资源量 2263t、(333) 资源量 16864t；钼平均品位 2.74%，镍平均品位 1.90%（杨菊等，2008）。矿床规模属中型镍钼矿床。

据杜小全等（2011）统计报道，在黄家湾一带的中南村段已探明金属量钼 5.47 万吨、镍 2.87 万吨，杨村沟段已探明金属量钼 3.78 万吨、镍 1.87 万吨，庙林段已探明金属量钼 0.36 万吨、镍 0.20 万吨。这三个矿段即为黄家湾镍矿矿床的矿区范围，黄家湾镍钼矿床矿区已探明金属量钼 9.61 万吨、镍 4.94 万吨，矿床规模属中型钼矿床和中型镍矿床，整体规模为中型镍钼矿床。

3.9.2.5 矿床类型

根据曾明果（1998）、周洁等（2009a，2009b）、冯彩霞等（2011）、毛景文等（2011）、韩善楚等（2012）、Shi et al.（2014）、Xu 和 Li（2015）的研究成果，认为贵州遵义黄家湾镍钼矿床应属于沉积型镍钼矿床。

3.9.2.6 地质特征简表

综合上述矿床地质特征，除矿床基本信息表（见表 3-57）中所表达的信息以外，贵州遵义黄家湾镍钼矿床的地质特征可归纳列入表 3-58 中。

表 3-58 贵州遵义黄家湾镍钼矿床地质特征简表

序号	项目名称	项目描述	序号	项目名称	项目描述
10	赋矿地层时代	下寒武统	16	矿石类型	碳质页岩泥岩型镍钼矿石
11	赋矿地层岩性	碳质页岩、泥岩	17	成矿年龄	541Ma
12	相关岩体岩性	无岩体	18	矿石矿物	碳硫钼矿、针镍矿、辉砷镍矿、方硫镍矿、黄铁矿、白铁矿、闪锌矿、黄铜矿、毒砂等
13	相关岩体年龄	无岩体			
14	是否断裂控矿	否	19	围岩蚀变	黄铁矿化、水云母化、石英和方解石化等
15	矿体形态	层状、似层状等	20	矿床类型	沉积型镍钼矿床

注：序号从 10 开始是为了和数据库保持一致。

3.9.3 地球化学特征

3.9.3.1 区域化探

A 元素含量统计参数

本次收集到研究区内 1：200000 水系沉积物 225 件样品的 39 种元素含量数据。计算水系沉积物中元素平均值相对其在中国水系沉积物（*CSS*）中的富集系数，将其地球化学统计参数列于表 3-59 中。

表 3-59 研究区 1：200000 区域化探元素含量①统计参数

元素	Ag	As	Au	B	Ba	Be	Bi	Cd	Co	Cr	Cu	F	Hg
最大值	519	84.9	3.9	179	1008	3.5	0.76	1990	116	274	100	8000	882
最小值	30	5.5	0.2	34	148	1.0	0.20	160	5	0.3	13	100	20
中位值	80	16.3	1.2	82	364	2.2	0.40	340	18	80	30	1050	100
平均值	89	19.7	1.25	88	415	2.2	0.40	427	20	87	34	1116	123
标准差	54	12	0.53	31	154	0.4	0.10	261	10	30	15	640	87
富集系数②	1.16	1.97	0.95	1.88	0.85	1.05	1.30	3.05	1.62	1.47	1.56	2.28	3.41
元素	La	Li	Mo	Nb	Ni	Pb	Sb	Sn	Sr	Th	U	V	W
最大值	60.0	268	21.6	47.0	89	267	9.80	5.2	541	29	7.4	288	2.68
最小值	0.10	26	0.50	8.3	7.0	18.6	0.33	1.4	28	6.8	1.48	46	0.70
中位值	40.0	56	1.60	17.6	31	29.1	1.10	3.1	65	14.4	3.36	109	1.80
平均值	39.6	79	2.16	19.3	34	32	1.28	3.1	75	14.8	3.45	119	1.84
标准差	7.35	50	2.05	7.3	14	18	1.05	0.6	51	4.0	0.92	43	0.33
富集系数②	1.02	2.47	2.57	1.20	1.37	1.34	1.86	1.03	0.52	1.25	1.41	1.49	1.02
元素	Y	Zn	Zr	SiO_2	Al_2O_3	Fe_2O_3	K_2O	Na_2O	CaO	MgO	Ti	P	Mn
最大值	46.0	794	481	88.24	17.34	24.34	4.29	10.00	8.64	4.43	15790	3920	4107
最小值	13.0	8	108	49.91	5.74	1.88	0.67	0.02	0.13	0.43	2417	212	389
中位值	27.6	85	300	65.89	11.93	5.73	2.27	0.22	1.01	1.73	5131	761	1131
平均值	27.6	91	289	66.25	11.89	6.26	2.30	0.35	1.45	1.81	5896	873	1221
标准差	6.1	56	73	5.47	2.00	2.35	0.69	1.05	1.39	0.74	2479	482	511
富集系数②	1.10	1.31	1.07	1.01	0.93	1.39	0.98	0.27	0.81	1.32	1.44	1.51	1.82

①元素含量的单位见表 2-4；②富集系数=平均值/*CSS*，*CSS*（中国水系沉积物）数据详见表 2-4。

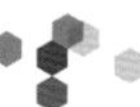

与中国水系沉积物相比，研究区内微量元素富集系数大于 3 的有 Hg、Cd，介于 2～3 之间的有 Mo、Li、F，介于 1.2～2 之间的有 As、B、Sb、Co、Cu、V、Cr、U、Ni、Pb、Zn、Bi、Th、Nb。富集系数大于 1.2 的微量元素共计 19 种，其中基性微量元素有 Ni、Co、V、Cr，热液成矿元素有 Mo、Bi、Cu、Pb、Zn、Cd、As、Sb、Hg，热液运矿元素有 B、F，造岩微量元素有 Li，酸性微量元素有 Th、U、Nb。

在研究区内已发现有中型镍钼矿床，上述 Ni 和 Mo 的富集系数分别为 1.37 和 2.57。

B　地球化学异常剖析图

依据研究区内 1∶200000 化探数据，采用全国变值七级异常划分方案制作 29 种微量元素的单元素地球化学异常图，其异常分级结果见表 3-60。

表 3-60　黄家湾矿区 1∶200000 区域化探元素异常分级

元素	Ag	As	Au	B	Ba	Be	Bi	Cd	Co	Cr	Cu	F	Hg	La	Li	Mo	Nb	Ni	Pb	Sb	Sn	Sr	Th	U	V	W	Y	Zn	Zr
异常分级	1	0	0	0	1	0	0	1	0	0	0	0	0	0	0	3	0	0	0	1	0	0	0	0	0	0	0	0	0

注：0 代表在黄家湾矿区基本不存在异常，不作为找矿指示元素。

从表 3-60 中可以看出，在黄家湾矿区存在异常的微量元素有 Mo、Cd、Ag、Ba 共计 4 种。这 4 种微量元素及 Ni、V 在研究区内的地球化学异常剖析图如图 3-38 所示。

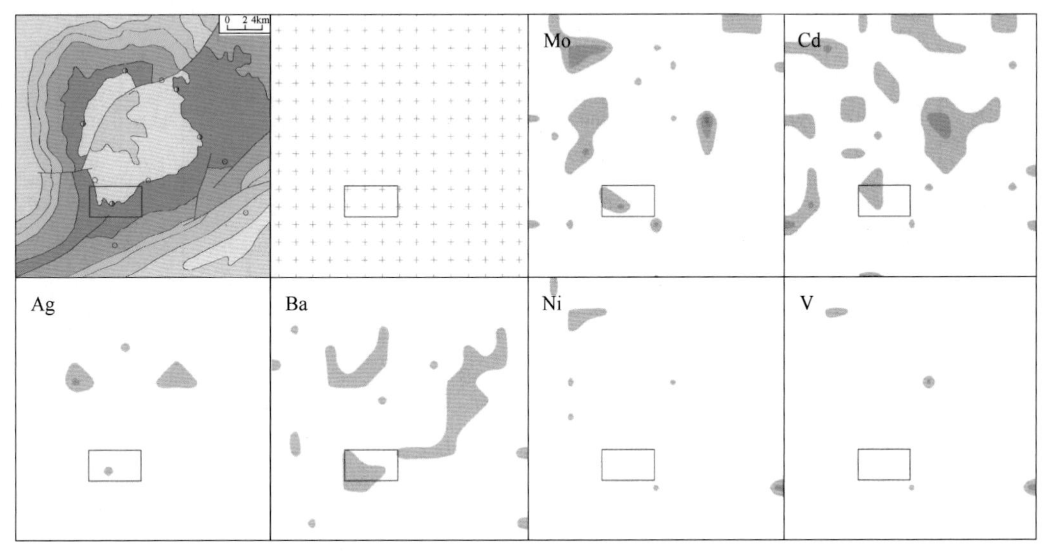

图 3-38　区域化探地球化学异常剖析图
（地质图为图 3-35 黄家湾镍钼矿区域地质图）

Ni 为黄家湾镍钼矿床的主成矿元素之一，但在矿区范围内并没有发育异常，这可能是由于矿体在地表仅呈单条线状分布，针对 1∶200000 的区域化探调查而言，不足以引起显著异常，但主成矿元素仍然应作为找矿的重要指示元素。由此可以认为，上述在矿区存在异常的 4 种微量元素及 Ni 可以作为黄家湾镍钼矿在区域化探工作阶段的找矿指示元素组合，在这 4 种元素中 Mo 具有 3 级异常，Cd、Ag、Ba 具有 1 级异常。

3.9.3.2 岩石地球化学勘查

A 元素含量统计参数

本次收集到黄家湾矿区岩石139件样品的26种微量元素含量数据（罗泰义等，2003；陈兰，2005；杨瑞东等，2005；周洁等，2008；杨永军，2010；毛景文等，2011；王文全，2016），其中不同类型的矿石31件、蚀变岩11件、较新鲜岩石97件。计算岩石中元素平均值相对其在中国水系沉积物（*CSS*）中的富集系数，将其地球化学统计参数列于表3-61中。

表3-61 矿区岩石样品元素含量①统计参数

元素	Ag	As	Au	B	Ba	Be	Bi	Cd	Co	Cr	Cu	F	Hg	La	Li
样品数	47	4	17		103	14	30	82	65	64	81			102	14
最大值	68	10.2	0.1		58	0.1	0.13	42	0.41	3.0	2.2			1.73	1.1
最小值	76700	26916	553		18963	6.8	14.0	189000	545	5827	3628			198	124
中位值	981	12600	2.7		1610	2.4	0.45	1240	4.98	113	49			35.8	25.1
平均值	8833	13031	63		2126	2.3	2.07	19742	30	467	275			43.8	35.3
标准差	18569	9725	141		2529	1.7	3.72	44850	78	952	669			36.1	31.9
富集系数②	115	1303	47.5		4.34	1.09	6.69	141	2.49	7.91	12.5			1.12	1.10
元素	Mo	Nb	Ni	Pb	Sb	Sn	Sr	Th	U	V	W	Y	Zn	Zr	
样品数	113	64	88	61	50	53	103	79	89	82	64	108	73	64	
最大值	0.11	0.4	1.13	0.10	0.17	0.06	5	0.22	0.42	1.0	0.05	1.7	2.4	3.3	
最小值	92900	101	59800	704	188	260	1220	34.2	915	20975	19.8	600	4328	468	
中位值	66.9	9.6	151	23.5	5.26	2.7	39	7.30	25.4	514	1.215	36	126	92	
平均值	7378	17	9263	60	21.1	10.0	138	8.95	96.1	1392	1.84	67	567	102	
标准差	18435	24	16959	116	42.8	36.2	222	8.66	171	3015	2.60	91	1028	91	
富集系数②	8783	1.04	371	2.51	30.6	3.35	0.95	0.75	39.2	17	1.02	2.67	8.11	0.38	

注：数据引自罗泰义等（2003）、陈兰（2005）、杨瑞东等（2005）、周洁等（2008）、杨永军（2010）、毛景文等（2011）、王文全（2016）。

①元素含量的单位见表2-4；②富集系数=平均值/*CSS*，*CSS*（中国水系沉积物）数据详见表2-4。

与中国水系沉积物相比，矿区岩石微量元素富集系数大于100的有Mo、As、Ni、Cd、Ag；介于10~100之间的有Au、U、Sb、V、Cu；介于3~10之间的有Zn、Cr、Bi、Ba、Sn；介于2~3之间的有Y、Pb、Co；无介于1.2~2之间的微量元素。富集系数大于1.2的微量元素共计18种，其中基性微量元素有Ni、Co、V、Cr，热液成矿元素有Mo、Sn、Bi、Cu、Pb、Zn、Cd、Au、Ag、As、Sb，酸性微量元素有Y、U，造岩微量元素有Ba。

在研究区内已发现有黄家湾中型镍钼矿床，上述Ni、Mo的富集系数分别为371和8783。

B 地球化学异常剖面图

本次在矿区范围内所收集的岩石有矿石、蚀变岩与较新鲜岩石，尤其是含有一定量的富矿石，元素含量可采用平均值来表征，该平均值的大小取决于所收集岩石中矿石和蚀变岩相对较新鲜岩石的多少。

依据上述矿区岩石中元素含量的平均值，采用全国定值七级异常划分方案评定 26 种微量元素的异常分级，结果见表 3-62。

表 3-62 黄家湾矿区岩矿石中元素异常分级

元素	Ag	As	Au	B	Ba	Be	Bi	Cd	Co	Cr	Cu	F	Hg	La	Li	Mo	Nb	Ni	Pb	Sb	Sn	Sr	Th	U	V	W	Y	Zn	Zr
异常分级	5	6	4		1	0	1	5	2	1	3			0	0	7	0	7	1	2	1	0	0	5	5	0	2	3	0

注：0 代表在黄家湾矿区基本不存在异常，不作为找矿指示元素。

从表 3-62 中可以看出，在黄家湾矿区存在异常的微量元素有 Ni、Co、V、Cr、Mo、Sn、Bi、Cu、Pb、Zn、Cd、Au、Ag、As、Sb、Y、U、Ba 共计 18 种，这 18 种元素可作为黄家湾镍钼矿床在岩石地球化学勘查工作阶段的找矿指示元素组合。在这 18 种元素中 Ni、Mo 具有 7 级异常，As 具有 6 级异常，V、Ag、Cd、U 具有 5 级异常，Au 具有 4 级异常，Cu、Zn 具有 3 级异常，Co、Sb、Y 具有 2 级异常，Cr、Sn、Bi、Pb、Ba 具有 1 级异常。

3.9.3.3 勘查地球化学特征简表

综合上述勘查地球化学特征，贵州遵义黄家湾镍钼矿床的勘查地球化学特征可归纳列入表 3-63 中。

表 3-63 贵州遵义黄家湾镍钼矿床勘查地球化学特征简表

矿床编号	项目名称	Ag	As	Au	B	Ba	Be	Bi	Cd	Co	Cr	Cu	F	Hg	La	Li
521901	区域富集系数	1.16	1.97	0.95	1.88	0.85	1.05	1.30	3.05	1.62	1.47	1.56	2.28	3.41	1.02	2.47
521901	区域异常分级	1	0	0	0	1	0	0	1	0	0	0	0	0	0	0
521901	岩石富集系数	115	1303	47.5		4.34	1.09	6.69	141	2.49	7.91	12.5			1.12	1.10
521901	岩石异常分级	5	6	4		1	0	1	5	2	1	3			0	0
矿床编号	项目名称	Mo	Nb	Ni	Pb	Sb	Sn	Sr	Th	U	V	W	Y	Zn	Zr	
521901	区域富集系数	2.57	1.20	1.37	1.34	1.86	1.03	0.52	1.25	1.41	1.49	1.02	1.10	1.31	1.07	
521901	区域异常分级	3	0	0	0	1	0	0	0	0	0	0	0	0	0	
521901	岩石富集系数	8783	1.04	371	2.51	30.6	3.35	0.95	0.75	39.2	17	1.02	2.67	8.11	0.38	
521901	岩石异常分级	7	0	7	1	2	1	0	0	5	5	0	2	3	0	

注：该表可与矿床基本信息、地质特征简表依据矿床编号建立对应关系。

3.9.4 地质地球化学找矿模型

贵州遵义黄家湾镍钼矿床为一中型镍钼矿床，位于贵州省遵义市遵义县松林镇境内，矿体呈单条线状出露，赋矿建造为下寒武统牛蹄塘组碳质页岩、泥岩。矿区未见岩浆岩发育。矿体受牛蹄塘组底部地层控制明显，产状与地层形态一致，矿石类型为碳质页岩泥岩型镍钼矿石，矿体呈层状、似层状等，成矿年龄约 541Ma。围岩蚀变不发育，可见黄铁矿化、水云母化、石英和方解石化现象等。因此，矿床类型属于沉积型镍钼矿床。

贵州遵义黄家湾矿床区域化探找矿指示元素组合为 Mo、Cd、Ag、Ba、Ni 共计 5 种，其中 Mo 具有 3 级异常，Cd、Ag、Ba 具有 1 级异常，主成矿元素 Ni 在矿区未发育异常。矿区岩石化探找矿指示元素组合为 Ni、Co、V、Cr、Mo、Sn、Bi、Cu、Pb、Zn、Cd、Au、Ag、As、Sb、Y、U、Ba 共计 18 种，其中 Ni、Mo 具有 7 级异常，As 具有 6 级异常，V、Ag、Cd、U 具有 5 级异常，Au 具有 4 级异常，Cu、Zn 具有 3 级异常，Co、Sb、Y 具有 2 级异常，Cr、Sn、Bi、Pb、Ba 具有 1 级异常。

3.10 四川会理力马河铜镍矿床

3.10.1 矿床基本信息

表3-64为四川会理力马河铜镍矿床基本信息。

表3-64 四川会理力马河铜镍矿床基本信息表①

序号	项目名称	项目描述	序号	项目名称	项目描述
0	矿床编号	511901	4	矿床规模	中型
1	经济矿种	镍、铜	5	主矿种资源量	2.34
2	矿床名称	四川会理力马河铜镍矿床	6	伴生矿种资源量	1.3 Cu
3	行政隶属地	四川省凉山彝族自治州会理县力溪区关河乡	7	矿体出露状态	出露

注：经济矿种资源量数据引自冉凤琴等（2015），矿种资源量单位为万吨。

3.10.2 矿床地质特征

3.10.2.1 区域地质特征

四川会理力马河铜镍矿床位于四川省凉山彝族自治州会理县力溪区关河乡境内，距会理县城西南约20km处（尤敏鑫，2014），在成矿带划分上力马河铜镍矿床位于扬子成矿省康滇隆起成矿带内（徐志刚等，2008）。

区域内出露地层有新太古代、元古代、寒武系、奥陶系、二叠系、三叠系、侏罗系、白垩系和新生代地层，如图3-39所示。地层大多呈近南北向展布（李莹，2010），古-中元古代变质碎屑岩、碳酸盐岩夹火山岩为该区的主要赋矿建造。

区域内岩浆岩发育，以基性和酸性侵入岩为主，火山岩次之。区域内代表性酸性侵入体为区域内中西部大面积出露的正长花岗岩体和区域东南部出露的二长花岗岩体，区域内基性侵入体主要为辉长岩、辉长辉绿岩等，超基性岩体呈小岩株或岩脉状产出。

区域内构造以断裂为主。按照产状断裂构造可划分为近东西向、近南北向和北东向三组。区域内西部的安宁河近南北向深大断裂将该区划分为两部分，西部地层大多呈近东西向展布，而东部地层大多呈近南北向展布。在东部区域内三组断裂共同作用控制了该区侵入岩体、岩脉和矿床的空间分布（李莹，2010；冉凤琴等，2015）。

区域内矿产资源丰富，以镍、铜、金矿床为主。代表性镍矿床有力马河、清水河（官建祥和宋谢炎，2010）、小关河（张贻等，2011）、黄土坡（刘君等，2015）等矿床，代表性铜矿床有石头河、铜厂沟（杜坤等，2011）、黑箐（朱志敏，2010）、红铜山等矿床，代表性金矿床为凤营小型金矿床。

3.10.2.2 矿区地质特征

矿区出露的地层主要为中元古代会理群，岩性主要为石英岩、石墨板岩和硅质灰

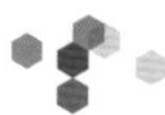

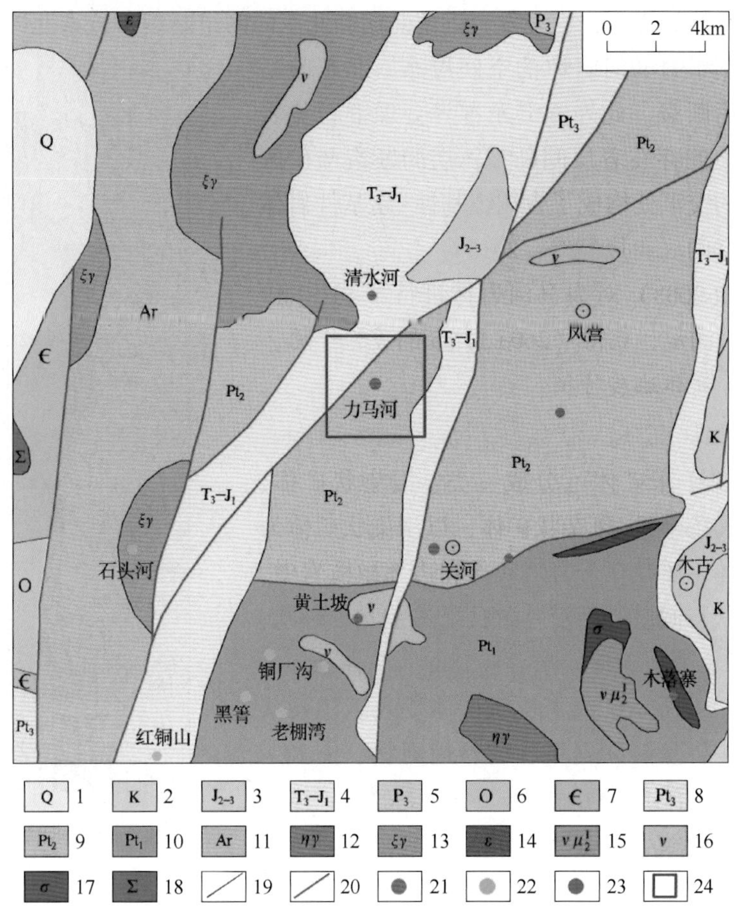

图 3-39　力马河铜镍矿区域地质图

（根据中国地质调查局 1∶1000000 地质图修编）

1—第四系粉砂、黏土；2—白垩系紫红色砂岩、粉砂岩夹泥岩、泥灰岩；3—中上侏罗统泥岩、粉砂岩、砂岩、泥灰岩；4—上三叠统至下侏罗统砂岩、泥岩；5—上二叠统玄武岩；6—奥陶系碳酸盐岩及碎屑岩；7—寒武系泥页岩、粉砂岩、砂岩、灰岩、白云岩；8—新元古代白云岩、砂岩、页岩；9—中元古代变质碎屑岩、碳酸盐岩夹火山岩；10—古元古代细碧角斑岩、片岩、大理岩；11—太古代斜长角闪岩、混合片麻岩、变粒岩、浅粒岩夹大理岩；12—二长花岗岩；13—正长花岗岩；14—霞石正长岩；15—辉长辉绿岩；16—辉长岩；17—橄榄岩；18—超基性岩；19—岩性界线；20—断层；21—镍矿；22—铜矿；23—金矿；24—矿区范围

岩（尤敏鑫，2014）。矿区力马河岩体侵位于会理群地层中（见图 3-40），力马河铜镍矿床的主要赋矿建造为力马河基性-超基性岩体。

矿区岩浆岩比较发育，主要出露有力马河基性-超基性岩体。力马河岩体南北长约 800m，宽为 120～140m，最宽可达 180m，平面形态呈豆荚状，面积约 0.1km^2，剖面上呈椭圆形，岩体一般向下延深为 200～500m，不整合侵位于力马河组和凤营组地层中（李莹，2010）。力马河基性-超基性岩体的岩性主要有闪长岩、辉长岩、二辉岩和橄榄二辉岩，岩体东部以基性单元为主，西部则以超基性单元为主，两者之间的界线明显，整个岩体的化学成分接近于辉长岩（尤敏鑫，2014）。

矿区构造以断裂为主，主要发育近南北向和北东向两组断裂。近南北向断裂为成岩成矿前断裂，控制了力马河岩体的空间展布。北东向断裂为成岩成矿后断裂。此外，下元古界会理群石英岩与硅质大理岩之间存在着层间断裂，层间断裂与矿区近南北向断裂的交汇处构成了含铜镍基性-超基性岩体的通道和贮矿空间（冉凤琴等，2015）。

Zhou et al.（2008）对力马河岩体进行了 SHRIMP 锆石 U-Pb 年龄测定，获得（260±3）Ma 的成岩年龄。

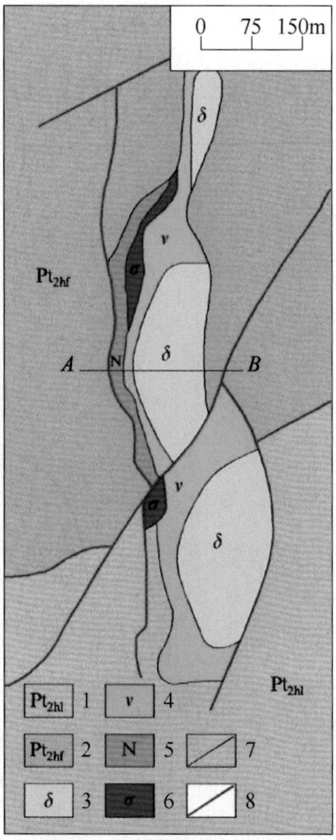

3.10.2.3　矿体地质特征

A　矿体特征

力马河铜镍矿床矿体可分成三类：浸染状矿体、致密块状矿体和条带状-斑杂状矿体，以浸染状矿体为主。浸染状矿体主要赋存于岩体底部和边部橄榄岩中，矿体形状、产状与橄榄岩相带一致，呈透镜状、带状、勺状及分支状，长 500m，厚 2～28m，延伸 150～250m，如图 3-41 所示。致密块状矿体贯入于浸染状矿体及矽卡岩中，呈陡立扁豆状或不规则状，长 13～30m，宽 2～12m，深 50～90m。条带状-斑杂状矿体产于矽卡岩中，规模较小（尤敏鑫等，2014）。

图 3-40　力马河铜镍矿矿区地质图
（根据陶琰等（2007）、尤敏鑫（2014）修编）
1—会理群力马河组石英岩；2—会理群凤营组石英岩；3—闪长岩；4—辉长岩；5—二辉岩/浸染状硫化物；6—橄榄二辉岩；7—岩性界线；8—断层

陶琰等（2008）通过对力马河铜镍矿床中网脉状矿石的 Re-Os 同位素测年，获得等时线年龄为（265±35）Ma。这一年龄与力马河岩体的成岩年龄 260Ma 基本相当，反映了成岩与成矿的一致性。

B　矿石特征

力马河铜镍矿床矿石主要产在二辉岩中，主要有三种类型的矿石：浸染状矿石、致密块状矿石和条带状-斑杂状矿石（尤敏鑫等，2014）。

矿区矿石矿物主要为镍黄铁矿、磁黄铁矿、黄铁矿、黄铜矿、磁铁矿，有少量铬铁矿、钛镁矿、斜方砷钴矿、斜方砷镍矿、辉镍铁矿、闪锌矿、方铅矿、毒砂等。脉石矿物主要有紫苏辉石、透辉石、橄榄石、基性斜长石、透闪石、黑云母、蛇纹石、方解石、绿泥石等（冉凤琴等，2015）。

矿石结构主要有集合粒状结构、片状结构等，矿石构造主要有浸染状构造、块状构造、海绵陨铁构造、条带状构造等（冉凤琴等，2015）。

C　围岩蚀变

含铜镍矿基性-超基性岩体的围岩均发生明显的蚀变。岩体北部灰岩经蚀变形成矽卡岩及大理岩，岩体南部石英砂岩蚀变为黑云母石英岩。在力马河岩体西侧外缘部分，自西向东可分为蛇纹石化橄榄岩、次生辉石岩、次生辉长岩蚀变带，石榴石化辉石长石蚀变

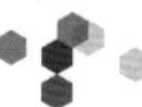

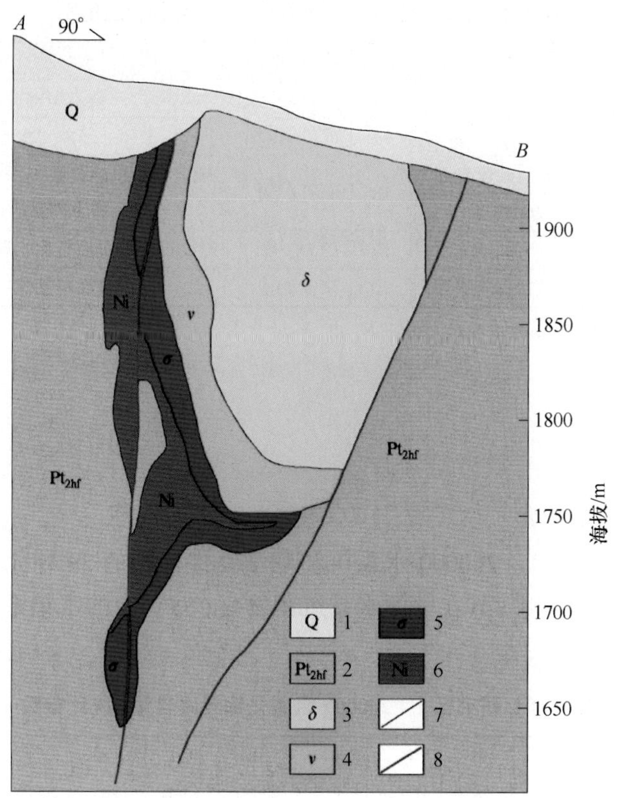

图 3-41 力马河矿床 *AB* 剖面地质图

（根据陶琰等（2007）、尤敏鑫（2014）修编）

1—第四系残坡积层；2—会理群凤营组石英岩；3—闪长岩；4—辉长岩；5—橄榄二辉岩；6—镍铜矿石；7—岩性界线；8—断层

带，以及外接触带的石榴石透辉石矽卡岩蚀变带（冉凤琴等，2015），矿区围岩蚀变主要有蛇纹石化、石榴石化、矽卡岩化和大理岩化等。

3.10.2.4 勘查开发概况

四川会理力马河铜镍矿床发现于 1956 年，是我国最早发现并进行勘探的铜镍矿床（汤中立等，1994），在规模上力马河矿床只能算是一个中等矿床（李莹，2010）。矿床累计获得资源量：镍 23365t，铜 12898t，并于 1987 年已采完矿石，现已闭坑（冉凤琴等，2015）。

3.10.2.5 矿床类型

根据陶琰等（2007，2008）、李莹（2010）、尤敏鑫（2014）、冉凤琴等（2015）的研究成果，认为四川会理力马河铜镍矿床应属于基性超基性岩铜镍矿床。

3.10.2.6 地质特征简表

综合上述矿床地质特征，除矿床基本信息表（见表 3-64）中所表达的信息以外，四川会理力马河铜镍矿床的地质特征可归纳列入表 3-65 中。

表 3-65　四川会理力马河铜镍矿床地质特征简表

序号	项目名称	项目描述	序号	项目名称	项目描述
10	赋矿地层时代	中元古代	16	矿石类型	二辉岩型铜镍硫化物矿石
11	赋矿地层岩性	石英岩、板岩、灰岩	17	成矿年龄	265Ma
12	相关岩体岩性	二辉岩、橄榄岩等	18	矿石矿物	镍黄铁矿、磁黄铁矿、黄铁矿、黄铜矿、磁铁矿、铬铁矿、斜方砷钴矿、闪锌矿等
13	相关岩体年龄	260Ma			
14	是否断裂控矿	否	19	围岩蚀变	蛇纹石化、石榴石化、矽卡岩化、大理岩化等
15	矿体形态	透镜状、扁豆状等	20	矿床类型	基性超基性岩铜镍矿床

注：序号从 10 开始是为了和数据库保持一致。

3.10.3　地球化学特征

3.10.3.1　区域化探

A　元素含量统计参数

本次收集到研究区内 1∶200000 水系沉积物 270 件样品的 39 种元素含量数据。计算水系沉积物中元素平均值相对其在中国水系沉积物（*CSS*）中的富集系数，将其地球化学统计参数列于表 3-66 中。

表 3-66　研究区 1∶200000 区域化探元素含量①统计参数

元素	Ag	As	Au	B	Ba	Be	Bi	Cd	Co	Cr	Cu	F	Hg
最大值	850	98	177	260	824	4.4	4.00	7260	84	2310	490	1720	250
最小值	30	1.33	0.21	7.0	199	0.86	0.07	40	4.0	11	5.3	137	3
中位值	80	9.35	1.84	52	397	2.3	0.33	150	19.1	98	27	592	28
平均值	91	12.5	4.45	58	410	2.3	0.41	220	23.7	200	41	634	32
标准差	63	11.0	15.9	34	116	0.6	0.36	526	13.9	355	50	264	28
富集系数②	1.19	1.25	3.37	1.23	0.84	1.12	1.32	1.57	1.96	3.38	1.89	1.29	0.89
元素	La	Li	Mo	Nb	Ni	Pb	Sb	Sn	Sr	Th	U	V	W
最大值	76.8	67	4.10	130	646	150	12.2	23	860	51.4	10.9	544	14
最小值	16.4	4.9	0.10	7.2	7.9	3.6	0.10	1.5	9.3	5.90	0.60	19	0.30
中位值	39.8	27	0.70	22	35	20	0.51	4.6	67	11.6	2.90	111	2.10
平均值	40.0	30	0.90	25	65	22	0.85	5.4	102	13.2	3.20	120	2.46
标准差	9.76	12	0.67	15	102	15	1.33	3.1	104	4.74	1.58	53	1.51
富集系数②	1.03	0.94	1.07	1.59	2.60	0.92	1.23	1.79	0.70	1.11	1.31	1.50	1.37
元素	Y	Zn	Zr	SiO_2	Al_2O_3	Fe_2O_3	K_2O	Na_2O	CaO	MgO	Ti	P	Mn
最大值	63.0	1020	1860	78.40	17.68	17.12	5.83	3.60	12.30	13.00	28100	4340	5030
最小值	12.5	41	73	47.10	6.38	3.10	1.00	0.20	0.10	0.30	2730	359	363
中位值	25.8	84	266	63.58	12.70	6.55	2.33	0.50	0.86	1.70	6280	578	823
平均值	26.8	93	300	63.40	12.46	7.16	2.46	0.77	1.58	1.94	7033	677	1035
标准差	8.24	71	170	5.60	1.95	2.44	0.87	0.63	1.87	1.20	3276	380	653
富集系数②	1.07	1.33	1.11	0.97	0.97	1.59	1.04	0.58	0.88	1.42	1.71	1.17	1.55

①元素含量的单位见表 2-4；②富集系数=平均值/*CSS*，*CSS*（中国水系沉积物）数据详见表 2-4。

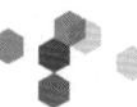

与中国水系沉积物相比，研究区内微量元素富集系数介于3~10之间的有Cr、Au，介于2~3之间的有Ni，介于1.2~2之间的有Co、Cu、Sn、Nb、Cd、V、W、Zn、Bi、U、F、As、Sb、B。富集系数大于1.2的微量元素共计17种，其中基性微量元素有Ni、Co、V、Cr，热液成矿元素有Cu、W、Sn、Bi、Zn、Cd、Au、As、Sb，热液运矿元素有B、F，酸性微量元素有Nb、U。

在研究区内已发现有中型镍矿床，并伴生铜，上述Ni和Cu的富集系数分别为2.60和1.89。

B 地球化学异常剖析图

依据研究区内1：200000化探数据，采用全国变值七级异常划分方案制作29种微量元素的单元素地球化学异常图，其异常分级结果见表3-67。

表3-67 力马河矿区1：200000区域化探元素异常分级

元素	Ag	As	Au	B	Ba	Be	Bi	Cd	Co	Cr	Cu	F	Hg	La	Li	Mo	Nb	Ni	Pb	Sb	Sn	Sr	Th	U	V	W	Y	Zn	Zr
异常分级	0	0	0	0	1	0	0	0	0	0	0	0	0	0	0	0	0	0	0	0	0	0	0	0	0	0	0	0	0

注：0代表在力马河矿区基本不存在异常，不作为找矿指示元素。

从表3-67中可以看出，在力马河矿区微量元素几乎不存在异常，仅Ba在矿区范围内存在微弱异常，与基性-超基性岩体相关的Ni、Cu、V、Cr、Co计5种元素在力马河矿区也无异常出现。上述5种微量元素及Ba在研究区内的地球化学异常剖析图如图3-42所示。

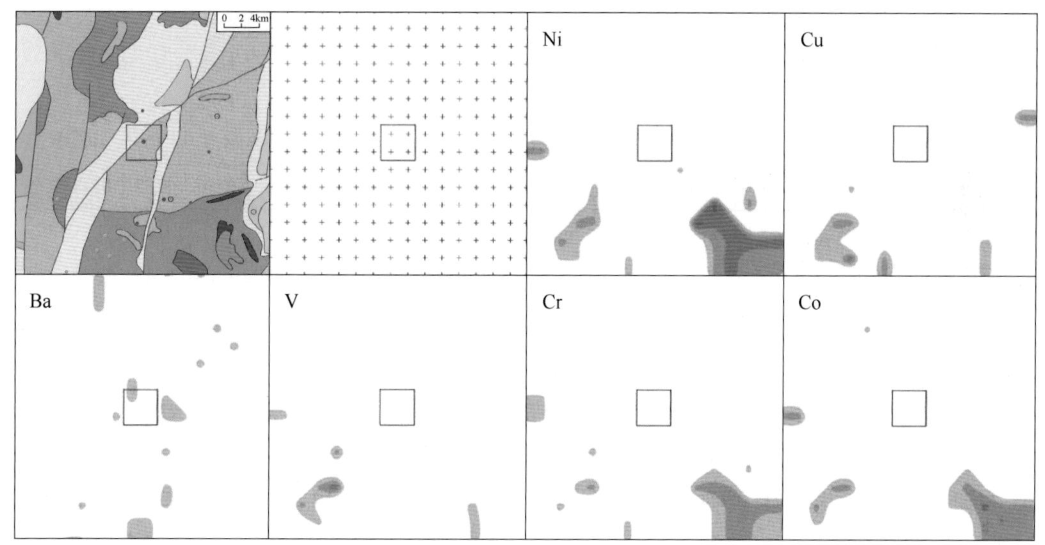

图3-42 区域化探地球化学异常剖析图

（地质图为图3-39 力马河铜镍矿区域地质图）

由于力马河铜镍矿区与成矿关系密切的力马河岩体在地表出露面积约0.1km²，这不仅在区域地质图中未被识别出来，而且在1：200000比例尺的区域化探调查中也未发现与其相关的微量元素存在异常，但是，含矿岩体局部呈出露状态。因此针对力马河铜镍矿床而言，在区域化探工作阶段尚未能确定出有效的找矿指示元素组合。

3.10.3.2 岩石地球化学勘查

A 元素含量统计参数

本次收集到力马河矿区岩石 33 件样品的 15 种微量元素含量数据（陶琰等，2006，2007；张招崇等，2007；李莹，2010），其中不同类型的矿石 11 件、蚀变岩 16 件、较新鲜岩石 6 件。计算岩石中元素平均值相对其在中国水系沉积物（*CSS*）中的富集系数，将其地球化学统计参数列于表 3-68 中。

表 3-68 矿区岩石样品元素含量①统计参数

元素	Ag	As	Au	B	Ba	Be	Bi	Cd	Co	Cr	Cu	F	Hg	La	Li
样品数					33				15	33	28			33	
最大值					459				332	3883	6212			36.9	
最小值					56				37.2	17.8	12.9			7.6	
中位值					110				114	2067	96.5			14.8	
平均值					139				139	1699	1463			17.1	
标准差					90				95	1113	2092			6.5	
富集系数②					0.28				11.5	28.8	66.5			0.44	
元素	Mo	Nb	Ni	Pb	Sb	Sn	Sr	Th	U	V	W	Y	Zn	Zr	
样品数		33	33	15			33	33	33	30		33	10	33	
最大值		25.6	17743	30.9			699	4.80	0.99	428		20.7	120	233	
最小值		1.1	32.2	2.8			13.3	1.17	0.29	96		6.8	84	53	
中位值		11.5	970	8.0			176	2.43	0.52	162		13.4	110	121	
平均值		12.0	2700	11.5			242	2.72	0.54	197		13.9	107	126	
标准差		6.4	3747	8.7			211	0.90	0.19	85		4.1	10	40	
富集系数②		0.75	108	0.48			1.67	0.23	0.22	2.47		0.56	1.52	0.47	

注：数据引自陶琰等（2006，2007）、张招崇等（2007）、李莹（2010）。

①元素含量的单位见表 2-4；②富集系数=平均值/*CSS*，*CSS*（中国水系沉积物）数据详见表 2-4。

与中国水系沉积物相比，矿区岩石微量元素富集系数大于 100 的有 Ni；介于 10~100 之间的有 Cu、Cr、Co；介于 2~3 之间的有 V；介于 1.2~2 之间的有 Sr、Zn。富集系数大于 1.2 的微量元素共计 7 种，其中基性微量元素有 Ni、Co、V、Cr，热液成矿元素有 Cu、Zn，造岩微量元素有 Sr。

在研究区内已发现力马河中型镍矿床并伴生铜，上述 Ni 和 Cu 的富集系数分别为 108 和 66.5。

B 地球化学异常剖面图

本次在矿区范围内所收集的岩石有矿石、蚀变岩与较新鲜岩石，尤其以蚀变岩和矿石为主，元素含量可采用平均值来表征，该平均值的大小取决于所收集岩石中矿石和蚀变岩相对较新鲜岩石的多少。

依据上述矿区岩石中元素含量的平均值，采用全国定值七级异常划分方案评定 15 种微量元素的异常分级，结果见表 3-69。

表 3-69 力马河矿区岩矿石中元素异常分级

元素	Ag	As	Au	B	Ba	Be	Bi	Cd	Co	Cr	Cu	F	Hg	La	Li	Mo	Nb	Ni	Pb	Sb	Sn	Sr	Th	U	V	W	Y	Zn	Zr
异常分级					0				6	2	6			0			0	7	0			0	0	0	1		0	0	0

注：0 代表在力马河矿区基本不存在异常，不作为找矿指示元素。

从表 3-69 中可以看出，在力马河矿区存在异常的微量元素有 Ni、Cu、Co、Cr、V 共计 5 种，这 5 种元素可作为力马河铜镍矿床在岩石地球化学勘查工作阶段的找矿指示元素组合。在这 5 种元素中 Ni 具有 7 级异常，Cu、Co 具有 6 级异常，Cr 具有 2 级异常，V 具有 1 级异常。

3.10.3.3 勘查地球化学特征简表

综合上述勘查地球化学特征，四川会理力马河铜镍矿床的勘查地球化学特征可归纳列入表 3-70 中。

表 3-70 四川会理力马河铜镍矿床勘查地球化学特征简表

矿床编号	项目名称	Ag	As	Au	B	Ba	Be	Bi	Cd	Co	Cr	Cu	F	Hg	La	Li
511901	区域富集系数	1.19	1.25	3.37	1.23	0.84	1.12	1.32	1.57	1.96	3.38	1.89	1.29	0.89	1.03	0.94
511901	区域异常分级	0	0	0	0	1	0	0	0	0	0	0	0	0	0	0
511901	岩石富集系数					0.28				11.5	28.8	66.5			0.44	
511901	岩石异常分级					0				6	2	6			0	
矿床编号	项目名称	Mo	Nb	Ni	Pb	Sb	Sn	Sr	Th	U	V	W	Y	Zn	Zr	
511901	区域富集系数	1.07	1.59	2.60	0.92	1.23	1.79	0.70	1.11	1.31	1.50	1.37	1.07	1.33	1.11	
511901	区域异常分级	0	0	0	0	0	0	0	0	0	0	0	0	0	0	
511901	岩石富集系数		0.75	108	0.48			1.67	0.23	0.22	2.47		0.56	1.52	0.47	
511901	岩石异常分级		0	7	0			0	0	0	1		0	0	0	

注：该表可与矿床基本信息、地质特征简表依据矿床编号建立对应关系。

3.10.4 地质地球化学找矿模型

四川会理力马河铜镍矿床为一中型铜镍硫化物矿床，位于四川省凉山彝族自治州会理县境内，矿体呈出露状态，赋矿建造为二叠系力马河基性超基性岩体。成矿与力马河岩体关系密切，力马河岩体岩性主要为二辉岩和橄榄岩，其成岩年龄约 260Ma。矿体受力马河岩体形态、产状控制，矿石类型以二辉岩型铜镍硫化物矿石为主，矿体呈透镜状、扁豆状等，成矿年龄约 265Ma。围岩蚀变主要有蛇纹石化、石榴石化、矽卡岩化、大理岩化等。因此，矿床类型属于基性超基性岩铜镍矿床。

四川会理力马河矿床区域化探找矿指示元素组合尚未能确定出。矿区岩石化探找矿指示元素组合为 Ni、Cu、Co、Cr、V 共计 5 种，其中 Ni 具有 7 级异常，Cu、Co 具有 6 级异常，Cr 具有 2 级异常，V 具有 1 级异常。

3.11 广西罗城清明山铜镍矿床

3.11.1 矿床基本信息

表 3-71 为广西罗城清明山铜镍矿床基本信息。

表 3-71 广西罗城清明山铜镍矿床基本信息表

序号	项目名称	项目描述	序号	项目名称	项目描述
0	矿床编号	451901	4	矿床规模	小型
1	经济矿种	镍、铜	5	主矿种资源量	0.53
2	矿床名称	广西罗城清明山铜镍矿床	6	伴生矿种资源量	0.30 Cu
3	行政隶属地	广西壮族自治区河池市罗城县宝坛乡	7	矿体出露状态	出露

注：经济矿种资源量数据引自张乐安等（1973），矿种资源量单位为万吨。

3.11.2 矿床地质特征

3.11.2.1 区域地质特征

广西罗城清明山铜镍矿床位于广西壮族自治区河池市罗城县宝坛乡境内，距宝坛乡北东方向约 6km 处，在成矿带划分上清明山铜镍矿床位于扬子成矿省江南隆起西段成矿带的西南端（徐志刚等，2008）。

区域内出露地层有中元古代、新元古代、泥盆系、石炭系和第四系，如图 3-43 所示。地层大多呈北东向展布，中元古代蓟县系变质砂岩、粉砂岩、千枚岩及火山角砾岩、科马提岩、细碧角斑岩为该区金属矿床的主要赋矿建造。

区域内岩浆岩发育，以基性-酸性侵入岩为主，火山岩次之。区域内代表性酸性侵入岩体有清明山黑云母花岗岩体、平英黑云母花岗岩体和岩口花岗闪长岩体（葛文春等，2001a；林进姜等，1986），其中平英花岗岩体的 LA-MC-ICP-MS 锆石 U-Pb 年龄为 (834.1±5.1) Ma（张世涛等，2016），属新元古代岩浆活动的产物。区域内代表性基性-超基性侵入岩体有凤凰山辉绿岩体和红岗山超基性岩体（杨振军，2011）。此外，在区域内还发育有规模较小的镁铁-超镁铁质岩株、岩脉、岩墙等，其 SHRIMP 锆石 U-Pb 年龄为（828±7）Ma（Li et al.，1999；葛文春等，2001b；葛文春等，2000）。区域内火山岩主要为中元古代蓟县系变质岩内所夹的玄武岩、火山角砾岩、科马提岩、细碧角斑岩等（杨振军，2011）。

区域内构造以断裂为主，褶皱构造次之。断裂构造以北北东向为主，北西向次之。北北东向断裂主要有位于区域中部的四堡-宝坛断裂和位于区域西部平英岩体西侧的平英断裂（在区域上为池洞断裂的一部分），是该区重要的控岩断裂，如区内花岗岩和花岗闪长岩体均沿该组断裂呈串珠状分布（杨振军，2011；黄杰等，2007）。北西向断裂大多为北北东向断裂的次级断裂。区内褶皱主要表现为两类不同性质的褶皱：一类是以近东西向紧闭的线型褶皱为主，构成了本区构造基底，如红岗山背斜、清明山背斜等；另一类是以北东向、南北向宽缓的褶皱为主，构成了地表上覆褶皱，如发育在区域东南部轴向北东的一系列背斜和向斜（刘继顺等，2010；杨振军，2011）。

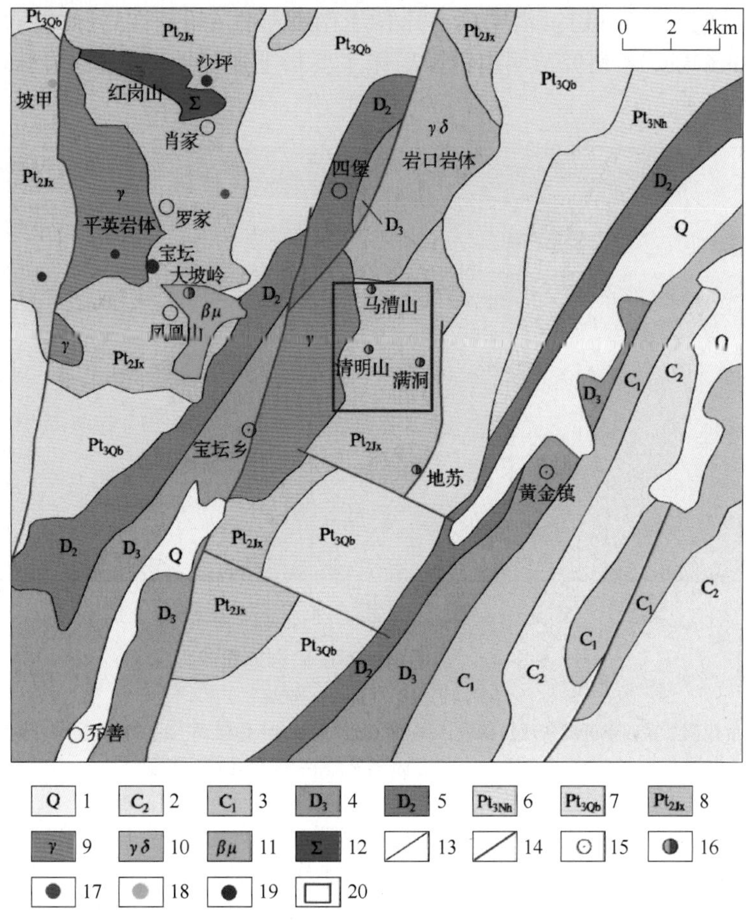

图 3-43 清明山铜镍矿区域地质图

（根据中国地质调查局 1∶1000000 地质图和杨振军（2011）修编）

1—第四系砾石层、黏土层；2—中石炭统灰岩、白云质灰岩、白云岩；3—下石炭统硅质灰岩、白云岩；4—上泥盆统灰岩、硅质灰岩、白云岩；5—中石炭统白云质灰岩；6—新元古代南华系砾质砂泥岩；7—新元古代青白口系变余砂岩、板岩、千枚岩、变粒岩夹片岩；8—中元古代蓟县系变质砂岩、粉砂岩、绢云千枚岩夹火山角砾岩、科马提岩、细碧角斑岩；9—花岗岩；10—花岗闪长岩；11—辉绿岩；12—超基性岩；13—岩性界线；14—断层；15—地名；16—铜镍矿；17—镍矿；18—铜矿；19—锡矿；20—清明山矿区范围

区域内矿产资源以镍、铜、锡矿床为主，代表性矿床有清明山小型铜镍矿、大坡岭中型铜镍矿床（毛景文和杜安道，2001）、红岗山小型镍矿（杨振军等，2010a）、宝坛大型锡矿床（林进姜等，1986；部兆典，1988；张世涛等，2016）、沙坪中型锡矿床（汪金榜，1982）、坡甲铜矿点、地苏铜镍矿等（杨振军，2011）。

3.11.2.2 *矿区地质特征*

清明山铜镍矿床北部发育有马漕山铜镍矿床，东部有满洞铜镍矿床，如图 3-43 所示。广义的清明山铜镍矿床范围包括这三个矿床或矿段（杨振军，2011），因此在清明山矿床区域地质图中矿区范围采用包含这三个矿床或矿段的范围，如图 3-43 所示。

在清明山花岗岩体的东侧发育有近东西向分布的基性-超基性岩脉，北部岩脉分布于马漕山一带，对应马漕山铜镍矿床；南部岩体分布于清明山-满洞一带，对应清明山和满洞铜镍矿床（杨振军，2011）。清明山矿床位于南部基性-超基性岩脉的西段，满洞矿床则位于该岩脉的东段。本研究清明山铜镍矿床主要指上述基性-超基性岩脉西段的铜镍矿床，如图 3-44 所示。

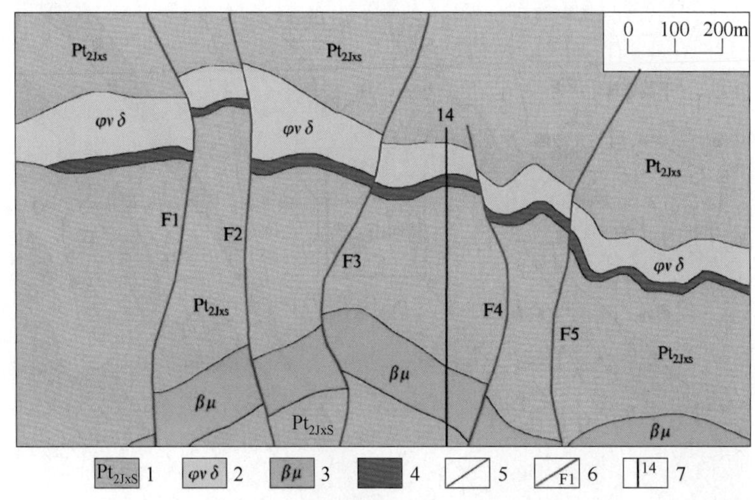

图 3-44　清明山铜镍矿矿区地质图

（根据杨振军（2011）修编）

1—中元古代蓟县系四堡群凝灰质粉砂岩；2—辉石岩-辉长岩-辉绿岩；3—辉绿岩；4—铜镍矿体；5—岩性界线；6—断层及编号；7—第 14 勘探线位置

矿区出露的地层主要为中元古代蓟县系四堡群凝灰质粉砂岩（见图 3-44），该地层为清明山铜镍矿床及赋矿基性-超基性岩体的主要围岩（杨振军，2011）。

矿区岩浆岩以基性-超基性岩脉和岩墙为主，总体走向近东西向，长度在 3.5km 以上，倾向南，倾角 28°~52°，厚 20~250m。岩性主要有辉石岩、辉长辉绿岩和闪长岩，其中辉石岩与矿区铜镍矿体关系密切（杨振军，2011）。矿区内部基性-超基性岩脉和岩墙的形成年龄暂缺，此处暂取区域上基性-超基性岩脉和岩墙的（828±7）Ma（Li et al., 1999）代表其成岩年龄，即属于新元古代岩体。

矿区内构造以断裂为主，褶皱次之。区域内断裂构造主要为近南北向断裂组，断裂倾向西，倾角 40°~85°，该组断裂对矿区矿体和岩体具有明显的错动和破坏作用。褶皱构造主要表现为轴向近东西向的清明山背斜，其轴面倾向南，倾角 30°~60°。清明山铜镍矿区位于清明山背斜的南翼，矿区基性-超基性岩脉和岩墙沿近东西向轴面断裂控制，但明显受近南北向断裂错动（杨振军，2011）。

3.11.2.3　矿体地质特征

A　矿体特征

清明山矿区矿体为铜镍硫化物型矿体，矿体总体走向近东西向，控制矿体长度 1500m 以上，厚 0.81~3.78m，矿体向深部延伸稳定，有膨大缩小和分枝复合现象（杨振军，2011）。铜镍硫化物矿体以浸染状、星点状分布于基性-超基性岩体底部 0.5~15m 的范围内，铜镍矿体呈层状、似层状分布，与围岩为渐变过渡接触关系，其分布和延伸范围受辉石岩相分布的严格限制，如图 3-45 所示。矿体的镍品位 0.31%~0.49%，铜品位 0.14%~0.27%，伴生钴的品位为 0.008%~0.016%（杨振军，2011）。

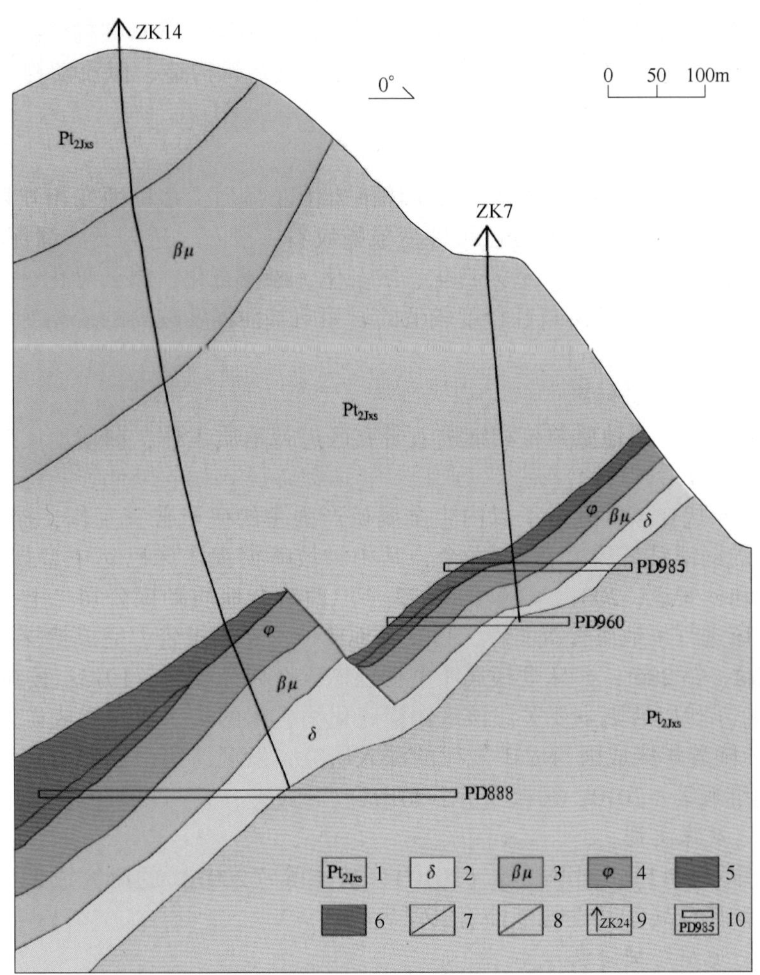

图 3-45 清明山矿区第 14 号勘探线剖面图

（根据杨振军（2011）修编）

1—中元古代蓟县系四堡群凝灰质粉砂岩；2—闪长岩；3—辉长辉绿岩；4—辉石岩；5—脉状铜镍矿体；6—浸染状铜镍矿体；7—岩性界线；8—断层；9—钻孔及编号；10—平硐及编号

毛景文和杜安道（2011）在清明山、大坡岭和小坡岭三个矿床中采集品位较高的 8 件铜镍硫化物矿石，采用 Re-Os 法测年获得（982±21）Ma 的等时线年龄，代表该区铜镍硫化物矿床的成矿年龄。

B 矿石特征

清明山矿区的矿石属于铜镍硫化物型矿石，按照矿石结构和矿物组分不同可进一步划分为浸染状矿石、斑杂状矿石、块状矿石和脉状矿石四种类型（杨振军，2011）。

矿区矿石矿物比较复杂，金属矿物主要有磁黄铁矿、镍黄铁矿、黄铜矿等，而磁铁矿、辉砷镍（钴）矿、红砷镍矿、辉铜矿、斑铜矿、辉砷钴矿、黄铁矿、闪锌矿、方铅矿等次之（杨振军，2011）。脉石矿物主要有橄榄石、辉石、透闪石、斜长石等及少量方解石、石英等，近地表大部分脉石矿物已蚀变成蛇纹石、滑石、绿泥石、绢云母等（杨振军，2011）。

矿区矿石结构主要有粒状结构、反应边结构、蠕虫结构、网状结构、溶蚀结构、包裹结构等，矿石构造主要有块状构造、浸染状构造、斑杂状构造、似流动构造、脉状构造等（杨振军，2011）。

C 围岩蚀变

清明山矿区矿体及基性-超基性侵入岩体围岩蚀变强烈，多种蚀变相互复合、互相叠加，橄榄石、辉石和斜长石大部分已被蚀变成蛇纹石、滑石、透闪石、绿泥石和绢云母。矿区主要围岩蚀变有蛇纹石化、透闪石化、滑石化、绿泥石化、绢云母化、硅化、碳酸盐化等，蚀变由地表向地下、由基性程度较低的岩相向基性程度较高的岩相变化时其蚀变程度也逐步变强（杨振军，2011）。

3.11.2.4 勘查开发概况

20 世纪 60 年代广西地质单位相继进入研究区进行地质工作，前期地质工作以物化探为主（杨振军，2011）。

20 世纪 70 年代在该区进行了以内生金属矿产为主的矿产普查工作，探明与基性-超基性岩体有关的铜镍钴矿床（点）16 个，其中大坡岭铜镍矿床已达中型规模（杨振军，2011；毛景文和杜安道，2001）。1970~1973 年广西冶金地质勘探公司二七〇队对清明山铜镍硫化物矿床进行了地质普查工作，提交了地质评价总结报告，完成槽探获工业储量镍 5317t、铜 3020t、钴 286t，矿床规模属小型铜镍矿床（张乐安等，1973；杨振军，2011）。

20 世纪 80 年代以后则主要关注该区铜镍硫化物矿床的矿床成因和成矿规律研究（杨振军，2011）。随着矿床成因与成矿规律的深入研究，发现清明山铜镍硫化物矿床的资源潜力巨大（刘继顺等，2010，杨振军等，2010a）。

3.11.2.5 矿床类型

根据杨振军（2011）、刘继顺等（2010）、黄杰等（2007）的研究成果，认为广西罗城清明山铜镍矿床应属于基性超基性岩铜镍矿床。

3.11.2.6 地质特征简表

综合上述矿床地质特征，除矿床基本信息表（见表 3-71）中所表达的信息以外，广西罗城清明山铜镍矿床的地质特征可归纳列入表 3-72 中。

表 3-72 广西罗城清明山铜镍矿床地质特征简表

序号	项目名称	项目描述	序号	项目名称	项目描述
10	赋矿地层时代	中元古代	16	矿石类型	铜镍硫化物矿石
11	赋矿地层岩性	凝灰质粉砂岩	17	成矿年龄	982Ma
12	相关岩体岩性	辉石岩等	18	矿石矿物	磁黄铁矿、镍黄铁矿、黄铜矿、辉铜矿等
13	相关岩体年龄	828Ma	19	围岩蚀变	蛇纹石化、透闪石化、滑石化、绿泥石化、绢云母化、硅化、碳酸盐化等
14	是否断裂控矿	否			
15	矿体形态	层状、似层状等	20	矿床类型	基性超基性岩铜镍矿床

注：序号从 10 开始是为了和数据库保持一致。

3.11.3 地球化学特征

3.11.3.1 区域化探

A 元素含量统计参数

本次收集到研究区内 1：200000 水系沉积物 256 件样品的 39 种元素含量数据。计算

水系沉积物中元素平均值相对其在中国水系沉积物（*CSS*）中的富集系数，将其地球化学统计参数列于表 3-73 中。

表 3-73 研究区 1∶200000 区域化探元素含量①统计参数

元素	Ag	As	Au	B	Ba	Be	Bi	Cd	Co	Cr	Cu	F	Hg
最大值	1200	1790	256	1545	1653	4.4	33	8100	66	665	731	1540	440
最小值	16	5.4	0.3	13.6	87	0.97	0.2	60	3.0	13.2	5.3	168	30
中位值	69	26.1	0.8	87.8	374	2.2	0.63	390	18.4	82	26	556	100
平均值	95	52	2.3	120	437	2.2	1.4	881	19.6	108	39	610	113
标准差	118	147	16	156	266	0.6	3.2	1377	9.1	78	56	233	60
富集系数②	1.23	5.17	1.73	2.55	0.89	1.06	4.37	6.29	1.62	1.82	1.79	1.25	3.20
元素	La	Li	Mo	Nb	Ni	Pb	Sb	Sn	Sr	Th	U	V	W
最大值	56.1	95	5.8	32.9	174	976	1300	3651	152	25.5	10.2	238	34.5
最小值	10.5	19	0.34	6.1	8.0	12.5	0.65	1.1	14	4.6	1.0	17	0.63
中位值	33.6	53	0.97	15.8	31	38	2.7	3.8	39	12.9	2.5	104	4.1
平均值	33.5	53	1.31	16.6	40	52	9.05	102	44	13.6	3.1	113	4.5
标准差	9.6	14	0.92	4.8	29	78	81	463	22	4.2	1.6	45	3.0
富集系数②	0.86	1.64	1.56	1.04	1.59	2.17	13.1	34.1	0.30	1.14	1.26	1.41	2.52
元素	Y	Zn	Zr	SiO_2	Al_2O_3	Fe_2O_3	K_2O	Na_2O	CaO	MgO	Ti	P	Mn
最大值	77.1	1543	412	81.62	23.53	11.01	5.51	0.64	18.70	7.14	7878	1460	2482
最小值	13.8	38	86	32.90	5.44	2.67	0.61	0.08	0.08	0.32	1215	196	153
中位值	28.7	114	226	59.62	14.56	6.05	2.31	0.23	0.47	1.10	4509	509	898
平均值	30.4	177	239	59.64	14.34	6.23	2.21	0.25	1.26	1.35	4649	544	967
标准差	10.2	229	70	8.46	3.00	1.77	0.82	0.11	2.43	0.90	1204	202	470
富集系数②	1.22	2.52	0.88	0.91	1.12	1.38	0.94	0.19	0.70	0.98	1.13	0.94	1.44

①元素含量的单位见表 2-4；②富集系数=平均值/*CSS*，*CSS*（中国水系沉积物）数据详见表 2-4。

与中国水系沉积物相比，研究区内微量元素富集系数介于 10～100 之间的有 Sn、Sb，介于 3～10 之间的有 Cd、As、Bi、Hg，介于 2～3 之间的有 B、Zn、W、Pb，介于 1.2～2 之间的有 Cr、Cu、Au、Li、Co、Ni、Mo、V、U、F、Ag、Y。富集系数大于 1.2 的微量元素共计 22 种，其中基性微量元素有 Ni、Co、V、Cr；热液成矿元素有 Cu、W、Sn、Mo、Bi、Pb、Zn、Cd、Au、Ag、As、Sb、Hg，这 13 种热液成矿元素均明显富集；热液运矿元素有 B、F；造岩微量元素有 Li；酸性微量元素有 U、Y。

在研究区内已发现有大型锡矿床、中型镍矿床并伴生铜，上述 Sn、Ni、Cu 的富集系数分别为 34.1、1.59 和 1.79。

B 地球化学异常剖析图

依据研究区内 1∶200000 化探数据，采用全国变值七级异常划分方案制作 29 种微量元素的单元素地球化学异常图，其异常分级结果见表 3-74。

表 3-74　清明山矿区 1：200000 区域化探元素异常分级

元素	Ag	As	Au	B	Ba	Be	Bi	Cd	Co	Cr	Cu	F	Hg	La	Li	Mo	Nb	Ni	Pb	Sb	Sn	Sr	Th	U	V	W	Y	Zn	Zr
异常分级	1	0	0	1	0	0	2	2	1	0	0	0	1	0	0	0	0	0	0	0	2	0	0	0	0	1	0	0	0

注：0 代表在清明山矿区基本不存在异常，不作为找矿指示元素。

从表 3-74 中可以看出，在清明山矿区存在异常的微量元素有 Co、W、Sn、Bi、Cd、Ag、Hg、B 共计 8 种。这 8 种微量元素及 Ni 和 Cu 在研究区内的地球化学异常剖析图如图 3-46 所示。

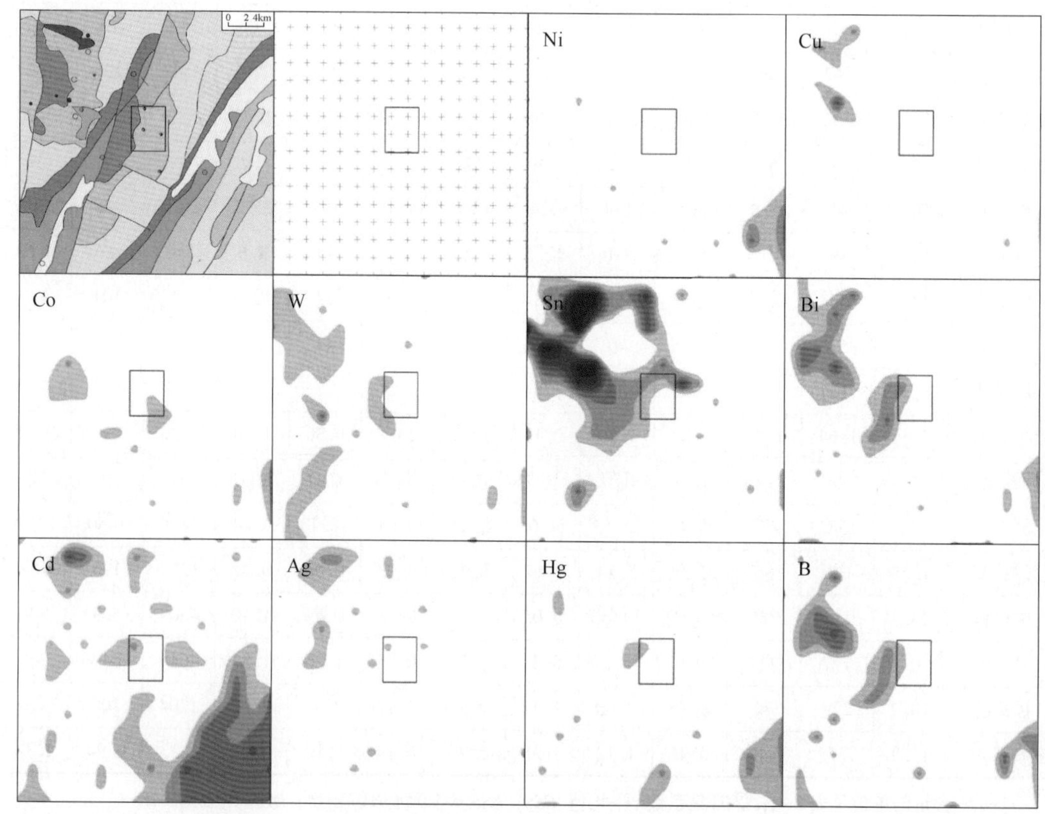

图 3-46　区域化探地球化学异常剖析图
（地质图为图 3-43 清明山铜镍矿区域地质图）

清明山铜镍矿床的主成矿元素 Ni 和 Cu 在矿区范围并未出现异常，这可能是由于矿床规模属于小型矿床，不足以在区域化探调查中形成可识别的异常和赋矿的基性-超基性岩体规模较小，以岩脉或岩墙的形态产出，在 1：1000000 比例尺的地质图中基本被忽略，如图 3-43 所示。

除 Ni、Cu 两元素外，其他 8 种元素在矿床地表出露区也未形成明显的异常。尽管在矿区范围存在弱异常，但除 Co、Ag 两元素外，其他 6 种元素 W、Sn、Bi、Cd、Hg、B 的异常基本反映清明山花岗岩体在矿区的出露区域，因此也不能作为寻找清明山铜镍硫化物矿床的有效指示元素。

鉴于上述分析，上述 8 种元素虽然在清明山矿区存在弱异常，但基本不能作为清明山

铜镍矿在区域化探工作阶段的找矿指示元素组合。在上述存在异常的 8 种微量元素中，Sn、Bi、Cd 具有 2 级异常，Co、W、Ag、Hg、B 具有 1 级异常。这种主成矿元素未出现异常，其他元素异常强度弱的特征与清明山铜镍矿床及其赋矿基性-超基性岩体规模较小有关。

3.11.3.2 岩石地球化学勘查

A 元素含量统计参数

本次收集到清明山矿区岩石 78 件样品的 23 种微量元素含量数据（葛文春等，2000；葛文春等，2001a，2001b；周金城等，2003；刘继顺等，2010；杨振军等，2010a，2010b；杨振军，2011；张世涛等，2016），其中不同类型的矿石 2 件、蚀变岩 7 件、较新鲜岩石 69 件。计算岩石中元素平均值相对其在中国水系沉积物（*CSS*）中的富集系数，将其地球化学统计参数列于表 3-75 中。

表 3-75 矿区岩石样品元素含量①统计参数

元素	Ag	As	Au	B	Ba	Be	Bi	Cd	Co	Cr	Cu	F	Hg	La	Li
样品数	2	2			47	18			49	47	33	5		70	18
最大值	16	11			3.4	0.49			0.45	2.2	3.1	570		0.98	4.15
最小值	100	13			888	2.58			190	2800	18400	3280		34.6	153
中位值	58	12			152	1.18			32.2	317	41.3	2930		11.1	44.4
平均值	58	12			197	1.23			41.3	685	809	2134		12.4	50.6
标准差	42	1.0			183	0.55			41.3	766	3156	1168		6.6	39.5
富集系数②	0.75	1.20			0.40	0.59			3.41	11.6	36.8	4.36		0.32	1.58
元素	Mo	Nb	Ni	Pb	Sb	Sn	Sr	Th	U	V	W	Y	Zn	Zr	
样品数	2	45	49	41		7	45	34	45	37	5	69	33	45	
最大值	4.3	0.2	0.84	1.09		8.1	1.69	0.96	0.10	1.4	3.87	0.65	39	1.7	
最小值	4.44	21.8	99800	191		27	710	18.4	27.1	480	28.6	39.7	878	354	
中位值	4.37	5.35	61.9	14.8		12.3	88	6.65	0.92	164	17.2	18.2	136	62	
平均值	4.37	7.43	3954	24.6		14.0	100	7.38	3.96	149	15.9	18.2	211	76	
标准差	0.07	5.35	17796	32.5		5.7	116	5.11	7.37	112	10.4	6.5	196	58	
富集系数②	5.20	0.46	158	1.03		4.66	0.69	0.62	1.62	1.87	8.85	0.73	3.01	0.28	

注：数据引自葛文春等（2000）、葛文春等（2001a，2001b）、周金城等（2003）、刘继顺等（2010）、杨振军等（2010a，2010b）、杨振军（2011）、张世涛等（2016）。

①元素含量的单位见表 2-4；②富集系数=平均值/*CSS*，*CSS*（中国水系沉积物）数据详见表 2-4。

与中国水系沉积物相比，矿区岩石微量元素富集系数大于 100 的有 Ni；介于 10~100 之间的有 Cu、Cr；介于 3~10 之间的有 W、Mo、Sn、F、Co、Zn；介于 1.2~2 之间的有 V、U、Li、As。富集系数大于 1.2 的微量元素共计 13 种，其中基性微量元素有 Ni、Co、V、Cr，热液成矿元素有 Cu、W、Sn、Mo、Zn、As，热液运矿元素有 F，酸性微量元素有 U，造岩微量元素有 Li。

在研究区内已发现有清明山铜镍矿床，上述 Ni、Cu 的富集系数分别为 158 和 36.8。

B 地球化学异常剖面图

本次在矿区范围内所收集的岩石有矿石、蚀变岩与较新鲜岩石，尤其含有一定量的蚀变岩和矿石，元素含量可采用平均值来表征，该平均值的大小取决于所收集岩石中矿石和蚀变岩相对较新鲜岩石的多少。

依据上述矿区岩石中元素含量的平均值，采用全国定值七级异常划分方案评定 23 种微量元素的异常分级，结果见表 3-76。

表 3-76 清明山矿区岩矿石中元素异常分级

元素	Ag	As	Au	B	Ba	Be	Bi	Cd	Co	Cr	Cu	F	Hg	La	Li	Mo	Nb	Ni	Pb	Sb	Sn	Sr	Th	U	V	W	Y	Zn	Zr
异常分级	0	0			1	0			3	2	5	1		0	0	1	0	7	0		1	0	0	0	1	2	0	1	0

注：0 代表在清明山矿区基本不存在异常，不作为找矿指示元素。

从表 3-76 中可以看出，在清明山矿区存在异常的微量元素有 Ni、Cu、Co、V、Cr、W、Sn、Mo、Zn、F、Ba 共计 11 种，这 11 种元素可作为清明山铜镍矿床在岩石地球化学勘查工作阶段的找矿指示元素组合。在这 11 种元素中 Ni 具有 7 级异常，Cu 具有 5 级异常，Co 具有 3 级异常，Cr、W 具有 2 级异常，V、Sn、Mo、Zn、F、Ba 具有 1 级异常。

3.11.3.3 勘查地球化学特征简表

综合上述勘查地球化学特征，广西罗城清明山铜镍矿床的勘查地球化学特征可归纳列入表 3-77 中。

表 3-77 广西罗城清明山铜镍矿床勘查地球化学特征简表

矿床编号	项目名称	Ag	As	Au	B	Ba	Be	Bi	Cd	Co	Cr	Cu	F	Hg	La	Li
451901	区域富集系数	1.23	5.17	1.73	2.55	0.89	1.06	4.37	6.29	1.62	1.82	1.79	1.25	3.20	0.86	1.64
451901	区域异常分级	1	0	0	1	0	0	2	2	1	0	0	0	1	0	0
451901	岩石富集系数	0.75	1.20			0.40	0.59			3.41	11.6	36.8	4.36		0.32	1.58
451901	岩石异常分级	0	0			1	0			3	2	5	1		0	0
矿床编号	项目名称	Mo	Nb	Ni	Pb	Sb	Sn	Sr	Th	U	V	W	Y	Zn	Zr	
451901	区域富集系数	1.56	1.04	1.59	2.17	13.1	34.1	0.30	1.14	1.26	1.41	2.52	1.22	2.52	0.88	
451901	区域异常分级	0	0	0	0	0	2	0	0	0	0	1	0	0	0	
451901	岩石富集系数	5.20	0.46	158	1.03		4.66	0.69	0.62	1.62	1.87	8.85	0.73	3.01	0.28	
451901	岩石异常分级	1	0	7	0		1	0	0	0	1	2	0	1	0	

注：该表可与矿床基本信息、地质特征简表依据矿床编号建立对应关系。

3.11.4 地质地球化学找矿模型

广西罗城清明山铜镍矿床为一小型铜镍硫化物矿床，位于广西壮族自治区河池市罗城县宝坛乡境内，矿体呈出露状态，赋矿建造为新元古代基性-超基性岩体。成矿与矿区基性-超基性岩体关系密切，其岩性主要为辉石岩、辉长辉绿岩和闪长岩，成岩年龄约 828Ma。矿体受基性-超基性岩体形态、产状控制，矿石类型以原生铜镍硫化物矿石为主，矿体呈层状、似层状等，成矿年龄约 982Ma。围岩蚀变主要有蛇纹石化、透闪石化、滑石

化、绿泥石化、绢云母化、硅化、碳酸盐化等。因此，矿床类型属于基性超基性岩铜镍矿床。

广西罗城清明山矿床区域化探结果尽管 Co、W、Sn、Bi、Cd、Ag、Hg、B 共计 8 种元素在矿区存在异常，且 Sn、Bi、Cd 具有 2 级异常，Co、W、Ag、Hg、B 具有 1 级异常，但主成矿元素 Ni、Cu 却未出现异常。分析认为，这可能是由于清明山铜镍矿床及其赋矿基性-超基性岩体规模较小所致，因此在区域化探阶段尚不能确定找矿指示元素组合。矿区岩石化探找矿指示元素组合为 Ni、Cu、Co、V、Cr、W、Sn、Mo、Zn、F、Ba 共计 11 种，其中 Ni 具有 7 级异常，Cu 具有 5 级异常，Co 具有 3 级异常，Cr、W 具有 2 级异常，V、Sn、Mo、Zn、F、Ba 具有 1 级异常。

3.12 湖南张家界大坪镍钼矿床

3.12.1 矿床基本信息

表 3-78 为湖南张家界大坪镍钼矿床基本信息。

表 3-78 湖南张家界大坪镍钼矿床基本信息表

序号	项目名称	项目描述	序号	项目名称	项目描述
0	矿床编号	431901	4	矿床规模	小型
1	经济矿种	镍、钼、钒	5	主矿种资源量	0.93
2	矿床名称	湖南张家界大坪镍钼矿床	6	伴生矿种资源量	1.4 Mo，2.9 V
3	行政隶属地	湖南省张家界市永定区大坪镇	7	矿体出露状态	出露

注：经济矿种资源量数据引自湖南省地质局 405 队（1975），矿种资源量单位为万吨。

3.12.2 矿床地质特征

3.12.2.1 区域地质特征

湖南张家界大坪镍钼矿床位于湖南省张家界市永定区大坪镇境内，距张家界市东南方向约 10km 处（湖南省地质局 405 队，1975），在成矿带划分上大坪镍钼矿床位于扬子成矿省上扬子中东部（褶皱带）成矿带的滇东-川南-黔西成矿亚带内（徐志刚等，2008）。

区域内出露地层有新元古代、寒武系、奥陶系、志留系和白垩系，如图 3-47 所示。区域内地层大多呈北东向展布，下寒武统黑色页岩夹硅质灰岩和白云质灰岩及磷块岩为该区金属矿床的主要赋矿建造（李有禹和陈淑珍，1987）。

区域内岩浆岩不发育，在地表未见岩浆岩出露。

区域内构造发育以褶皱为主，断裂次之。褶皱构造主要表现为天门山复式向斜的北东扬起端，轴向北东，核部为寒武系地层，翼部为新元古代地层。两翼地层产状较缓，北西翼地层南倾，倾角 5°~10°，南东翼地层北倾，倾角 10°~15°（贺令邦和杨绍祥，2011；马莉燕，2010）。断裂以北东向和北东东向断裂为主，自西北至东南主要有后坪-西溪坪断裂、三岔断裂和毛家峪断裂，如图 3-47 所示。

区域内矿产资源以镍、钼矿床为主。在天门山地区的镍钼矿床围绕天门山两侧分布，在天门山西北侧发育有后坪镍钼矿床（周云等，2015）、柑子坪镍钼矿床（刘建东和孙伟，2014）、汪家寨镍钼矿床（彭国忠等，1978），在天门山东南侧发育有晓坪、大坪镍钼矿床（李有禹和陈淑珍，1987；梁有彬和朱文凤，1995）。此外，区域内沿天门山复式向斜轴向北东方向还发育有西溪坪镍钼矿、南公塌钼矿床、南岳钼矿床，在区域东部还发育李家档银矿床。

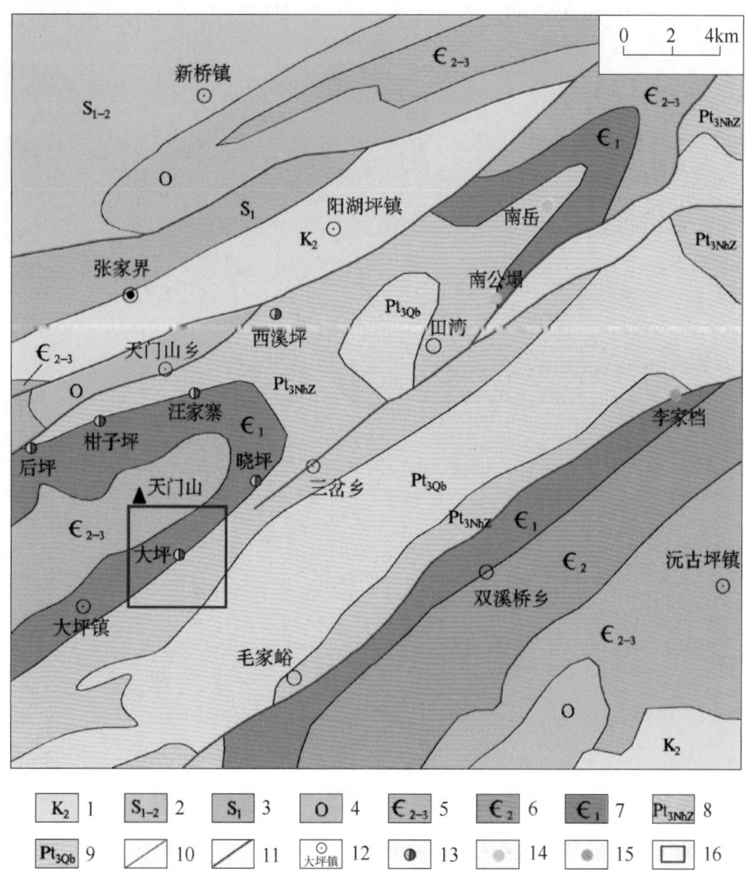

图 3-47 大坪镍钼矿区域地质图

（根据中国地质调查局 1：1000000 地质图、李有禹和陈淑珍（1987）修编）

1—上白垩统砾岩、砂砾岩、钙质泥岩、钙质粉砂岩；2—中下志留统页岩、板岩夹粉砂质泥岩；3—下志留统页岩、砂质板岩；4—奥陶系灰岩夹页岩、页岩夹泥质粉砂岩；5—中上寒武统白云岩；6—中寒武统灰质白云岩、白云质灰岩夹炭质灰岩；7—下寒武统黑色页岩夹硅质灰岩和白云质灰岩及磷块岩；8—新元古代南华系-震旦系灰岩、白云岩、板岩、页岩；9—新元古代青白口系石英砂岩、板岩；10—岩性界线；11—断层；12—地点；13—镍钼矿床；14—钼矿床；15—银矿床；16—大坪矿区范围

3.12.2.2 矿区地质特征

矿区出露的地层主要有青白口系、震旦系和寒武系地层，如图 3-48 所示。由于矿区位于天门山复式向斜的东南翼，矿区仅西北部地层呈弧形展布，其余地层则基本呈北东向展布。下寒武统牛蹄塘组黑色碳质页岩为大坪镍钼矿床的主要赋矿地层。

矿区下寒武统牛蹄塘组与下伏新元古代震旦系灯影组白云岩呈不整合接触。牛蹄塘组底部是黑色硅质磷块岩，厚度约 10cm；上覆为含磷结核（透镜体）的黑色页岩层，厚度约 25cm；再上为黑色的砾岩层，其上为厚约 3cm 的镍钼矿层。矿石之上为碳质页岩，中薄互层，出露厚度大于 3m（马莉燕，2010）。

矿区内岩浆岩不发育，在地表未见岩浆岩出露。

矿区构造以褶皱为主，矿区除西北部地层呈弧形展布外，其余地层整体表现为倾向北

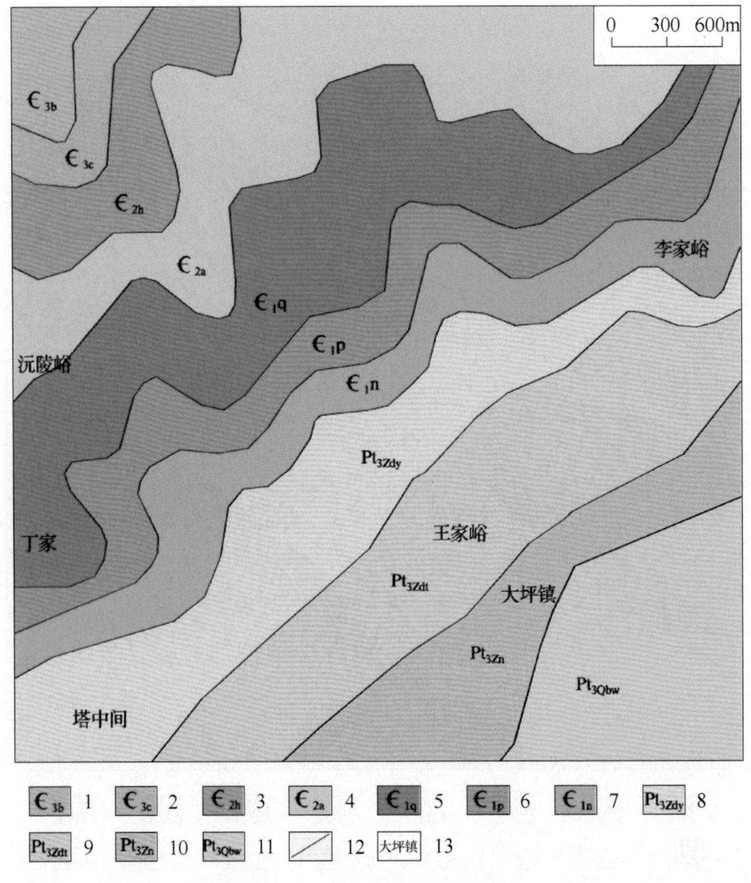

图 3-48 大坪镍钼矿地质图

（根据中国地质调查局 1∶200000 地质图和陈淑珍（1989）修编）

1—上寒武统比条组灰岩；2—上寒武统车夫组泥质条带灰岩、纹层灰岩；3—中寒武统花桥组灰岩；4—中寒武统敖溪组白云岩；5—下寒武统清虚洞组灰岩、白云岩；6—下寒武统杷榔组水云母页岩夹薄层扁豆状白云岩；7—下寒武统牛蹄塘组黑色碳质页岩；8—新元古代震旦系灯影组白云岩；9—新元古代震旦系陡山沱组灰岩、泥质白云岩；10—新元古代震旦系南沱组冰碛粒泥岩；11—新元古界青白口系五强溪组长石石英砂岩；12—岩性界线；13—地名

西、倾角较缓的单斜构造，但在不同部位发育次级褶皱，导致地层出现波状起伏（马莉燕，2010）。

3.12.2.3 矿体地质特征

A 矿体特征

镍钼矿体产于下寒武统牛蹄塘组碳质页岩段的下部，矿层底板为磷矿层或黑色含磷结核碳质页岩，顶板为贫黄铁矿白云质碳质页岩、粉砂质碳质页岩，含矿层位稳定。由于底部磷矿层分布的不连续性，故有时可见镍钼矿层直接覆于新元古代震旦系灯影组灰岩之上（李有禹和陈淑珍，1987）。矿层中矿体按工业品位圈定，其形状为层状、似层状、透镜状和扁豆状，如图 3-49 所示。矿体沿含矿层呈东西向展布，与围岩产状完全一致。矿体规模大小不一，沿走向和倾向方向变化很大，最大的层状矿体长 200~700m，小的透镜体或扁豆状矿体长 20~30m，而工业矿体平均厚度为 0.4~1.2m（李有禹和陈淑珍，1987；梁有彬和朱文凤，1995）。

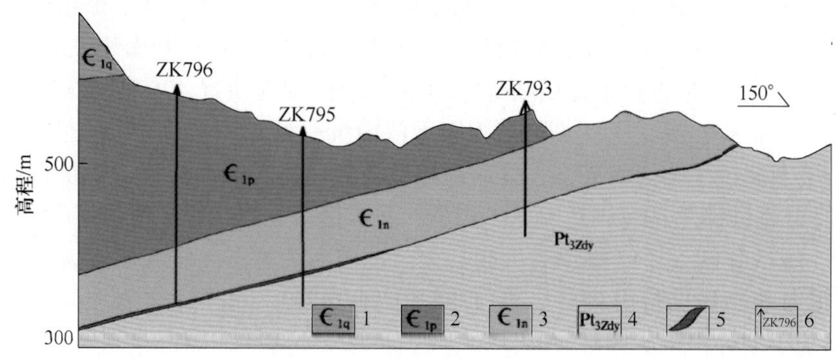

图 3-49 大坪矿区勘探线剖面图

（根据湖南省地质局 405 队（1975）修编）

1—下寒武统清虚洞组灰岩、白云岩；2—下寒武统杷榔组水云母页岩夹薄层扁豆状白云岩；3—下寒武统牛蹄塘组黑色碳质页岩；4—新元古代震旦系灯影组白云岩；5—镍钼矿体；6—钻孔及编号

在贵州遵义黄家湾矿区，毛景文等（2011）对黄家湾黑色岩系镍钼矿石采用 Re-Os 同位素测年获得（541.3±16）Ma 的成矿年龄；李胜荣等（2002）对黄家湾矿区矿石采用 Re-Os 同位素测年获得 530～560Ma 的模式年龄，与同层位矿床测年资料一起综合获得（542±11）Ma 的等时线年龄。湖南张家界大坪镍钼矿床与黄家湾镍钼矿床产于同一层位，上述年龄与赋矿地层的年龄相一致（王文全，2016）。目前暂无大坪矿区的测年数据，此处暂取上述 541Ma 代表该层位镍钼矿床（含大坪镍钼矿床）的成矿年龄。

B 矿石特征

大坪矿床矿石自然类型为碳质页岩型镍钼矿石，可进一步划分为条带状和碎屑状两种类型的矿石（李有禹和陈淑珍，1987）。

矿区矿石矿物主要有黄铁矿、胶黄铁矿、碳硫钼矿、二硫镍矿，次要有辉镍矿、辉砷镍矿，少量针镍矿、砷黝铜矿、闪锌矿、黄铜矿、黝铜矿、斑铜矿、紫硫镍矿、锡石、镍矾等（李有禹和陈淑珍，1987；梁有彬和朱文凤，1995；马莉燕，2010）。脉石矿物主要有石英、云母、白云石、方解石、玉髓，次要有重晶石、石墨、磷灰石、萤石、石膏等（李有禹和陈淑珍，1987；梁有彬和朱文凤，1995；马莉燕，2010）。

矿石结构主要有砾屑结构、包含结构、他形结构、自形-半自形结构、鲕状结构、交代结构、草莓状结构等（马莉燕，2010），矿石构造有碎屑状构造、竹叶状构造、条带状构造、胶状构造和交错脉状构造等（李有禹和陈淑珍，1987）。

C 围岩蚀变

镍钼矿体产于牛蹄塘组的底部之上数米处，与围岩之间无明显的接触边界。围岩主要由磷块岩、碳质页岩、砾岩、泥灰岩等黑色碎屑岩组成，未见明显蚀变现象（马莉燕，2010）。

3.12.2.4 勘查开发概况

在湖南省境内下寒武统黑色岩系中的镍钼钒矿勘查工作最早始于 1958 年，由湖南省有色地质勘查局 235 队湘北分队在湘北普查时于岳阳新开塘向斜下寒武统地层中发现磷结核，富含镍钼钒铜等元素，并于 1959 年发现了钒矿床（游先军，2010）。

20 世纪 60 年代在湖南张家界（原名大庸）的黑色岩系底部发现了镍钼矿床，经过踏勘认为该类型镍钼矿床基本上受层位控制（马莉燕，2010）。随后湖南相关地质队于 20 世纪 70 年代对张家界一带进行了地质勘查。1973 年湖南省地质局 405 队对天门山地区钼镍钒磷资源进行了普查，提交了《湖南省大庸天门山沉积型钼镍钒磷矿普查报告》，查明含矿层赋存于下寒武统牛蹄塘组底部，含矿性随地而异，属沉积型矿床，初步查明天门山地区 12 个矿段金属量镍 7. 93 万吨、钼 1233. 5t、五氧化二钒 25. 76 万吨（湖南省地质局 405 队，1973）。1975 年提交了《湖南省大庸县天门山矿区大坪——晓坪矿段镍钼矿地质详查报告》，获得 D 级金属储量镍 9259t、钼 13863t、钒 29149t（湖南省地质局 405 队，1975），矿床规模属于小型镍钼钒矿床。

在 20 世纪 80~90 年代，不同研究者在该区进行了大量科学研究工作，但 2005 年以前该区基本没有进一步的深部勘探工作，民采仅局限于地表。2005 年以后湖南省结合西部勘查项目，在该区投入了系统钻探工程（游先军，2010）。此处仍暂取湖南省地质局 405 队（1975）获得的储量数据，即镍约 0. 93 万吨、钼约 1. 4 万吨、钒约 2. 9 万吨来代表大坪镍钼矿床的金属储量，矿床规模属于小型镍钼矿床。

3. 12. 2. 5　矿床类型

根据梁有彬和朱文凤（1995）、马莉燕（2010）、黄燕（2011）的研究成果，认为湖南张家界大坪镍钼矿床应属于沉积型镍钼矿床。

3. 12. 2. 6　地质特征简表

综合上述矿床地质特征，除矿床基本信息表（见表 3-78）中所表达的信息以外，湖南张家界大坪镍钼矿床的地质特征可归纳列入表 3-79 中。

表 3-79　湖南张家界大坪镍钼矿床地质特征简表

序号	项目名称	项目描述	序号	项目名称	项目描述
10	赋矿地层时代	下寒武统	16	矿石类型	条带状和碎屑状
11	赋矿地层岩性	碳质页岩	17	成矿年龄	541Ma
12	相关岩体岩性	无岩体	18	矿石矿物	黄铁矿、胶黄铁矿、碳硫钼矿、二硫镍矿、辉镍矿、辉砷镍矿、闪锌矿、黄铜矿、镍钒等
13	相关岩体年龄	无岩体			
14	是否断裂控矿	否	19	围岩蚀变	未见明显围岩蚀变现象
15	矿体形态	层状、似层状	20	矿床类型	沉积型镍钼矿床

注：序号从 10 开始是为了和数据库保持一致。

3. 12. 3　地球化学特征

3. 12. 3. 1　区域化探

A　元素含量统计参数

本次收集到研究区内 1∶200000 水系沉积物 225 件样品的 39 种元素含量数据。计算水系沉积物中元素平均值相对其在中国水系沉积物（*CSS*）中的富集系数，将其地球化学统计参数列于表 3-80 中。

表 3-80 研究区 1∶200000 区域化探元素含量①统计参数

元素	Ag	As	Au	B	Ba	Be	Bi	Cd	Co	Cr	Cu	F	Hg
最大值	1284	53	2.00	168	3224	5.6	0.67	9120	27.3	209	85	2100	4380
最小值	28	3.0	0.10	21.5	178	0.3	0.08	60	2.0	27	2.0	248	24
中位值	70	14	0.66	72.2	590	2.6	0.42	280	11.8	61	27	780	96
平均值	98	17	0.74	73.7	678	2.6	0.42	463	12.3	62	28	866	217
标准差	125	8.9	0.35	23.4	347	0.8	0.09	761	4.0	19	11	385	453
富集系数②	1.27	1.71	0.56	1.57	1.38	1.23	1.37	3.31	1.02	1.05	1.27	1.77	6.02
元素	La	Li	Mo	Nb	Ni	Pb	Sb	Sn	Sr	Th	U	V	W
最大值	76	130	36.9	25.6	135	54	22.7	9.0	216	21	9.6	1070	11
最小值	25	16	0.10	6.4	5.5	9.0	0.76	1.4	36	3.0	2.0	33	0.15
中位值	35	42	1.00	15	31	22	1.50	3.6	62	13	3.3	81	1.0
平均值	36	46	2.84	15	33	23	1.73	3.7	71	13	3.5	89	1.2
标准差	7.0	18	5.07	2.8	15	7.6	1.57	1.0	27	3.3	1.1	77	1.15
富集系数②	0.93	1.43	3.38	0.94	1.33	0.94	2.51	1.25	0.49	1.09	1.42	1.12	0.67
元素	Y	Zn	Zr	SiO_2	Al_2O_3	Fe_2O_3	K_2O	Na_2O	CaO	MgO	Ti	P	Mn
最大值	39	1563	439	79.83	16.99	6.69	4.77	1.15	24.36	8.06	6001	4763	3482
最小值	9.6	18	97	28.96	6.59	1.80	1.25	0.17	0.16	0.87	1937	197	227
中位值	24.3	77	232	65.63	13.91	4.68	3.03	0.50	1.34	1.84	4213	685	728
平均值	24	94	235	64.28	13.46	4.61	3.00	0.53	2.98	2.23	4161	872	798
标准差	3.9	116	65	6.93	1.97	0.93	0.72	0.21	3.83	1.34	575	603	364
富集系数②	0.97	1.34	0.87	0.98	1.05	1.02	1.27	0.40	1.65	1.63	1.01	1.50	1.19

①元素含量的单位见表 2-4；②富集系数=平均值/*CSS*，*CSS*（中国水系沉积物）数据详见表 2-4。

与中国水系沉积物相比，研究区内微量元素富集系数介于 3~10 之间的有 Hg、Mo、Cd；介于 2~3 之间的有 Sb；介于 1.2~2 之间的有 F、As、B、Li、U、Ba、Bi、Zn、Ni、Cu、Ag、Sn、Be。研究区内富集系数大于 1.2 的微量元素共计 17 种，其中基性微量元素有 Ni，热液成矿元素有 Sn、Mo、Bi、Cu、Zn、Cd、Ag、As、Sb、Hg，热液运矿元素有 B、F，造岩微量元素有 Li、Be、Ba，酸性微量元素有 U。

在研究区内已发现有小型镍钼矿床，并伴钒，上述 Ni、Mo、V 的富集系数分别为 1.33、3.38 和 1.12。

B 地球化学异常剖析图

依据研究区内 1∶200000 化探数据，采用全国变值七级异常划分方案制作 29 种微量元素的单元素地球化学异常图，其异常分级结果见表 3-81。

表 3-81 大坪矿区 1∶200000 区域化探元素异常分级

元素	Ag	As	Au	B	Ba	Be	Bi	Cd	Co	Cr	Cu	F	Hg	La	Li	Mo	Nb	Ni	Pb	Sb	Sn	Sr	Th	U	V	W	Y	Zn	Zr
异常分级	2	2	0	3	0	2	2	3	1	1	2	2	2	1	2	4	0	2	1	1	2	0	1	2	2	0	2	1	0

注：0 代表在大坪矿区基本不存在异常，不作为找矿指示元素。

从表 3-81 中可以看出，在大坪矿区存在异常的微量元素有 Ni、Mo、Co、V、Cr、Sn、Bi、Cu、Pb、Zn、Cd、Ag、As、Sb、Hg、B、F、Li、Be、Th、U、La、Y 共计 23 种。这 23 种微量元素在研究区内的地球化学异常剖析图如图 3-50 所示。

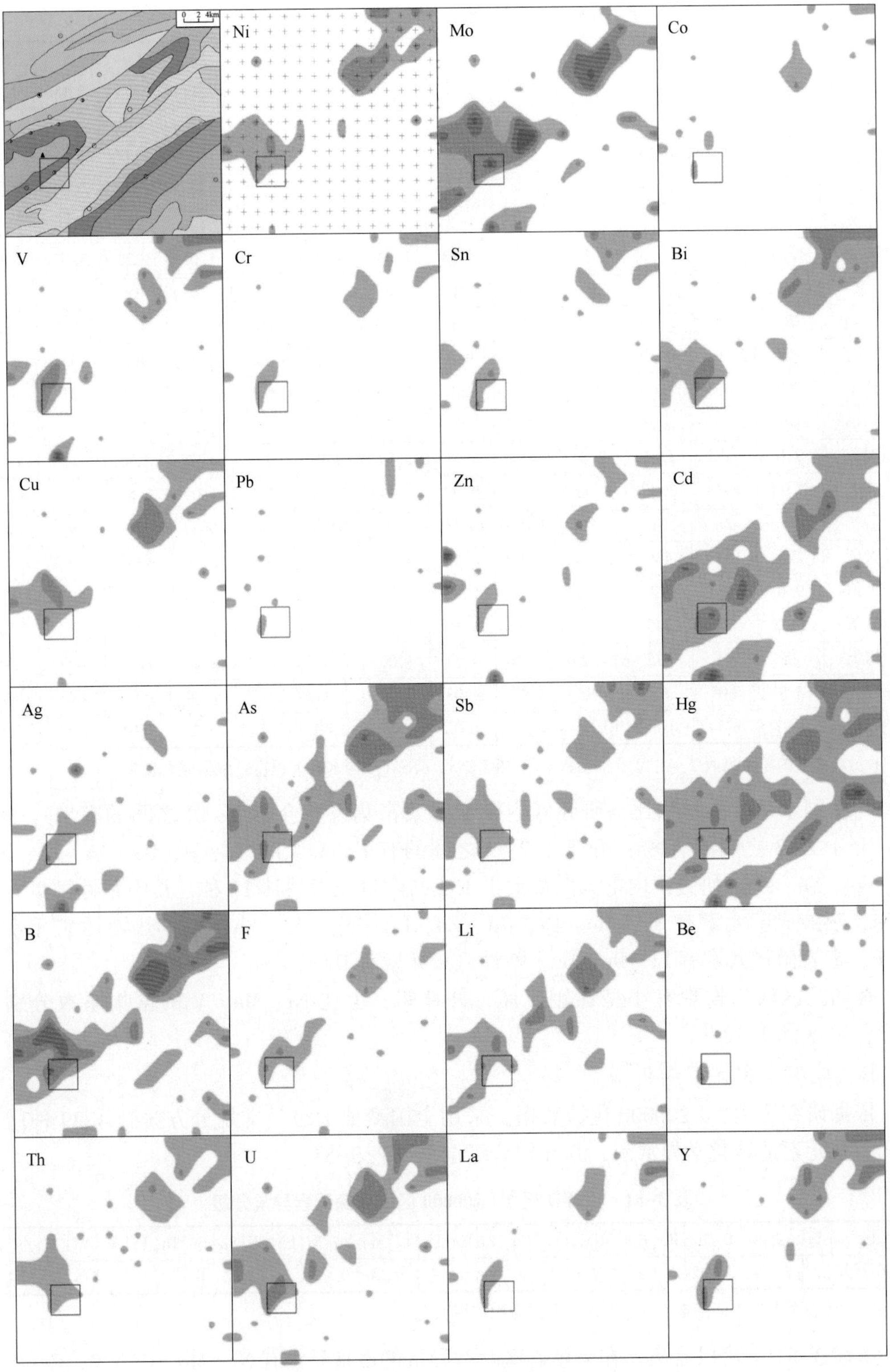

Ni Mo Co
V Cr Sn Bi
Cu Pb Zn Cd
Ag As Sb Hg
B F Li Be
Th U La Y

图 3-50 区域化探地球化学异常剖析图

（地质图为图 3-47 大坪镍钼矿区域地质图）

上述23种微量元素可以作为大坪镍钼矿在区域化探工作阶段的找矿指示元素组合。在这23种元素中Mo具有4级异常，Cd、B具有3级异常，Ni、V、Sn、Bi、Cu、Ag、As、Hg、F、Li、U、Y具有2级异常，Co、Cr、Pb、Zn、Sb、Th、La具有1级异常。

3.12.3.2 岩石地球化学勘查

A 元素含量统计参数

本次收集到大坪矿区岩石60件样品的24种微量元素含量数据（梁有彬和朱文凤，1995；游先军，2010；王文全，2016），其中不同类型的矿石42件、较新鲜岩石18件。计算岩石中元素平均值相对其在中国水系沉积物（CSS）中的富集系数，将其地球化学统计参数列于表3-82中。

表3-82 矿区岩石样品元素含量①统计参数

元素	Ag	As	Au	B	Ba	Be	Bi	Cd	Co	Cr	Cu	F	Hg	La	Li
样品数	15	4	15		60		56	41	59	56	60			39	
最大值	8800	600	340		28685		4.16	739000	141	2030	1679			340	
最小值	170	30	0.22		56		0.03	160	1.0	12.2	13.6			2.42	
中位值	2120	120	4.35		1677		0.55	11600	25.1	103	180			44.5	
平均值	3949	218	33.1		2965		0.80	84540	37.0	197	401			86.7	
标准差	3486	265	86		4293		0.90	166981	34	308	426			83.9	
富集系数②	51.3	21.8	25.1		6.05		2.59	604	3.06	3.33	18.2			2.22	

元素	Mo	Nb	Ni	Pb	Sb	Sn	Sr	Th	U	V	W	Y	Zn	Zr	
样品数	54	33	48	60	56	23	60	33	60	60	55	39	59	33	
最大值	83295	12.1	41810	212	633	7.4	822	12.5	1412	9216	139	1412	6416	215	
最小值	12.7	0.41	9.1	2.4	0.33	0.3	11	0.46	1.67	42	0.23	1.7	10	5.4	
中位值	765	2.93	524	37	19.2	0.8	229	5.19	150	1010	4.28	152	518	46	
平均值	13310	5.68	6108	54	119	1.6	305	5.98	297	1416	16.3	290	1063	89	
标准差	22033	4.35	10144	49	174	1.8	235	4.36	340	1669	27.4	357	1343	74	
富集系数②	15846	0.35	244	2.25	172	0.53	2.11	0.50	121	17.7	9.04	11.6	15.2	0.33	

注：数据引自梁有彬和朱文凤（1995）、游先军（2010）、王文全（2016）。

①元素含量的单位见表2-4；②富集系数=平均值/*CSS*，*CSS*（中国水系沉积物）数据详见表2-4。

与中国水系沉积物相比，矿区岩石微量元素富集系数大于100的有Mo、Cd、Ni、Sb、U；介于10~100之间的有Ag、Au、As、Cu、V、Zn、Y；介于3~10之间的有W、Ba、Cr、Co；介于2~3之间的有Bi、Pb、La、Sr。富集系数大于1.2的微量元素有20种，其中基性微量元素有Ni、Co、V、Cr，热液成矿元素有Mo、W、Bi、Cu、Pb、Zn、Cd、Au、Ag、As、Sb，造岩微量元素有Sr、Ba，酸性元素有U、Y、La。

在研究区内已发现有湖南张家界大坪镍钼矿床并伴生钒，上述Ni、Mo、V的富集系数分别为244、15846和17.7，这种高的富集系数是由于所收集的样品中含有较多的富矿石所致。

B 地球化学异常剖面图

本次在矿区范围内所收集的岩石有矿石和较新鲜岩石，尤其以矿石为主，元素含量可采用平均值来表征，该平均值的大小取决于所收集岩石中矿石相对较新鲜岩石的多少。

依据上述矿区岩石中元素含量的平均值，采用全国定值七级异常划分方案评定 24 种微量元素的异常分级，结果见表 3-83。

表 3-83 大坪矿区岩矿石中元素异常分级

元素	Ag	As	Au	B	Ba	Be	Bi	Cd	Co	Cr	Cu	F	Hg	La	Li	Mo	Nb	Ni	Pb	Sb	Sn	Sr	Th	U	V	W	Y	Zn	Zr
异常分级	4	3	3		5		0	6	2	1	4			1		7	0	7	1	4	0	0	0	6	5	2	6	4	0

注：0 代表在大坪矿区基本不存在异常，不作为找矿指示元素。

从表 3-83 中可以看出，在大坪矿区存在异常的微量元素有 Ni、Co、Cr、V、Mo、W、Cu、Pb、Zn、Cd、Au、Ag、As、Sb、Ba、U、Y、La 共计 18 种，这 18 种元素可作为大坪镍钼矿床在岩石地球化学勘查工作阶段的找矿指示元素组合。在这 18 种元素中 Ni、Mo 具有 7 级异常，Cd、U、Y 具有 6 级异常，Ba、V 具有 5 级异常，Cu、Zn、Ag、Sb 具有 4 级异常，Au、As 具有 3 级异常，Co、W 具有 2 级异常，Cr、Pb、La 具有 1 级异常。

3.12.3.3 勘查地球化学特征简表

综合上述勘查地球化学特征，湖南张家界大坪镍钼矿床的勘查地球化学特征可归纳列入表 3-84 中。

表 3-84 湖南张家界大坪镍钼矿床勘查地球化学特征简表

矿床编号	项目名称	Ag	As	Au	B	Ba	Be	Bi	Cd	Co	Cr	Cu	F	Hg	La	Li
431901	区域富集系数	1.27	1.71	0.56	1.57	1.38	1.23	1.37	3.31	1.02	1.05	1.27	1.77	6.02	0.93	1.43
431901	区域异常分级	2	2	0	3	0	2	2	3	1	1	2	2	2	1	2
431901	岩石富集系数	51.3	21.8	25.1		6.05		2.59	604	3.06	3.33	18.2			2.22	
431901	岩石异常分级	4	3	3		5		0	6	2	1	4			1	
矿床编号	项目名称	Mo	Nb	Ni	Pb	Sb	Sn	Sr	Th	U	V	W	Y	Zn	Zr	
431901	区域富集系数	3.38	0.94	1.33	0.94	2.51	1.25	0.49	1.09	1.42	1.12	0.67	0.97	1.34	0.87	
431901	区域异常分级	4	0	2	1	1	2	0	1	2	2	0	2	1	0	
431901	岩石富集系数	15846	0.35	244	2.25	172	0.53	2.11	0.50	121	17.7	9.04	11.6	15.2	0.33	
431901	岩石异常分级	7	0	7	1	4	0	0	0	6	5	2	6	4	0	

注：该表可与矿床基本信息、地质特征简表依据矿床编号建立对应关系。

3.12.4 地质地球化学找矿模型

湖南张家界大坪镍钼矿床为一小型镍钼矿床，位于湖南省张家界市永定区大坪镇境内，矿体呈出露状态，赋矿建造为下寒武统碳质页岩。矿区内未见岩浆岩发育。镍矿体产出与断裂关系不密切，受地层控制明显。矿体形态呈层状、似层状、透镜状等，矿石类型有条带状和碎屑状，成矿年龄约 541Ma。矿区未见明显的围岩蚀变现象。因此，矿床类型属于沉积型镍钼矿床。

湖南张家界大坪镍钼矿床区域化探找矿指示元素组合为 Ni、Mo、Co、V、Cr、Sn、Bi、Cu、Pb、Zn、Cd、Ag、As、Sb、Hg、B、F、Li、Be、Th、U、La、Y 共计 23 种元

素，其中 Mo 具有 4 级异常，Cd、B 具有 3 级异常，Ni、V、Sn、Bi、Cu、Ag、As、Hg、F、Li、U、Y 具有 2 级异常，Co、Cr、Pb、Zn、Sb、Th、La 具有 1 级异常。矿区岩石化探找矿指示元素组合为 Ni、Co、Cr、V、Mo、W、Cu、Pb、Zn、Cd、Au、Ag、As、Sb、Ba、U、Y、La 共计 18 种，在这 18 种元素中 Ni、Mo 具有 7 级异常，Cd、U、Y 具有 6 级异常，Ba、V 具有 5 级异常，Cu、Zn、Ag、Sb 具有 4 级异常，Au、As 具有 3 级异常，Co、W 具有 2 级异常，Cr、Pb、La 具有 1 级异常。

3.13 黑龙江鸡东五星铜镍铂钯矿床

3.13.1 矿床基本信息

表 3-85 为黑龙江鸡东五星铜镍铂钯矿床基本信息。

表 3-85 黑龙江鸡东五星铜镍铂钯矿床基本信息表

序号	项目名称	项目描述	序号	项目名称	项目描述
0	矿床编号	231901	4	矿床规模	小型
1	经济矿种	镍、铜、钴、铂、钯	5	主矿种资源量	0.98
2	矿床名称	黑龙江鸡东五星铜镍铂钯矿床	6	伴生矿种资源量	1.82 Cu，0.17 Co，8.95 Pt+Pd
3	行政隶属地	黑龙江省鸡西市鸡东县下亮子乡	7	矿体出露状态	出露

注：经济矿种资源量数据引自嵇振山等（1976），铂、钯矿种资源量单位为 t，其他矿种资源量单位为万吨。

3.13.2 矿床地质特征

3.13.2.1 区域地质特征

黑龙江鸡东五星铜镍铂钯矿床位于黑龙江省鸡西市鸡东县下亮子乡境内，距鸡东县下亮子乡南约 7km 处（李学峰和双宝，2012），在成矿带划分上五星铜镍铂钯矿床位于吉黑成矿省佳木斯-兴凯（地块）成矿带的兴凯成矿亚带内（徐志刚等，2008）。

区域内出露地层有二叠系、三叠系、白垩系、新近系和第四系，如图 3-51 所示。地层大多呈北东向展布，区域西北部则大面积被第四系所覆盖。下二叠统泥岩夹灰岩透镜体和凝灰岩为该区铜镍铂钯矿床及其成矿岩体的主要赋矿建造。

区域内岩浆岩发育，以酸性-超基性侵入岩体为主，均出露于区域的东南部。在区域东南部酸性侵入岩大面积出露，以正长花岗岩体和二长花岗岩体为代表。中性岩体主要为出露于区域中东部的闪长岩体，基性岩体主要为出露于区域东南部的辉长岩体。超基性岩体主要为位于区域中部的五星杂岩体，呈半月牙形侵入二叠系浅变质岩系中，北侧被更新统沉积物所覆盖，是五星铜镍铂钯矿床的成矿和赋矿岩体（李光辉等，2009）。区域内岩浆岩体整体呈北东向展布，是区域上太平岭中生代北北东向岩浆-构造隆起带的北端在区域内的表现（梁树能，2009）。

区域内构造以断裂为主，褶皱次之。断裂构造以北东向为主，北西向次之。北东向断裂控制了该区古生代以来地层和侵入岩体的分布，北西向断裂形成较晚，对北东向断裂及地层具有明显的改造作用。区域内褶皱比较简单，主要为西大翁向斜，这些断裂构造和派生的次级断裂为本区岩浆活动和矿液运移提供了良好的条件（梁树能，2009）。

区域内矿产资源以铜、镍、铂、钯为主，代表性矿床为五星铜镍铂钯多金属矿床（李光辉等，2009）。

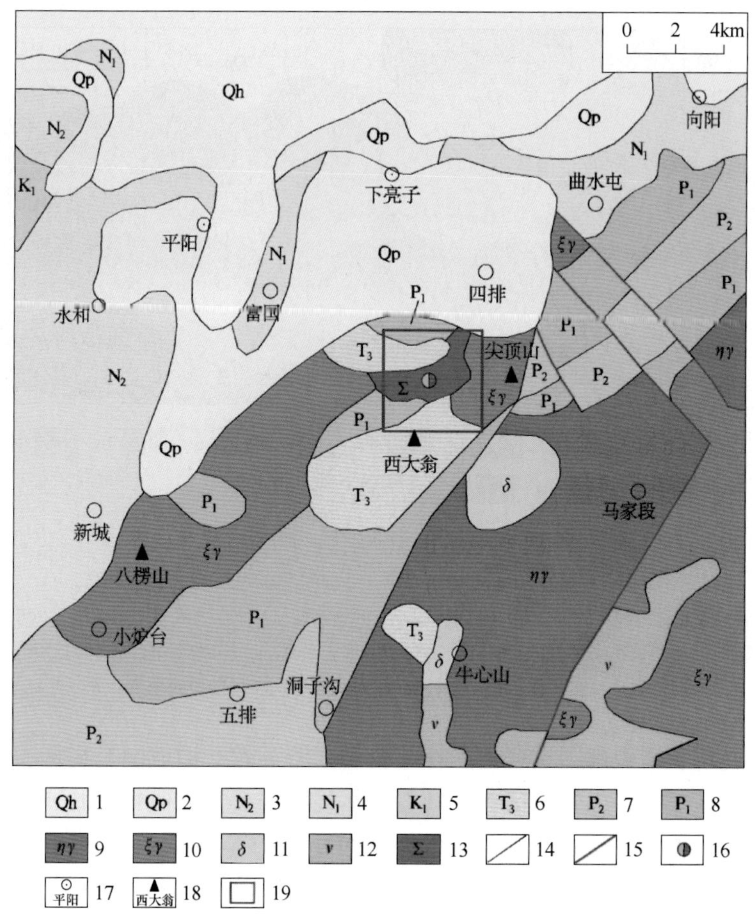

图 3-51 五星铜镍铂钯矿区域地质图

（根据中国地质调查局 1∶1000000 地质图修编）

1—第四系全新世亚黏土、亚砂土、砂、砂砾石；2—第四系更新统含砂亚黏土、砂、砂砾；3—新近系上新统玄武岩、碎屑沉积岩夹玄武岩；4—新近系中新统砂砾岩、砂岩、粉砂岩、泥岩；5—下白垩统砂岩、粉砂岩、泥岩、凝灰岩夹煤层；6—上三叠统流纹质和英安质火山岩，夹少量凝灰岩、安山质火山岩；7—中二叠统流纹岩、安山岩、凝灰岩、含砾凝灰粉砂岩；8—下二叠统泥岩，局部夹灰岩透镜体和凝灰岩；9—二长花岗岩；10—正长花岗岩；11—闪长岩；12—辉长岩；13—超基性岩；14—岩性界线；15—断层；16—铜镍矿；17—地名；18—山峰；19—五星矿区范围

3.13.2.2 矿区地质特征

矿区出露的地层主要有下二叠统洞子沟组、平阳镇组和第四系，如图 3-52 所示。下二叠统浅变质砂岩、千枚岩、炭质板岩夹大理岩为五星杂岩体的主要围岩，也是五星矿床的主要赋矿建造之一（全权顺，2014）。

矿区岩浆岩以五星杂岩体为主，在五星杂岩体的东、西两侧发育有花岗岩体。此外，在五星杂岩体内部可见斜长花岗斑岩脉、闪长玢岩脉和辉长玢岩脉（李光辉等，2009）。

五星含矿岩体为基性-超基性杂岩体，侵入下二叠统浅变质岩系中，其北侧被第四系更新统覆盖，东、西两侧为花岗岩体，平面出露形态呈北北东向展布的“半月牙形”，面积约 6km^2。五星杂岩体主要岩相有辉长岩、辉石岩和闪长岩，如图 3-52 所示。辉石岩呈

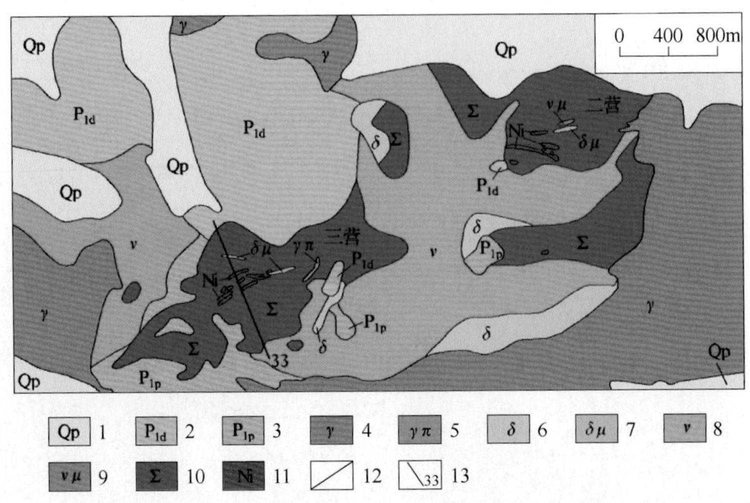

图 3-52 五星铜镍铂钯矿地质图

（根据全权顺（2014）、李光辉等（2009）、梁树能（2009）修编）

1—第四系更新统含砂亚黏土、砂、砂砾；2—下二叠统洞子沟组砂岩；3—下二叠统平阳镇组绢云母千枚岩、炭质板岩夹大理岩；4—花岗岩；5—斜长花岗斑岩脉；6—闪长岩；7—闪长玢岩脉；8—辉长岩；9—辉长玢岩脉；10—辉石岩；11—镍矿体；12—岩性界线；13—矿区 33 号勘探线位置

不规则状分布在辉长岩内部，主要出露在二营和三营一带，构成两个矿区，即辉石岩是五星矿床的主要赋矿建造。三营矿区含矿辉石岩体规模较大，呈似牛角状产出；相比较二营岩体相对较小，具有等轴状外形（梁树能，2009）。

梁树能（2009）和李光辉等（2010）对矿区含黄铜矿的透辉石岩采用 SHRIMP 锆石 U-Pb 测年获得（37.79±0.76）Ma 的加权平均谐和年龄，认为五星含矿岩体的成岩年龄约 38Ma，形成于始新世晚期。

矿区内构造比较简单，断裂基本不发育。矿区褶皱表现为简单的单斜，属于区域上北东向西大翁向斜的西北翼（梁树能，2009）。

3.13.2.3 矿体地质特征

A 矿体特征

五星矿区矿体主要发育在三营和二营两个辉石岩体内，如图 3-52 所示。全区共圈定铂、钯矿体 57 条，铜、镍矿体 17 条。矿体长数十米至 420m，厚度几米至 17m（嵇振山等，1976；李光辉，2011）。铜平均品位为 0.337%；镍平均品位为 0.068%；钴平均品位为 0.12%；铂品位为 0.1～0.3g/t，最高可达 1.98g/t；钯品位为 0.2～0.5g/t，最高可达 5.5g/t，平均 0.439g/t（魏连喜，2013）。

铜镍铂钯矿化主要发育在角闪辉石岩相中（李光辉等，2009），即铂钯矿化与铜镍硫化物矿体相伴生，它们的矿化范围大体一致，因不同元素的集中地段有一定的差距，故可构成独立或综合式矿体。从深部向上镍、钴、铜呈依次逐渐增加趋势，矿体形态为条带状、透镜状及扁豆状，如图 3-53 所示。在平面图上，矿体作雁行式排列。在剖面上呈侧向后斜列和尖灭再现，局部在地表呈出露状态（李光辉，2011；梁树能，2009）。

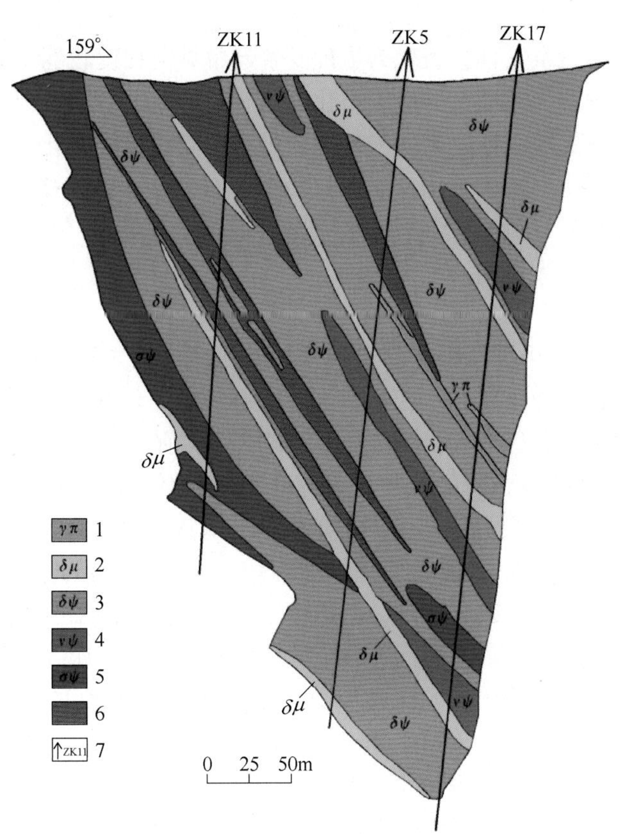

图 3-53 五星矿区 33 号勘探线剖面图

（根据李光辉等（2009）修编）

1—斜长花岗斑岩；2—闪长玢岩；3—角闪辉石岩；4—含橄榄角闪辉石岩；5—角闪橄榄辉石岩；6—铜镍铂钯多金属矿体；7—钻孔及编号

针对矿体中矿石矿物的定年目前尚缺少资料，但根据矿体呈条带状、透镜状及扁豆状等形态赋存于辉石岩体中，由此可认为成岩与成矿应同时发生（梁树能，2009；李光辉等，2010），故五星杂岩体中辉石岩体的成岩年龄 38Ma 可代表五星铜镍铂钯矿床的成矿年龄。

B 矿石特征

五星矿区的矿石以原生矿石为主。对于原生矿石，就其含金属硫化物多少划分为含硫化镍型、硫化铜镍型和含铂钯铜镍钴型三种矿的类型（魏连喜，2013）。

矿区金属矿物主要有磁黄铁矿、黄铁矿、黄铜矿、镍黄铁矿、磁铁矿、辉砷钴矿、锑钯矿、铋钯矿、孔雀石、褐铁矿等（梁树能，2009；魏连喜，2013），脉石矿物主要有角闪石、透闪石、透辉石、绿泥石、绿帘石、橄榄石、斜长石、方解石等（魏连喜，2013）。

矿石结构有自形-半自形-他形粒状结构、海绵陨铁结构、交代结构、固溶体分离结构、碎裂结构等，矿石构造有致密块状构造、浸染状构造、角砾状构造、脉状构造等（梁树能，2009；魏连喜，2013）。

C　围岩蚀变

矿区矿化蚀变不是很发育，表现为虽蚀变普遍常见但强度较弱。岩石的蚀变现象主要出现在矿体附近，表现为橄榄石的透闪石化，透辉石的角闪石化，以及少许绿帘石化、碳酸盐化等。含矿岩体的蚀变特点表现为外蚀变带有轻微的绿泥石化、蛇纹石化，内蚀变带透辉石橄榄石有闪石化、蛇纹石化及绿泥石（绿帘石）化、碳酸盐化、绢云母化、伊丁石化等（魏连喜，2013）。因此，围岩蚀变主要有闪石化、绿泥石化、蛇纹石化、绢云母化、碳酸盐化等，一般都不太强烈。

3.13.2.4　勘查开发概况

五星矿床于1958年由群众报矿而发现褐铁矿矿床，地方政府突击开采矿石。1959年牡丹江专署地质局密山地质队在本区进行了1∶50000、1∶5000的地质普查找矿工作，并正式命名该区为“五星工区”，认为该区具有铜矿找矿前景（中国矿床发现史黑龙江卷编委会，1996），普查报告仅估算品位在0.2%~0.5%的铜储量约71.5t（牟宗彦，1959）。

1960年牡丹江专署地质局组建了五星地质队，对该区进行普查钻探发现了铜镍钴硫化矿体，认为五星铜矿与基性-超基性岩体关系密切。1961年五星地质队对五星矿区进行深部钻探工作，认为该区铜、镍、钴储量已达中型矿床规模。1962年黑龙江省地质局第一普查勘探大队第一分队对五星矿区进行了系统的地质普查工作，认为五星矿床属于中、小型铜镍钴矿床（中国矿床发现史黑龙江卷编委会，1996），在提交的《黑龙江省密山县五星矿区普查报告》中查明五星铜镍钴矿体产于超基性岩体中，在二营与三营矿段求得D级储量为铜6181t、镍4412t、钴837t（焦世宏等，1963）。1962年黑龙江省地质局牡丹江分局第五地质队提交的《黑龙江省密山县五星矿区地质普查报告》中，对五星全矿区估算地质储量为铜1.7万余吨、镍5087t、钴1717t、硫12万吨（牟宗彦等，1962），每一矿种储量均属小型矿床规模。

1963~1970年该矿床停止了地质工作。1971年黑龙江省地质局贯彻国家关于加强铂钯地质工作的精神，组织技术干部研究找铂矿的远景区，认为五星超基性岩体对寻找铂族矿产是有利的。经现场踏勘和采样分析，结果首次发现了五星矿区三营4号矿体的铜镍钴矿石中赋存有达到工业品位的铂钯元素（中国矿床发现史黑龙江卷编委会，1996）。

1971~1976年黑龙江省地质第七队在已往地质工作基础上开展了以铂钯为重点的综合找矿地质详查工作，于1976年12月提交了《黑龙江省鸡东县五星铂钯矿区详查报告》，查明五星超基性岩体由二营和三营两个岩体组成，铂钯呈单矿物存在并与铜镍钴硫化物伴生，圈定出57个铂钯矿体，求得金属储量为铂3.29t、钯5.66t、铜18229t、镍9772t、钴1750t、硒22.061t、碲179kg，其中铂钯金属量累计8.95t，属大型铂钯矿床，但铜镍钴均仍为小型矿床（嵇振山等，1976；中国矿床发现史黑龙江卷编委会，1996）。

3.13.2.5　矿床类型

根据魏连喜（2013）、梁树能（2009）、李光辉（2011）的研究成果，认为黑龙江鸡东五星铜镍铂钯矿床应属于基性-超基性岩铜镍矿床。

3.13.2.6　地质特征简表

综合上述矿床地质特征，除矿床基本信息表（见表3-85）中所表达的信息以外，黑龙江鸡东五星铜镍铂钯矿床的地质特征可归纳列入表3-86中。

表 3-86 黑龙江鸡东五星铜镍铂钯矿床地质特征简表

序号	项目名称	项目描述	序号	项目名称	项目描述
10	赋矿地层时代	下二叠统	16	矿石类型	原生硫化物型
11	赋矿地层岩性	砂岩、千枚岩、板岩	17	成矿年龄	38Ma
12	相关岩体岩性	辉石岩	18	矿石矿物	磁黄铁矿、黄铁矿、黄铜矿、镍黄铁矿、磁铁矿、辉砷钴矿、锑钯矿、铋钯矿等
13	相关岩体年龄	38Ma			
14	是否断裂控矿	否	19	围岩蚀变	闪石化、绿泥石化、蛇纹石化、绢云母化等
15	矿体形态	条带状、透镜状等	20	矿床类型	基性-超基性岩铜镍矿床

注：序号从 10 开始是为了和数据库保持一致。

3.13.3 地球化学特征

3.13.3.1 区域化探

A 元素含量统计参数

本次收集到研究区内 1∶200000 水系沉积物 175 件样品的 39 种元素含量数据。计算水系沉积物中元素平均值相对其在中国水系沉积物（*CSS*）中的富集系数，将其地球化学统计参数列于表 3-87 中。

表 3-87 研究区 1∶200000 区域化探元素含量①统计参数

元素	Ag	As	Au	B	Ba	Be	Bi	Cd	Co	Cr	Cu	F	Hg
最大值	280	47	3.36	63	885	3.8	0.86	440	47.6	190	41	692	161
最小值	26	3.6	0.36	5.6	299	1.5	0.10	30	5.9	14	1.0	280	10
中位值	59	18	1.2	21	619	2.3	0.27	70	15.6	62	17	467	30
平均值	71	19	1.30	22	625	2.4	0.28	79	17	65	18	464	32
标准差	41	8.6	0.52	10	85	0.45	0.11	39	7.1	30	7.8	77	15
富集系数②	0.93	1.91	0.98	0.47	1.28	1.14	0.90	0.56	1.41	1.10	0.81	0.95	0.90
元素	La	Li	Mo	Nb	Ni	Pb	Sb	Sn	Sr	Th	U	V	W
最大值	86	46	2.15	41	103	66	1.34	9.1	506	14.6	7.5	219	14.0
最小值	10	16	0.42	5.2	1.0	9.0	0.19	1.6	72	1.92	1.0	17	0.59
中位值	40	30	0.76	17	20	25	0.56	2.9	162	6.80	3.7	102	1.43
平均值	40	30	0.82	17	23	26	0.57	3.0	187	6.88	3.73	104	1.6
标准差	10	6.3	0.32	5.4	14	8.8	0.22	0.9	85	2.58	1.40	35	1.2
富集系数②	1.03	0.92	0.98	1.09	0.91	1.10	0.82	0.98	1.29	0.58	1.52	1.30	0.88
元素	Y	Zn	Zr	SiO_2	Al_2O_3	Fe_2O_3	K_2O	Na_2O	CaO	MgO	Ti	P	Mn
最大值	62	112	427	75.16	17.09	10.78	4.18	4.21	4.90	4.00	14322	1037	3421
最小值	14	23	100	50.05	9.92	1.51	1.29	0.87	0.55	0.24	640	171	316
中位值	27	61	235	66.34	13.18	5.52	2.54	1.62	1.20	1.12	4586	498	926
平均值	27	62	236	65.78	13.10	5.64	2.61	1.78	1.41	1.16	4711	526	1057
标准差	6.2	18	47	3.91	1.07	1.62	0.46	0.67	0.65	0.44	1794	171	482
富集系数②	1.08	0.88	0.88	1.01	1.02	1.25	1.11	1.35	0.78	0.85	1.15	0.91	1.58

①元素含量的单位见表 2-4；②富集系数=平均值/*CSS*，*CSS*（中国水系沉积物）数据详见表 2-4。

与中国水系沉积物相比，研究区内微量元素富集系数介于 1.2~2 之间的有 As、U、Co、V、Sr、Ba。富集系数大于 1.2 的微量元素共计 6 种，其中基性微量元素有 Co、V，热液成矿元素有 As，造岩微量元素有 Sr、Ba，酸性微量元素有 U。

在研究区内已发现有小型铜镍钴矿床，上述 Cu、Ni、Co 的富集系数分别为 0.81、0.91 和 1.41。

B　地球化学异常剖析图

依据研究区内 1∶200000 化探数据，采用全国变值七级异常划分方案制作 29 种微量元素的单元素地球化学异常图，其异常分级结果见表 3-88。

表 3-88　五星矿区 1∶200000 区域化探元素异常分级

元素	Ag	As	Au	B	Ba	Be	Bi	Cd	Co	Cr	Cu	F	Hg	La	Li	Mo	Nb	Ni	Pb	Sb	Sn	Sr	Th	U	V	W	Y	Zn	Zr
异常分级	0	2	0	0	0	0	0	0	2	1	0	0	0	0	0	0	0	0	1	0	0	0	0	1	1	0	0	0	0

注：0 代表在五星矿区基本不存在异常，不作为找矿指示元素。

从表 3-88 中可以看出，在五星矿区存在异常的微量元素有 Co、Cr、V、Pb、As、U 共计 6 种。这 6 种微量元素及 Cu、Ni 的异常图、Ni 的背景累频图与 Ni 含量累频图，在研究区内的地球化学异常剖析图如图 3-54 所示。

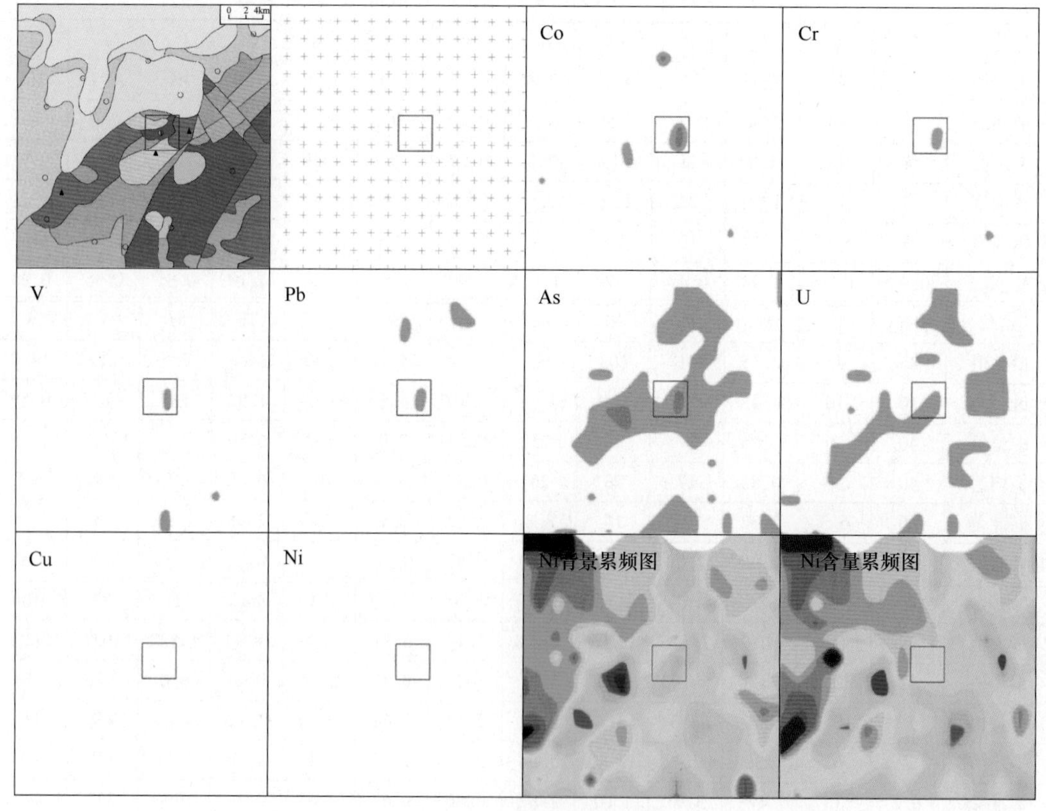

图 3-54　区域化探地球化学异常剖析图
（地质图为图 3-51 五星铜镍铂钯矿区域地质图）

上述 6 种元素可以作为五星铜镍铂钯矿在区域化探工作阶段的找矿指示元素组合。在这 6 种元素中 Co、As 具有 2 级异常，Cr、V、Pb、U 具有 1 级异常。

在研究区内发育五星铜镍钴小型矿床，但上述仅 Co 在矿区范围内发育 2 级异常，Cu、Ni 两元素均无异常出现。从图 3-53 中 Ni 含量累频 19 级地球化学图可以看出，在矿区范围无高值出现，高值主要出露在区域西北部和中西部的第四系和第三系地层中。按照全国变值七级异常划分方案所计算出 Ni 的背景含量，其累频 19 级图中高值区也出露在区域西北部和中西部的第四系和第三系地层中，这表明这些高值区是由样品风化强烈而明显富集 Ni 所致。基于元素风化行为所获得的经验方程而计算出的背景值是变值七级异常划分方案的基础，此方法所制作的异常图可以有效消除风化富集对圈定异常的影响。Cu、Ni 在矿区范围内未出现异常，可能是由于矿床规模较小且矿体在地表局部出露，1：200000 比例尺的区域化探采样密度相对该矿床而言较稀疏所致。

3.13.3.2 *岩石地球化学勘查*

A 元素含量统计参数

本次收集到五星矿区及其邻区基性-超基性岩石 31 件样品的 15 种微量元素含量数据（梁树能，2009；李光辉等，2009；张国宾，2014），其中不同类型的矿石 3 件、蚀变岩 12 件、较新鲜岩石 16 件。计算岩石中元素平均值相对其在中国水系沉积物（*CSS*）中的富集系数，将其地球化学统计参数列于表 3-89 中。

表 3-89 矿区岩石样品元素含量[①]统计参数

元素	Ag	As	Au	B	Ba	Be	Bi	Cd	Co	Cr	Cu	F	Hg	La	Li
样品数			29		31				31	8	29			31	
最大值			20.4		1232				1093	1563	5878			54.6	
最小值			8		0.7				17	25	4.0			1.1	
中位值			10		105				36	406	88			3.8	
平均值			11		188				102	479	312			12.8	
标准差			3		248				214	477	1091			16.7	
富集系数[②]			8.20		0.38				8.46	8.11	14.2			0.33	

元素	Mo	Nb	Ni	Pb	Sb	Sn	Sr	Th	U	V	W	Y	Zn	Zr	
样品数		31	31	6			31	31	31			31	29	31	
最大值		25.6	15176	99			878	8.35	1.85			36.6	123	281	
最小值		0.20	2.0	19			35	0.05	0.03			1.5	21	3	
中位值		1.10	101	66			296	0.40	0.20			8.2	49	21	
平均值		5.47	977	61			326	1.51	0.43			13.3	56	74	
标准差		8.17	2977	28			262	2.42	0.55			10.0	24	91	
富集系数[②]		0.34	39.1	2.54			2.25	0.13	0.17			0.53	0.80	0.28	

注：数据引自梁树能（2009）、李光辉等（2009）、张国宾（2014）。

①元素含量的单位见表 2-4；②富集系数=平均值/*CSS*，*CSS*（中国水系沉积物）数据详见表 2-4。

与中国水系沉积物相比，矿区岩石微量元素富集系数介于 10~100 之间的有 Ni、Cu；介于 3~10 之间的有 Co、Au、Cr；介于 2~3 之间的有 Pb、Sr；没有微量元素富集系数介于 1.2~2 之间。富集系数大于 1.2 的微量元素共计 7 种，其中基性微量元素有 Ni、Co、Cr，热液成矿元素有 Cu、Au、Pb，造岩微量元素有 Sr。

在研究区内已发现有五星铜镍铂钯矿床并伴生 Co，上述 Ni、Cu、Co 的富集系数分别为 39.1、14.2 和 8.46。

B　地球化学异常剖面图

本次在矿区范围内所收集的岩石有矿石、蚀变岩与较新鲜岩石，尤其是含有一定量的蚀变岩和矿石，元素含量可采用平均值来表征，该平均值的大小取决于所收集岩石中矿石和蚀变岩相对较新鲜岩石的多少。

依据上述矿区岩石中元素含量的平均值，采用全国定值七级异常划分方案评定 15 种微量元素的异常分级，结果见表 3-90。

表 3-90　五星矿区岩矿石中元素异常分级

元素	Ag	As	Au	B	Ba	Be	Bi	Cd	Co	Cr	Cu	F	Hg	La	Li	Mo	Nb	Ni	Pb	Sb	Sn	Sr	Th	U	V	W	Y	Zn	Zr
异常分级			2		0				5	1	4			0			0	5	1			0	0	0			0	0	0

注：0 代表在五星矿区基本不存在异常，不作为找矿指示元素。

从表 3-90 中可以看出，在五星矿区存在异常的微量元素有 Ni、Cu、Co、Au、Cr、Pb 共计 6 种，这 6 种元素可作为五星铜镍铂钯矿床在岩石地球化学勘查工作阶段的找矿指示元素组合。在这 6 种元素中 Ni、Co 具有 5 级异常，Cu 具有 4 级异常，Au 具有 2 级异常，Cr、Pb 具有 1 级异常。

3.13.3.3　勘查地球化学特征简表

综合上述勘查地球化学特征，黑龙江鸡东五星铜镍铂钯矿床的勘查地球化学特征可归纳列入表 3-91 中。

表 3-91　黑龙江鸡东五星铜镍铂钯矿床勘查地球化学特征简表

矿床编号	项目名称	Ag	As	Au	B	Ba	Be	Bi	Cd	Co	Cr	Cu	F	Hg	La	Li
231901	区域富集系数	0.93	1.91	0.98	0.47	1.28	1.14	0.90	0.56	1.41	1.10	0.81	0.95	0.90	1.03	0.92
231901	区域异常分级	0	2	0	0	0	0	0	0	2	1	0	0	0	0	0
231901	岩石富集系数			8.20		0.38				8.46	8.11	14.2			0.33	
231901	岩石异常分级			2		0				5	1	4			0	
矿床编号	项目名称	Mo	Nb	Ni	Pb	Sb	Sn	Sr	Th	U	V	W	Y	Zn	Zr	
231901	区域富集系数	0.98	1.09	0.91	1.10	0.82	0.98	1.29	0.58	1.52	1.30	0.88	1.08	0.88	0.88	
231901	区域异常分级	0	0	0	1	0	0	0	0	1	1	0	0	0	0	
231901	岩石富集系数		0.34	39.1	2.54			2.25	0.13	0.17			0.53	0.80	0.28	
231901	岩石异常分级		0	5	1			0	0	0			0	0	0	

注：该表可与矿床基本信息、地质特征简表依据矿床编号建立对应关系。

3.13.4　地质地球化学找矿模型

黑龙江鸡东五星铜镍铂钯矿床为一小型铜镍硫化物矿床和大型铂钯矿床，位于黑龙江省鸡西市鸡东县下亮子乡境内，矿体呈出露状态，赋矿建造为第三系始新统五星基性-超

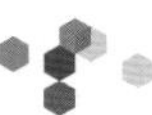

基性杂岩体。成矿与五星杂岩体关系密切，五星杂岩体岩性主要为辉长岩、辉石岩和闪长岩，其中辉石岩为赋矿岩体，其成岩年龄约 38Ma。矿体受五星超基性岩体形态、产状控制，矿石类型以原生硫化物矿石为主，矿体呈条带状、透镜状、扁豆状等，成矿年龄约 38Ma。围岩蚀变主要有闪石化、绿泥石化、蛇纹石化、绢云母化、碳酸盐化等。因此，矿床类型属于基性-超基性岩铜镍矿床。

黑龙江鸡东五星矿床区域化探找矿指示元素组合为 Co、Cr、V、Pb、As、U 共计 6 种，其中 Co、As 具有 2 级异常，Cr、V、Pb、U 具有 1 级异常。矿区岩石化探找矿指示元素组合为 Ni、Cu、Co、Au、Cr、Pb 共计 6 种，其中 Ni、Co 具有 5 级异常，Cu 具有 4 级异常，Au 具有 2 级异常，Cr、Pb 具有 1 级异常。

3.14 吉林磐石红旗岭铜镍矿床

3.14.1 矿床基本信息

表 3-92 为吉林磐石红旗岭铜镍矿床基本信息。

表 3-92 吉林磐石红旗岭铜镍矿床基本信息表

序号	项目名称	项目描述	序号	项目名称	项目描述
0	矿床编号	221901	4	矿床规模	大型
1	经济矿种	镍、铜	5	主矿种资源量	29.45
2	矿床名称	吉林磐石红旗岭铜镍矿床	6	伴生矿种资源量	6.7 Cu
3	行政隶属地	吉林省吉林市磐石市红旗岭镇	7	矿体出露状态	出露

注：经济矿种资源量数据引自陈子诚等（1965）和孟繁兴等（1965）等，矿种资源量单位为万吨。

3.14.2 矿床地质特征

3.14.2.1 区域地质特征

吉林磐石红旗岭铜镍矿床位于吉林省吉林市磐石市红旗岭镇境内，距磐石市东约 40km 处。在成矿带划分上红旗岭铜镍矿床位于吉黑成矿省吉中-延边（活动陆缘）成矿带的吉中成矿亚带内（徐志刚等，2008）。

区域内出露地层有寒武系、奥陶系、志留系、石炭系、二叠系、侏罗系、白垩系和第四系，如图 3-55 所示。寒武-奥陶系角闪斜长片麻岩、黑云斜长片麻岩为该区的主要赋矿建造。

区域内岩浆岩非常发育，以酸性花岗岩基、岩脉为主，此外还发育有一系列基性-超基性小岩株。酸性花岗岩基在区域大面积出露，岩性主要为正长花岗岩、二长花岗岩、碱长花岗岩和其他花岗岩等。基性-超基性小岩株主要有闪长岩、辉长岩、橄榄岩和其他超基性岩等。红旗岭铜镍矿床即与该区辉长岩和橄榄岩关系密切（孙立吉，2013）。

区域内构造以断裂为主，辉发河断裂为该区的主控断裂。北东东向辉发河断裂可将该区划分为北西和南东两个区。南东区地层和岩体均呈北东东向展布，而北西区地层、岩体和断裂大体均呈北西向展布。辉发河断裂及其派生的北西向断裂是该区的主要控岩控矿构造（董耀松，2003；田素梅，2010）。

区域内矿产资源丰富，以镍、铜、金为主，代表性矿床主要有红旗岭铜镍矿床（孙立吉，2013）、茶尖铜镍矿床（周树亮等，2010；郝立波等，2013）和黄瓜营金矿床（董耀松，2003）。

3.14.2.2 矿区地质特征

矿区内出露的地层主要为寒武-奥陶系呼兰群变质岩系，在矿区内可划分为黄莺屯组

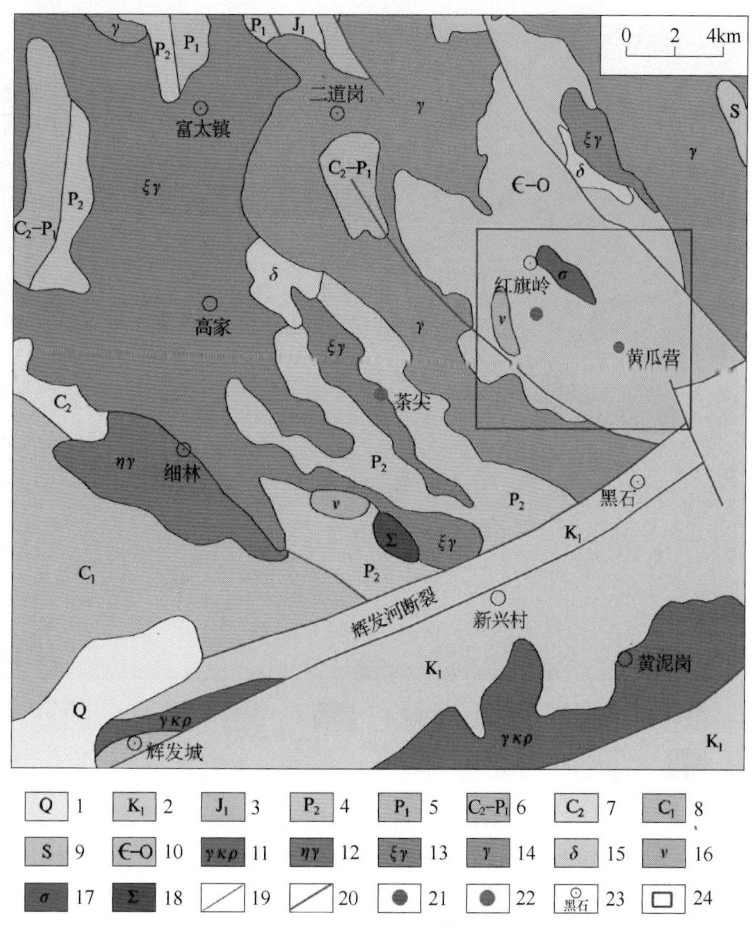

图 3-55 红旗岭镍矿区域地质图

（根据中国地质调查局 1∶1000000 地质图修编）

1—第四系砂砾石、亚黏土、粉砂；2—下白垩统安山质集块岩、火山角砾岩、砂岩、页岩、砾岩；3—下侏罗统安山岩、安山质凝灰角砾岩；4—中二叠统砂质板岩、含砾粉砂岩夹灰岩透镜体；5—下二叠统英安岩、英安质火山角砾岩及凝灰岩夹灰岩凸镜体、流纹岩及凝灰岩；6—中石炭统-下二叠统由砂岩、砂质板岩、夹薄层灰岩互层；7—中石炭统灰岩、砂屑灰岩、泥晶、亮晶灰岩；8—下石炭统砂岩、细砂岩、灰岩或粉砂岩、页岩；9—志留系变质砂岩、石英砂岩、粉砂岩与结晶灰岩；10—奥陶系-寒武系二云斜长片麻岩、黑云斜长变粒岩、角闪斜长变粒岩、蓝晶石片岩；11—碱长花岗岩；12—二长花岗岩；13—正长花岗岩；14—花岗岩；15—闪长岩；16—辉长岩；17—橄榄岩；18—超基性岩；19—岩性界线；20—断层；21—镍矿；22—金矿；23—地名；24—红旗岭矿区范围

和小三个顶子组，如图 3-56 所示。

呼兰群黄莺屯组在矿区大面积出露，呈北西向展布，下段岩性主要为黑云母斜长片麻岩和花岗质片麻岩，上段岩性主要为灰色硅质条带大理岩夹斜长片麻岩和变粒岩等（孙立吉，2013）。小三个顶子组地层整合于黄莺屯组之上，分布于矿区东北部，岩性主要为硅质条带大理岩。矿区东南部出露有白垩系砂砾岩，呈不整合覆盖于寒武-奥陶系地层之上（孙英华等，2016）。黄莺屯组下段的黑云母斜长片麻岩、角闪斜长片麻岩为红旗岭镍矿的主要赋矿建造（赵新运，2015）。

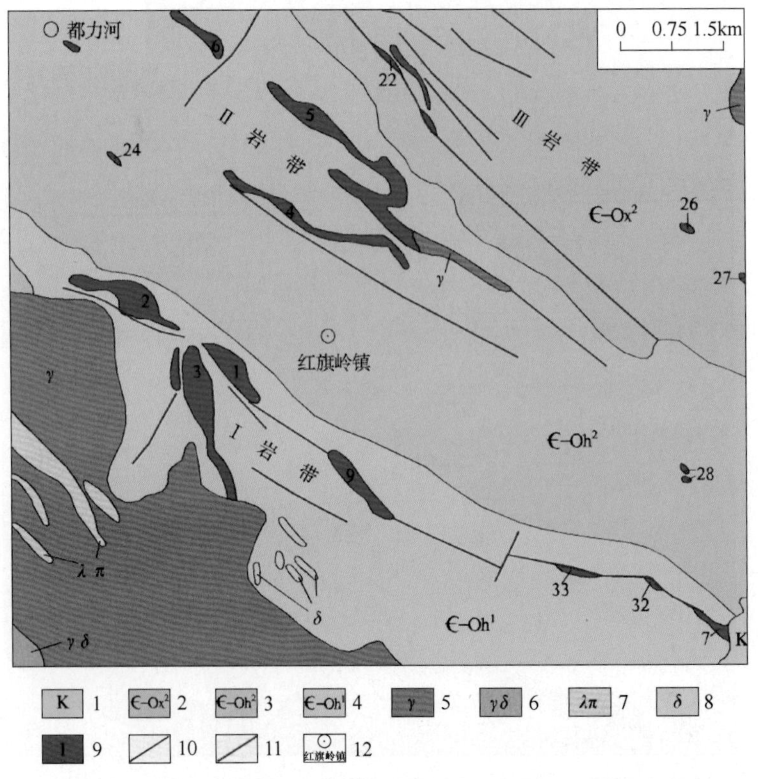

图 3-56 红旗岭镍矿矿区地质图

（根据周树亮等（2009）、孙立吉（2013）和赵新运（2015）修编）

1—白垩系砾岩、含砾岩杂砂岩；2—寒武-奥陶系呼兰群小三个顶子组大理岩、硅质条带大理岩；3—寒武-奥陶系呼兰群黄莺屯组大理岩、角闪斜长片麻岩、黑云斜长片麻岩；4—寒武-奥陶系呼兰群黄莺屯组黑云母斜长片麻岩、花岗质片麻岩；5—花岗岩、白岗质花岗岩、黑云母花岗岩；6—花岗闪长岩；7—石英斑岩；8—闪长岩；9—基性-超基性岩体及其编号；10—岩性界线；11—断层；12—地名

矿区岩浆岩非常发育，主要发育有酸性花岗岩基、岩脉和一系列基性-超基性小岩株。酸性花岗岩基、岩脉主要出露于矿区西南部，与红旗岭镍矿无明显成因关系。基性-超基性小岩株在矿区呈北西向断续分布，与红旗岭镍矿关系密切（周树亮等，2009；赵新运，2015）。

区域内与成矿有关的基性-超基性岩体共发现有 30 多个，根据岩体的分布和产出的构造部位，可将其划分为三个岩带（孙英华等，2015）。Ⅰ岩带位于红旗岭镇西南部，呈北西向出露有 1 号、2 号、3 号、9 号、33 号、32 号和 7 号等岩体，各岩体均赋存有铜镍矿体，是红旗岭矿区内最主要的成矿岩带，岩体类型包括辉长岩-辉石岩-橄榄岩型（1 号和 2 号）、辉长岩-辉石岩型（3 号）、角闪橄榄岩型（9 号）、斜方辉石岩型（7 号）。Ⅱ岩带位于红旗岭镇东北部，呈北西向出露有 4 号、5 号、6 号和 28 号等岩体，目前尚未发现有铜镍矿体，岩体类型包括橄榄岩型（5 号）、角闪橄榄岩型（6 号）和角闪辉石岩型等。Ⅲ岩带位于矿区东北部，呈北西向出露有 22 号、26 号和 27 号等岩体，各岩体岩相组成简单，岩体类型以橄榄岩型为主（孙英华等，2015）。

矿区 1 号岩体 SHRIMP 锆石 U-Pb 年龄为（216±5）Ma（Wu et al.，2004；张广良和吴福元，2005），LA-ICP-MS 锆石 U-Pb 年龄为（220.6±2.0）Ma（冯光英等，2011），黑云母 Ar-Ar 坪年龄为（225.5±0.85）Ma（郗爱华等，2005）。2 号岩体中辉长岩和闪长岩的 SHRIMP 锆石 U-Pb 年龄分别为（212.5±2.8）Ma 和（212.2±2.6）Ma（郝立波等，2012）。3 号岩体 SHRIMP 锆石 U-Pb 年龄为（207±3）Ma，黑云母 Ar-Ar 等时线年龄为（212.5±2.5）Ma（孙英华等，2015），角闪石 Ar-Ar 坪年龄和等时线年龄分别为（228.2±3.0）Ma 和（230.1±7.1）Ma（刘金玉等，2010）。5 号岩体中辉长岩 SHRIMP 锆石 U-Pb 年龄为（272±4）Ma（Hao et al.，2015）。6 号岩体中辉长岩 SHRIMP 锆石 U-Pb 年龄为（258±3）Ma（Hao et al.，2014）。8 号岩体角闪石 Ar-Ar 坪年龄为（250.8±0.25）Ma（郗爱华等，2005）。上述年龄最小值为（207±3）Ma，最大值为（272±4）Ma，主要集中在 221Ma 左右，此处暂取 221Ma 来代表红旗岭基性-超基性杂岩体的成岩年龄。

矿区内构造以断裂为主，主要发育北西向断裂，北东向断裂次之。矿区北西向断裂是区域上辉发河北东东向断裂的次级断裂，对矿区基性-超基性岩体的成岩与成矿控制明显（田素梅，2010）。

3.14.2.3 矿体地质特征

A 矿体特征

红旗岭矿区已发现 30 多个基性-超基性岩体，但成矿岩体数量较少，主要有 1 号、3 号和 7 号岩体成矿（见图 3-57），此外 2 号和 32 号岩体也具有较好的含矿性（孙立吉，2013）。

红旗岭 1 号岩体内的矿体主要位于岩体底部的橄榄辉石岩相内，如图 3-57（a）所示。矿石类型以浸染状为主，矿体形态呈似层状、透镜状。矿体剖面上呈似层状或盆状，走向为北西向，由南东到北西，矿体的埋藏深度不断加深，矿体长约 835m、厚 30~50m。矿石的 Ni 平均品位为 0.65%，Cu 平均品位为 0.13%，为一中型铜镍矿床（赵新运，2015）。

红旗岭 3 号岩体走向 350°，总体向东倾，倾角 70°~80°。岩体长 2500m，宽 40~500m，北宽南窄，平面上呈蝌蚪状，剖面上呈陡直的岩墙状。在其深部发现 5 层镍（钴）矿体，矿体赋存形态呈似层状、透镜状及歪斜的底盆状。矿石的 Ni 平均品位为 0.55%，Cu 平均品位为 0.14%，为一中型铜镍矿床（孙英华等，2015）。

红旗岭 7 号岩体全岩矿化，故岩体即为矿体。矿体的形态、规模与产状与岩体的大体相同，如图 3-57（b）所示。矿石主要呈浸染状分布于辉石岩相内，在其底部的橄榄岩相内发育有硫化物脉。矿体平面上呈长条状，横剖面上呈岩墙状或脉状。矿体走向北西，深部工程控制长 750m，平均宽度为 15m，最大延深 533m，最大垂深 520m。矿石的 Ni 平均品位为 2.31%，Cu 平均品位为 0.63%，为一大型铜镍矿床（孙立吉，2013；赵新运，2015）。

郝立波等（2014）对矿区 1 号岩体矿石采用辉钼矿 Re-Os 等时线测年获得（237±16）Ma，认为该年龄明显老于岩体的 SHRIMP 锆石 U-Pb 年龄（216.0±5.0）Ma 且误差范围大，并推测因地壳混染而引起年龄偏老。郝立波等（2014）对矿区 2 号岩体辉钼矿 Re-Os 等时线测年获得（215±24）Ma，认为该年龄与岩体的 SHRIMP 锆石 U-Pb 年龄（212.2±2.6）Ma 相一致。孙英华等（2015）对矿区 3 号矿体浸染状矿石中辉钼矿 Re-Os 等时线测

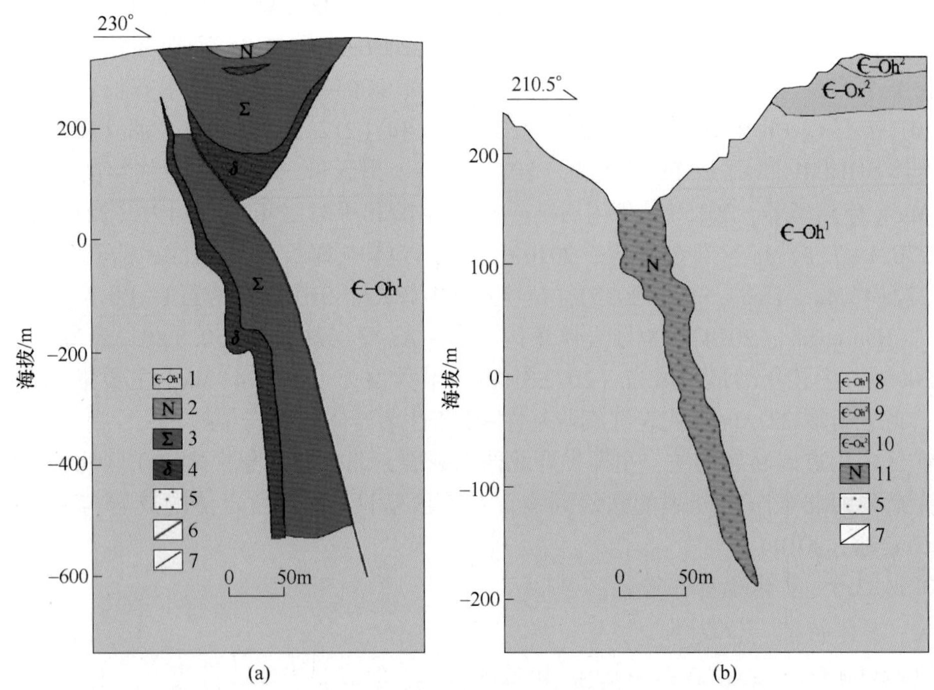

图 3-57 红旗岭矿床 1 号岩体和 7 号岩体勘探线剖面图

（根据赵新运（2015）、秦宽（1995）修编）

（a）1 号岩体 22 线；（b）7 号岩体线

1—寒武-奥陶系黄莺屯组黑云母片麻岩、花岗质片麻岩；2—辉石岩相；3—辉石橄榄岩相；4—橄榄辉石岩相；5—矿体；6—断层；7—岩性界线；8—寒武-奥陶系黄莺屯组黑云母片麻岩、花岗质片麻岩；9—寒武-奥陶纪黄莺屯组大理岩、角闪斜长片麻岩、黑云斜长片麻岩；10—寒武-奥陶纪小三个顶子组大理岩、硅质条带大理岩；11—辉石岩

年获得（234±28）Ma，认为该年龄误差范围较大，在误差范围内应与 3 号岩体的成岩年龄约 210Ma 相一致。Lü et al.（2011）对矿区 7 号岩体硫化物矿石中磁黄铁矿 Re-Os 等时线测年获得（208±21）Ma。基于这些测年结果及研究者的分析讨论，此处暂取 210Ma 代表红旗岭铜镍矿床的成矿年龄。

B 矿石特征

红旗岭矿区矿石类型均为铜镍硫化物型矿石（赵新运，2015）。

矿区矿石矿物主要有磁黄铁矿、镍黄铁矿、紫硫镍矿、黄铜矿、黄铁矿等（董耀松等，2004；孙英华等，2015），其次有砷镍矿、红砷镍矿、针镍矿、磁铁矿、方铅矿、墨铜矿、辉钼矿、钛铁矿等（赵新运，2015；董耀松等，2004）。矿区脉石矿物有橄榄石、斜方辉石、单斜辉石、角闪石、斜长石等，其中以橄榄石和斜方辉石为主（秦宽，1995）。

矿石结构主要有半自形-他形粒状结构、焰状结构、填隙结构、蠕虫状结构、包含结构及海绵陨铁状结构等。矿石构造主要有浸染状构造、斑点状构造，并发育有少量细脉浸染状及团块状构造（孙英华等，2015；赵新运，2015；董耀松等，2004）。

C 围岩蚀变

矿区常见的围岩蚀变有次闪石化、滑石化、绿泥石化、角闪石化、金云母化、绢云母

化、蛇纹石化及碳酸盐化等，其中以次闪石化、滑石化和绿泥石化为主（刘默，2005）。

3.14.2.4 勘查开发概况

1957~1958年，在红旗岭地区发现基性-超基性岩体转石和露头，初步认为它具有寻找相应的铜钴镍铬矿床的可能。1959年吉林省冶金局地质系统在该区开始布设普查工作，经1：10000综合物化探工作发现了良好的磁异常和土壤镍异常，随后经1：2000综合物化探详查和探槽揭露圈定了1号岩体的形态产状。1959年8月布设钻探验证，在钻进32m后开始见矿，直到89m深才穿出矿体。至此，红旗岭地区发现了第一个镍矿床（俞钟辉和孙宝田，2002）。于1959年12月提交的《吉林省盘石县红旗岭铜镍矿区1959年物化探报告书》中获得镍金属量5万吨，达中型镍矿床规模（李维绳，1959）。1963年提交的《吉林省盘石红旗岭镍矿区1号岩体中间储量计算报告书》中探明镍金属量5.12万吨、铜金属量0.92万吨（柴仁杰和罗世华，1963）。在1965年提交的针对1号岩体的地质勘探补充报告中，将上述储量数据更新为探明镍金属量5.52万吨、铜金属量1.15万吨（陈子诚等，1965）。

1960年对1号岩体及其周围地区进行了地质与综合物化探详查工作，至1963年底在该区已发现近30个基性-超基性岩体，但除1号岩体外均无重要发现。1964年，冶金工业部组织了红旗岭-茶尖地区找矿大会战，于1964年底对该区1961年圈定的1：10000磁异常和土壤镍单点异常进行加密查证发现了7号岩体的异常，经槽探验证发现了矿体露头，经钻探工作发现了7号含矿岩体（俞钟辉和孙宝田，2002）。1965年提交的《红旗岭镍矿区7号岩体地质报告》中探明镍金属量19.98万吨、铜金属量5.47万吨（孟繁兴等，1965）。

1964年1号岩体开始正式投产，1971年7号岩体开始大型露天开采（孙立吉，2013）。经过50余年的矿山开采生产，以前所提交的铜镍储量所剩无几，即矿山已属危机矿山。2007~2012年，全国危机矿山项目吉林省红旗岭镍矿接续资源勘查的实施，在Ⅰ岩带3号岩体的深部发现了镍（铜钴）矿体，矿体钻探进尺150m，镍平均品位0.39%，最高0.72%，并伴生有铜钴，初步估算可获镍金属量3.7万吨，达中型镍矿规模，为矿山后续发展提供了资源保障（孙英华等，2015）。

此外，在2008~2010年吉林昊融有色金属集团对红旗岭2号岩体进行的勘探工作成果显著，在其14号勘探线的钻孔中见有多层矿体，最大穿矿长度近40m，镍品位平均在0.5%左右（孙立吉，2013；刘俊梅等，2010），于2011年提交的《吉林省磐石市红旗岭镍矿区2号岩体详查报告》中获得镍金属量2521t、铜金属量854t（李宝林等，2011）。

上述各阶段勘探在红旗岭矿区累计探明镍金属量29.45万吨、铜金属量6.7万吨，矿床规模达大型镍矿床，并伴生铜矿床。

3.14.2.5 矿床类型

根据秦宽（1995）、董耀松等（2004）、孙立吉（2013）、孙英华等（2016）等的研究成果，认为吉林红旗岭镍矿床应属于基性-超基性岩型矿床。

3.14.2.6 地质特征简表

综合上述矿床地质特征，除矿床基本信息表（见表3-92）中所表达的信息以外，吉林磐石红旗岭铜镍矿床的地质特征可归纳列入表3-93中。

表 3-93　吉林磐石红旗岭铜镍矿床地质特征简表

序号	项目名称	项目描述	序号	项目名称	项目描述
10	赋矿地层时代	寒武-奥陶系	16	矿石类型	铜镍硫化物型
11	赋矿地层岩性	斜长片麻岩	17	成矿年龄	210Ma
12	相关岩体岩性	辉长岩、辉石岩、橄榄岩	18	矿石矿物	磁黄铁矿、镍黄铁矿、紫硫镍矿、黄铜矿、黄铁矿等
13	相关岩体年龄	221Ma			
14	是否断裂控矿	否	19	围岩蚀变	次闪石化、滑石化、绿泥石化等
15	矿体形态	似层状、透镜状	20	矿床类型	基性超基性岩铜镍矿床

注：序号从 10 开始是为了和数据库保持一致。

3.14.3　地球化学特征

3.14.3.1　区域化探

A　元素含量统计参数

本次收集到研究区内 1∶200000 水系沉积物 223 件样品的 39 种元素含量数据。计算水系沉积物中元素平均值相对其在中国水系沉积物（*CSS*）中的富集系数，将其地球化学统计参数列于表 3-94 中。

表 3-94　研究区 1∶200000 区域化探元素含量①统计参数

元素	Ag	As	Au	B	Ba	Be	Bi	Cd	Co	Cr	Cu	F	Hg
最大值	360	40	5.2	122	816	5.04	4.89	870	38	215	370	600	746
最小值	59	5.0	0.3	9.8	413	1.60	0.19	62	7.0	29	12.8	306	28
中位值	116	9.2	1.1	37.3	591	2.50	0.29	108	11	61	19.6	430	41
平均值	124	10	1.22	39.8	590	2.62	0.36	130	12	69	23.2	429	47
标准差	42	3.8	0.70	18.2	57	0.61	0.36	89	2.9	29	27.1	52	48
富集系数②	1.62	0.99	0.93	0.85	1.20	1.25	1.16	0.93	0.95	1.17	1.06	0.88	1.30
元素	La	Li	Mo	Nb	Ni	Pb	Sb	Sn	Sr	Th	U	V	W
最大值	85.6	36.0	2.36	24.1	1108	81.3	2.56	5.51	505	94	6.10	146	5.44
最小值	23.4	18.8	0.26	11.2	12.2	14.7	0.11	1.10	128	6.40	0.70	46	0.64
中位值	40.3	26.6	0.86	16.5	22.7	25.2	0.50	3.16	184	11.0	1.90	98	1.63
平均值	41.6	26.6	0.91	16.5	34.5	25.6	0.56	3.23	207	11.6	1.83	98	1.68
标准差	7.14	3.71	0.29	2.15	86.2	5.84	0.29	0.67	68	5.98	0.59	15	0.53
富集系数②	1.07	0.83	1.09	1.03	1.38	1.07	0.82	1.08	1.42	0.98	0.75	1.22	0.93
元素	Y	Zn	Zr	SiO_2	Al_2O_3	Fe_2O_3	K_2O	Na_2O	CaO	MgO	Ti	P	Mn
最大值	31	140	508	72.92	15.45	6.79	3.01	3.42	4.74	4.96	8726	1620	2100
最小值	18.7	48	201	55.11	7.92	3.4	1.2	1.21	0.84	0.6	2214	450	420
中位值	23.5	72	294	62.92	13.5	4.33	2.36	1.91	1.36	1.19	4491	790	726
平均值	23.5	73	299	63	13	4	2	2	2	1	4553	815	770
标准差	1.86	9.3	37	4	1	0	0	0	1	0	750	157	221
富集系数②	0.94	1.04	1.11	0.96	1.04	0.98	0.99	1.46	0.86	0.93	1.11	1.41	1.15

①元素含量的单位见表 2-4；②富集系数=平均值/*CSS*，*CSS*（中国水系沉积物）数据详见表 2-4。

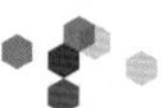

与中国水系沉积物相比，研究区内微量元素富集系数介于1.2~2之间的有Ag、Sr、Ni、Hg、Be、V、Ba。富集系数大于1.2的微量元素共计7种，其中基性造岩元素有Ni、V，热液成矿元素有Ag、Hg，造岩微量元素有Be、Sr、Ba。

在研究区内已发现有大型镍矿床并伴生铜，上述Ni和Cu的富集系数分别为1.38和1.06。

B 地球化学异常剖析图

依据研究区内1∶200000化探数据，采用全国变值七级异常划分方案制作29种微量元素的单元素地球化学异常图，其异常分级结果见表3-95。

表3-95 红旗岭矿区1∶200000区域化探元素异常分级

元素	Ag	As	Au	B	Ba	Be	Bi	Cd	Co	Cr	Cu	F	Hg	La	Li	Mo	Nb	Ni	Pb	Sb	Sn	Sr	Th	U	V	W	Y	Zn	Zr
异常分级	1	0	0	0	0	1	1	1	2	1	4	0	2	0	0	0	0	6	1	0	0	0	0	0	0	0	0	0	0

注：0代表在红旗岭矿区基本不存在异常，不作为找矿指示元素。

从表3-95中可以看出，在红旗岭矿区存在异常的微量元素有Ni、Cu、Cr、Co、Bi、Pb、Cd、Ag、Hg、Be共计10种。这10种微量元素在研究区内的地球化学异常剖析图如图3-58所示。

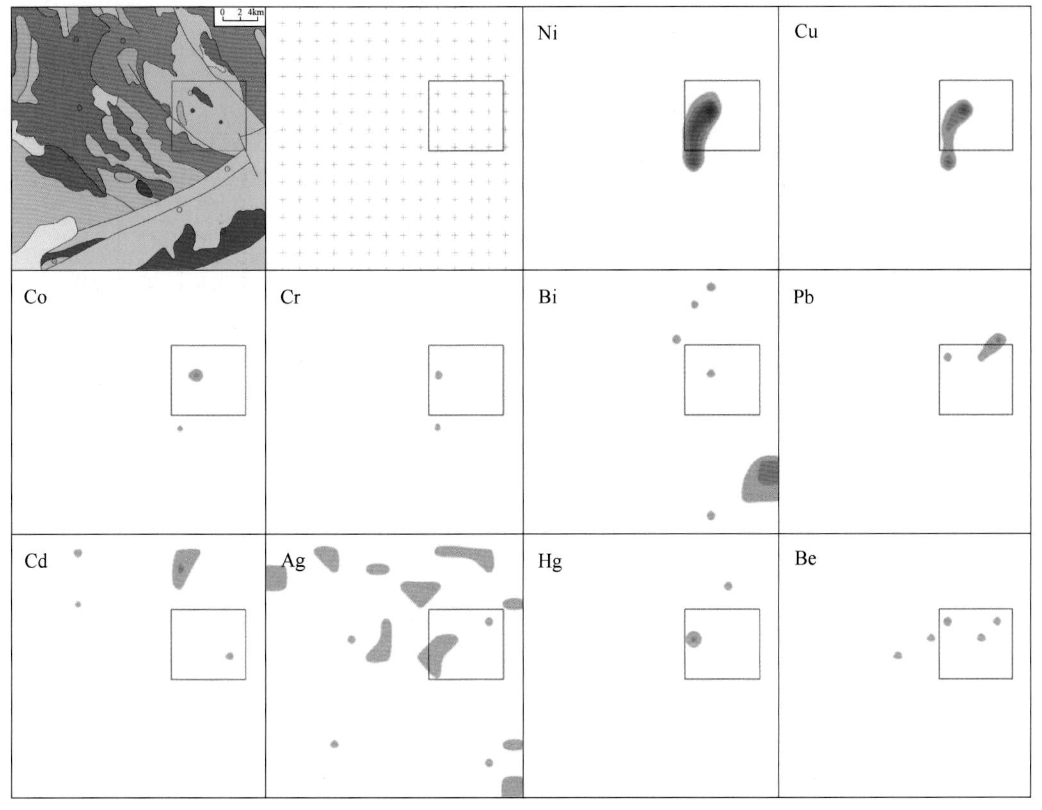

图3-58 区域化探地球化学异常剖析图
（地质图为图3-55红旗岭镍矿区域地质图）

上述 10 种元素可以作为红旗岭镍矿在区域化探工作阶段的找矿指示元素组合。在这 10 种元素中 Ni 具有 6 级异常，Cu 具有 4 级异常，Co、Hg 具有 2 级异常，Cr、Bi、Pb、Cd、Ag、Be 具有 1 级异常。

3.14.3.2　岩石地球化学勘查

A　元素含量统计参数

本次收集到红旗岭矿区岩石 299 件样品的 25 种微量元素含量数据（秦宽，1995；刘民武，2003；Wu et al.，2004；刘默，2005；支学军，2005；唐文龙和杨言辰，2007；刘凡珍等，2009；刘金玉等，2010；冯光英等，2011；郝立波等，2012；孙立吉，2013；魏俏巧，2015；赵新运，2015；Hao et al.，2016），其中不同类型的矿石 78 件、蚀变岩 46 件、较新鲜岩石 175 件。计算岩石中元素平均值相对其在中国水系沉积物（*CSS*）中的富集系数，将其地球化学统计参数列于表 3-96 中。

表 3-96　矿区岩石样品元素含量①统计参数

元素	Ag	As	Au	B	Ba	Be	Bi	Cd	Co	Cr	Cu	F	Hg	La	Li
样品数	8	16	5	3	95		3		104	169	166	3		131	5
最大值	0.35	0.2	0.77	5.13	2		0.48		4	2	16	138		0.42	9.85
最小值	99	7.24	1.05	13.8	1738		2.75		1130	6774	28422	262		46.6	20.2
中位值	68	0.66	0.96	12.38	77		1.02		112	1711	155	213		3.36	16.6
平均值	49.8	1.27	0.94	10.44	149		1.42		143	1884	2088	204		5.83	15.5
标准差	38.9	1.69	0.10	3.80	240		0.97		176	1298	5371	51		6.60	3.69
富集系数②	0.65	0.13	0.71	0.22	0.30		4.57		11.9	31.9	94.9	0.42		0.15	0.48
元素	Mo	Nb	Ni	Pb	Sb	Sn	Sr	Th	U	V	W	Y	Zn	Zr	
样品数	3	95	247	74	16	3	95	73	94	81		128	69	95	
最大值	0.20	0.39	10	1.8	0.10	1.43	30	0.11	0.04	13		0.02	47	1	
最小值	0.93	10.8	170442	164	1.63	3.08	1310	7.91	5.25	450		69	342	233	
中位值	0.63	1.86	1190	6.91	0.29	1.56	140	0.58	0.36	78		7.4	74	37	
平均值	0.59	2.45	9902	14.7	0.42	2.02	265	1.24	0.82	100		10.4	93	45	
标准差	0.30	1.97	25503	25.9	0.38	0.75	298	1.49	1.10	65		9.71	53	36	
富集系数②	0.70	0.15	396	0.61	0.60	0.67	1.83	0.10	0.33	1.25		0.42	1.33	0.17	

注：数据引自秦宽（1995）、刘民武（2003）、Wu et al.（2004）、刘默（2005）、支学军（2005）、唐文龙和杨言辰（2007）、刘凡珍等（2009）、刘金玉等（2010）、冯光英等（2011）、郝立波等（2012）、孙立吉（2013）、魏俏巧（2015）、赵新运（2015）、Hao et al.（2016）。

①元素含量的单位见表 2-4；②富集系数=平均值/*CSS*，*CSS*（中国水系沉积物）数据详见表 2-4。

与中国水系沉积物相比，矿区岩石微量元素富集系数大于 100 的有 Ni；介于 10~100 之间的有 Cu、Cr、Co；介于 3~10 之间的元素有 Bi；介于 1.2~2 之间的元素有 Sr、Zn、V。富集系数大于 1.2 的微量元素共计 8 种，其中基性微量元素有 Ni、Co、V、Cr，热液成矿元素有 Cu、Bi、Zn，造岩微量元素有 Sr。

在研究区内已发现有红旗岭大型镍矿床并伴生铜，上述 Ni、Cu 的富集系数分别为 396 和 94.9。

B 地球化学异常剖面图

本次在矿区范围内所收集的岩石有矿石、蚀变岩与较新鲜岩石，元素含量可采用平均值来表征，该平均值的大小取决于所收集岩石中矿石和蚀变岩相对较新鲜岩石的多少。

依据上述矿区岩石中元素含量的平均值，采用全国定值七级异常划分方案评定 25 种微量元素的异常分级，结果见表 3-97。

表 3-97 红旗岭矿区岩矿石中元素异常分级

元素	Ag	As	Au	B	Ba	Be	Bi	Cd	Co	Cr	Cu	F	Hg	La	Li	Mo	Nb	Ni	Pb	Sb	Sn	Sr	Th	U	V	W	Y	Zn	Zr
异常分级	0	0	0	0	0		1		6	3	7	0		0	0	0	0	7	0	0	0	0	0	0	0		0	0	0

注：0 代表在红旗岭矿区基本不存在异常，不作为找矿指示元素。

从表 3-97 中可以看出，在红旗岭铜镍矿区存在异常的微量元素有 Ni、Cu、Co、Cr、Bi 共计 5 种，这 5 种元素可作为红旗岭铜镍矿床在岩石地球化学勘查工作阶段的找矿指示元素组合。在这 5 种元素中 Ni、Cu 具有 7 级异常，Co 具有 6 级异常，Cr 具有 3 级异常，Bi 具有 1 级异常。

3.14.3.3 勘查地球化学特征简表

综合上述勘查地球化学特征，吉林磐石红旗岭铜镍矿床的勘查地球化学特征可归纳列入表 3-98 中。

表 3-98 吉林磐石红旗岭铜镍矿床勘查地球化学特征简表

矿床编号	项目名称	Ag	As	Au	B	Ba	Be	Bi	Cd	Co	Cr	Cu	F	Hg	La	Li
221901	区域富集系数	1.62	0.99	0.93	0.85	1.20	1.25	1.16	0.93	0.95	1.17	1.06	0.88	1.30	1.07	0.83
221901	区域异常分级	1	0	0	0	0	1	1	1	2	1	4	0	2	0	0
221901	岩石富集系数	0.65	0.13	0.71	0.22	0.30		4.57		11.9	31.9	94.9	0.42		0.15	0.48
221901	岩石异常分级	0	0	0	0	0		1		6	3	7	0		0	0
矿床编号	项目名称	Mo	Nb	Ni	Pb	Sb	Sn	Sr	Th	U	V	W	Y	Zn	Zr	
221901	区域富集系数	1.09	1.03	1.38	1.07	0.82	1.08	1.42	0.98	0.75	1.22	0.93	0.94	1.04	1.11	
221901	区域异常分级	0	0	6	1	0	0	0	0	0	0	0	0	0	0	
221901	岩石富集系数	0.70	0.15	396	0.61	0.60	0.67	1.83	0.10	0.33	1.25		0.42	1.33	0.17	
221901	岩石异常分级	0	0	7	0	0	0	0	0	0	0		0	0	0	

注：该表可与矿床基本信息、地质特征简表依据矿床编号建立对应关系。

3.14.4 地质地球化学找矿模型

吉林磐石红旗岭铜镍矿床为一大型铜镍硫化物矿床，位于吉林省吉林市磐石市红旗岭镇境内，矿体呈出露状态，赋矿建造为三叠系红旗岭基性-超基性岩体。成矿与红旗岭岩体关系密切，红旗岭岩体岩性主要为辉长岩、辉石岩和橄榄岩，其成岩年龄约 221Ma。矿体受红旗岭岩体形态、产状控制，矿石类型以原生铜镍硫化物矿石为主，矿体呈似层状、透镜状等，成矿年龄约 210Ma。围岩蚀变主要有次闪石化、滑石化、蛇纹石化等。因此，矿床类型属于基性-超基性岩铜镍矿床。

吉林磐石红旗岭矿床区域化探找矿指示元素组合为 Ni、Cu、Cr、Co、Bi、Pb、Cd、Ag、Hg、Be 共计 10 种，其中 Ni 具有 6 级异常，Cu 具有 4 级异常，Co、Hg 具有 2 级异常，Cr、Bi、Pb、Cd、Ag、Be 具有 1 级异常。矿区岩石化探找矿指示元素组合为 Ni、Cu、Co、Cr、Bi 共计 5 种，其中 Ni、Cu 具有 7 级异常，Co 具有 6 级异常，Cr 具有 3 级异常，Bi 具有 1 级异常。

3.15　内蒙古达茂旗黄花滩铜镍铂矿床

3.15.1　矿床基本信息

表 3-99 为内蒙古达茂旗黄花滩铜镍铂矿床基本信息。

表 3-99　内蒙古达茂旗黄花滩铜镍铂矿床基本信息表

序号	项目名称	项目描述	序号	项目名称	项目描述
0	矿床编号	151901	4	矿床规模	小型
1	经济矿种	镍、铜、铂	5	主矿种资源量	1.07
2	矿床名称	内蒙古达茂旗黄花滩铜镍铂矿床	6	伴生矿种资源量	4.13 Cu，0.15 Pt
3	行政隶属地	内蒙古自治区包头市达茂旗百灵庙镇	7	矿体出露状态	出露

注：经济矿种资源量数据引自连廷宝和宋增贤（1960），王立成等（2005），铂矿种资源量单位为 t，其他矿种资源量单位为万吨。

3.15.2　矿床地质特征

3.15.2.1　区域地质特征

内蒙古达茂旗黄花滩铜镍铂矿床位于内蒙古自治区包头市达茂旗（达尔罕茂明安联合旗）百灵庙镇境内，距达茂旗县城东南方向约 12km 处（党智财，2015），在成矿带划分上黄花滩铜镍铂矿床位于华北成矿省华北地台北缘西段成矿带的白云鄂博-商都成矿亚带内（徐志刚等，2008）。

区域内出露地层有新太古代、中元古代、新元古代、二叠系、白垩系、新近系和第四系，如图 3-59 所示。地层大多呈近东西向展布，新太古代片岩、斜长角闪岩、磁铁石英岩、大理岩、变粒岩为该区铜镍矿床的主要赋矿建造。

区域内岩浆岩发育，以酸性侵入岩为主，中基性侵入岩次之。区域内代表性酸性侵入岩体为分布于区域中北部和西南部的侏罗纪二长花岗岩、区域西北部的三叠纪二长花岗岩和区域中东部的二叠纪花岗岩。中基性侵入体主要为黄花滩中基性岩脉，走向北西西，其岩性主要为辉长岩和闪长岩，是黄花滩铜镍铂矿床的主要赋矿建造之一（党智财，2015）。

区域构造以近东西向深断裂为主，同时发育北西向和北东东向次级断裂，并控制了黄花滩铜镍铂矿床的发育（赵泽霖等，2016）。

区域内矿产资源不丰富，主要发育有黄花滩铜镍铂小型矿床。

3.15.2.2　矿区地质特征

黄花滩矿区东西长约 2km，南北宽约 1km，位于达茂旗百灵庙镇东偏南 12km，黄花滩

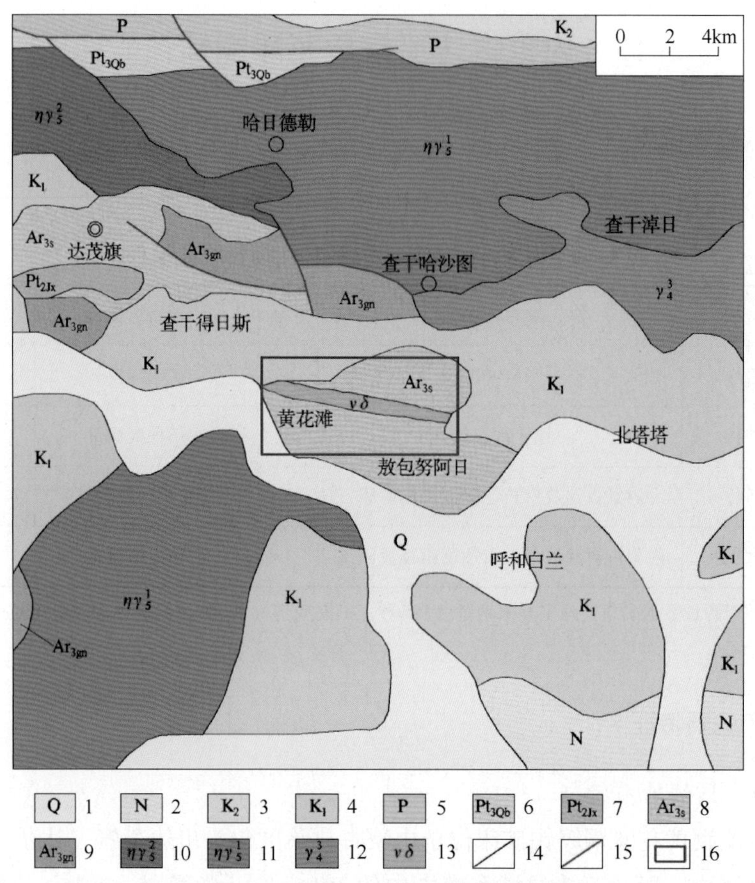

图 3-59　黄花滩铜镍铂矿区域地质图

（根据中国地质调查局 1：1000000 地质图修编）

1—第四系砂砾石；2—新近系砂质泥岩、砂岩、砂砾岩；3—上白垩统砂质泥岩、砂砾岩，局部含钙质结核；4—下白垩统碎屑岩、泥岩；5—二叠系砾岩、砂砾岩、砂岩夹泥灰岩、碳质板岩及煤层；6—新元古代青白口系泥晶灰岩、绿帘石岩、变质砂岩；7—中元古代蓟县系变质砾岩、变质砂岩、变质粉砂岩、结晶灰岩；8—新太古代片岩、斜长角闪岩、磁铁石英岩、大理岩、变粒岩；9—新太古代花岗片麻岩；10—侏罗纪二长花岗岩；11—三叠纪二长花岗岩；12—二叠纪花岗岩；13—辉长闪长岩；14—岩性界线；15—断层；16—黄花滩矿区范围

水库北约 4km 处，如图 3-60 所示。矿区地层主要为新太古代混合片麻岩、麻粒岩、角闪岩相和第四系松散堆积物。片麻岩主要有花岗片麻岩和条带状片麻岩两种，是黄花滩中基性侵入体的直接围岩，也是黄花滩铜镍铂矿体的主要赋矿建造之一。第四系松散沉积物主要分布于地形低洼处，以残坡积物及风成砂为主（党智财，2015）。

矿区岩浆岩以黄花滩中基性侵入体为主，此外在黄花滩岩体的边部零星发育有闪长玢岩、花岗岩和伟晶岩岩脉或岩株。

黄花滩中基性岩体整体呈北西向展布，受构造控制明显，其岩性主要由闪长岩、辉长岩-辉长闪长岩组成。辉长岩和辉长闪长岩位于矿区中北部，闪长岩分布于辉长岩-辉长闪长岩南北两侧（梁有彬，1981）。黄花滩铜镍铂矿体主要赋存在辉长岩-辉长闪长岩与闪长岩南接触带的近闪长岩体内，该赋矿岩体长约 1km、宽约 0.2km，出露面积约 0.2km^2，

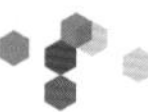

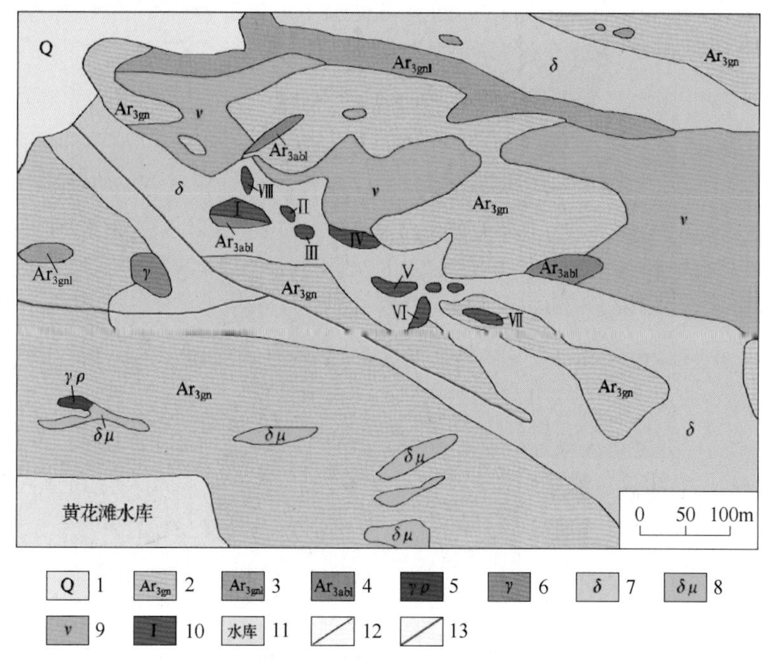

图 3-60 黄花滩铜镍铂矿矿区地质图

（根据党智财（2015）修编）

1—第四系松散堆积物；2—新太古代混合片麻岩；3—新太古代麻粒岩；4—新太古代角闪岩相；5—伟晶岩；6—花岗岩；7—闪长岩；8—闪长玢岩；9—辉长岩、辉长闪长岩；10—矿体及其编号；11—水库；12—岩性界线；13—断层

岩性主要由闪长岩、辉长岩-辉长闪长岩组成（刘国军和王建平，2004；党智财，2015）。梁有彬（1981）研究认为矿区中基性侵入岩可分为两期，铜镍铂成矿作用与早期基性岩（辉长岩-辉长闪长岩）侵入有关，第二期为中性闪长岩侵入体，与成矿无关。

矿区辉长岩的 LA-ICP-MS 锆石 U-Pb 年龄为（262.4±1.1）Ma（赵泽霖等，2016；党智财，2015），属于中二叠世晚期岩浆活动的产物。

矿区以断裂构造为主，褶皱次之，呈单斜构造（朱建兴等，2014）。断裂构造大致可分三组：一组为近东西向的纵断层，为主控断裂；另外两组分别为北东向和北西向的横断层，属伴生次级断裂（梁有彬，1981；朱建兴等，2014）。

3.15.2.3 矿体地质特征

A 矿体特征

黄花滩铜镍铂矿体主要分布于辉长闪长岩体南部与片麻岩接触带附近，矿体断续长约 1300m，走向 290°（梁有彬等，1998）。矿区主要由 10 个矿体组成，整体呈近东西向展布。矿化较好的有Ⅰ号、Ⅳ号、Ⅴ号矿体，矿体断续出露，总矿化长度 637m，如图 3-59 所示。矿区Ⅴ号矿体长 140m，最厚 15.5m（见图 3-61）；Ⅱ号矿体最小，长 20m，厚 2.25m。矿体多呈似层状、透镜状、囊状、脉状和扁豆状产出，矿体向深部常出现变薄或尖灭，并见有串珠状矿体。围岩为混合质片麻岩和闪长岩（梁有彬，1981；梁有彬等，1998；党智财，2015；赵泽霖等，2016）。铜矿石品位为 0.98%~3.55%，镍矿石品位为 0.11%~1.43%，铂钯矿石品位为 0.3~2.46g/t（党智财，2015）。

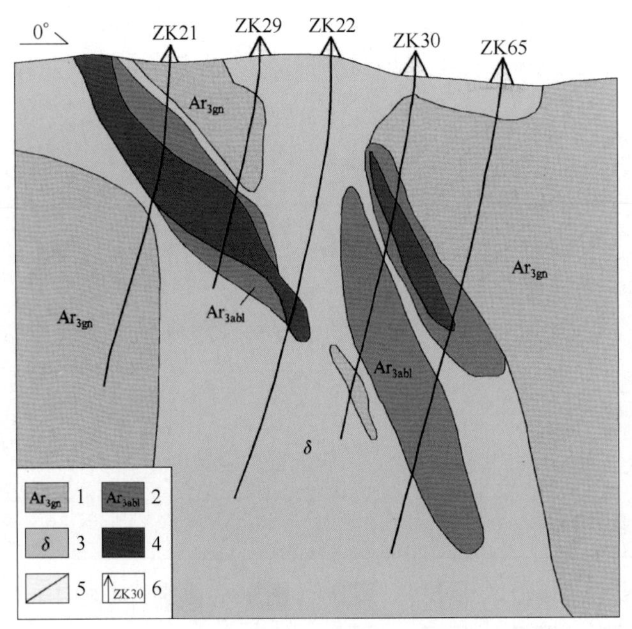

图 3-61　黄花滩矿床Ⅴ号矿体 33 勘探线剖面图

（根据梁有彬（1981）修编）

1—新太古代混合片麻岩；2—新太古代斜长角闪岩；3—闪长岩；4—矿体；5—岩性界线；6—钻孔及编号

针对矿体中矿石矿物的定年目前尚缺少资料，但由于矿体主要赋存在辉长岩体中，由此可认为成矿应与辉长岩成岩关系密切，故此处暂取黄花滩辉长岩体的成岩年龄 262Ma 代表黄花滩铜镍铂矿床的成矿年龄。

B　矿石特征

矿区矿石按自然类型可分为氧化矿石和原生矿石两种，以原生矿石为主。原生矿石以稠密浸染状和块状的斜长角闪岩型铜镍铂硫化物矿石为主（梁有彬，1981；党智财，2015）。

矿石中主要有用元素为铜、镍和铂族元素，伴生有益元素有 Au、Ag、Co、Ti 等。金属矿物主要有黄铜矿、黄铁矿、含镍黄铁矿、紫硫镍铁矿，次要矿物有磁黄铁矿、针镍矿、磁铁矿、钛铁矿、闪锌矿、辉砷钴矿。脉石矿物有角闪石、斜长石、辉石、次闪石、绿泥石、绿帘石、黑云母、石英和碳酸盐岩矿物，次生矿物有赤铁矿、褐铁矿、白钛矿、孔雀石、蓝铜矿、铜蓝和赤铜矿（梁有彬，1981；朱建兴等，2014；赵泽霖等，2016）。

矿石结构主要有他形晶粒状、网格状、交代残余、包含、压裂结构。原生矿石构造主要为浸染状构造、致密块状构造，其次为条痕状构造、破裂构造和角砾状构造（梁有彬，1981；朱建兴等，2014；赵泽霖等，2016）。

C　围岩蚀变

黄花滩矿区主要蚀变有次闪石化、绿泥石化、绢云母化、绿帘石化、蛇纹石化、碳酸盐化等，但与矿化关系不明显（朱建兴等，2014；党智财等，2014）。

3.15.2.4　勘查开发概况

1960 年内蒙古地质局乌盟地质队对黄花滩地区进行了铜镍矿普查，提交了《内蒙古乌盟

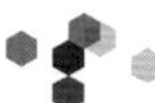

达茂联合旗黄花滩铜镍矿区普查报告》，获得C2级铜2418t、镍730t，地质储量铜4.13万吨、镍1.07万吨（连廷宝和宋增贤，1960）。按照地质储量矿床规模属小型铜镍矿床。

1964年内蒙古地质局物探大队在黄花滩至小南山铜镍矿远景区开展普查找矿，应用物化探调查圈定出一系列有磁性的中基性岩体（范广华等，1965）。

1976年内蒙古冶金地勘公司四队对该区进行普查，提交了《达茂联合旗铜、镍、铂矿普查报告》，在黄花滩矿区共圈出了10个矿化体，对Ⅰ号、Ⅲ号、Ⅳ号、Ⅴ号、Ⅸ号矿化体进行了钻探查证，仅对Ⅴ号矿体进行了储量估算，获得金属量铂148.4kg、钯82.7kg、金68.1kg、铜3234t、镍1149t（王立成等，2005）。

1984年内蒙古地矿局第二物探化探队对黄花滩矿区外围进行了1∶50000土壤测量，圈定元素组合异常13处，指出了找矿线索，但大部分未做进一步检查（沈奇等，1984）。

1990年黄花滩铜镍铂矿床开始建矿生产，主要开采Ⅴ号矿体。在Ⅴ号矿体内分别圈出5个铂矿体、8个铜矿体和3个镍矿体。截至2005年4月30日矿区核实金属量为铂145.3kg，钯73.3kg，金69.0kg，铜3140t，镍1142t（王立成等，2005）。

目前矿区储量数据仍基本采用1960年探获的地质储量数据，矿区金属量铜4.13万吨、镍1.07万吨、铂0.15t（党智财，2015）。

3.15.2.5 矿床类型

根据梁有彬（1981）、梁有彬等（1998）、朱建兴等（2014）、党智财（2015）、赵泽霖等（2016）的研究成果，认为内蒙古达茂旗黄花滩铜镍铂矿床应属于基性超基性岩铜镍矿床。

3.15.2.6 地质特征简表

综合上述矿床地质特征，除矿床基本信息表（见表3-99）中所表达的信息以外，内蒙古达茂旗黄花滩铜镍铂矿床的地质特征可归纳列入表3-100中。

表3-100 内蒙古达茂旗黄花滩铜镍铂矿床地质特征简表

序号	项目名称	项目描述	序号	项目名称	项目描述
10	赋矿地层时代	新太古代	16	矿石类型	斜长角闪岩型铜镍硫化物矿石
11	赋矿地层岩性	片麻岩	17	成矿年龄	262Ma
12	相关岩体岩性	辉长闪长岩	18	矿石矿物	黄铜矿、黄铁矿、含镍黄铁矿、紫硫镍铁矿等
13	相关岩体年龄	262Ma	19	围岩蚀变	次闪石化、绿泥石化、绢云母化、绿帘石化、蛇纹石化、碳酸盐化等
14	是否断裂控矿	是			
15	矿体形态	似层状、透镜状等	20	矿床类型	基性超基性岩铜镍矿床

注：序号从10开始是为了和数据库保持一致。

3.15.3 地球化学特征

3.15.3.1 区域化探

A 元素含量统计参数

本次收集到研究区内1∶200000水系沉积物225件样品的39种元素含量数据。计算水系沉积物中元素平均值相对其在中国水系沉积物（*CSS*）中的富集系数，将其地球化学统计参数列于表3-101中。

表 3-101　研究区 1∶200000 区域化探元素含量①统计参数

元素	Ag	As	Au	B	Ba	Be	Bi	Cd	Co	Cr	Cu	F	Hg
最大值	290	64.9	97.9	82	1916	4.5	5.0	880	15	94	64	1010	40.1
最小值	20	1.0	0.2	2.0	114	0.2	0.02	10	0.8	1.0	2.0	64	2.7
中位值	60	6.0	0.8	23	863	1.3	0.17	60	5.5	36	14	200	14.6
平均值	68	6.6	1.7	25	903	1.4	0.25	70	6.1	38	15	249	15
标准差	32	5.5	6.7	17	308	0.7	0.51	68	3.1	21	8	155	7.3
富集系数②	0.88	0.66	1.26	0.54	1.84	0.65	0.82	0.50	0.50	0.65	0.67	0.51	0.42
元素	La	Li	Mo	Nb	Ni	Pb	Sb	Sn	Sr	Th	U	V	W
最大值	70	39.5	2.72	18	33	58	2.08	34	656	16	3.0	114	6.56
最小值	1.7	1.7	0.06	2.0	0.5	10	0.06	0.1	19	2.0	0.2	1.8	0.16
中位值	23	14.5	0.56	9.0	12	20	0.42	0.9	204	9.0	1.00	44	0.82
平均值	24	15.6	0.63	9.1	13	20	0.45	1.3	261	8.4	1.01	44	1.01
标准差	12	8.5	0.42	3.6	7.3	5.6	0.31	2.7	135	3.1	0.64	24	0.77
富集系数②	0.60	0.49	0.74	0.57	0.51	0.83	0.65	0.45	1.80	0.71	0.41	0.55	0.56
元素	Y	Zn	Zr	SiO_2	Al_2O_3	Fe_2O_3	K_2O	Na_2O	CaO	MgO	Ti	P	Mn
最大值	27	135	439	87.62	17.37	5.48	9.59	6.86	8.69	2.37	4393	757	869
最小值	9.0	11	39	56.43	6.93	0.55	1.43	1.26	0.25	0.04	263	74	100
中位值	17	36	186	70.70	12.45	2.60	3.05	2.40	1.86	0.71	2022	319	384
平均值	17	38	183	71.31	12.33	2.62	3.44	2.81	2.11	0.81	2083	324	396
标准差	4.4	17	81	4.79	1.81	1.12	1.25	1.20	1.23	0.53	992	128	166
富集系数②	0.68	0.54	0.68	1.09	0.96	0.58	1.46	2.13	1.17	0.59	0.51	0.56	0.59

①元素含量的单位见表 2-4；②富集系数=平均值/*CSS*，*CSS*（中国水系沉积物）数据详见表 2-4。

与中国水系沉积物相比，研究区内微量元素富集系数介于 1.2~2 之间的有 Ba、Sr、Au。富集系数大于 1.2 的微量元素共计 3 种，其中热液成矿元素有 Au，造岩微量元素有 Sr、Ba。

在研究区内已发现有大型黄花滩铜镍铂矿床，上述 Ni 和 Cu 的富集系数仅分别为 0.51 和 0.67。

B　地球化学异常剖析图

依据研究区内 1∶200000 化探数据，采用全国变值七级异常划分方案制作 29 种微量元素的单元素地球化学异常图，其异常分级结果见表 3-102。

表 3-102　黄花滩矿区 1∶200000 区域化探元素异常分级

元素	Ag	As	Au	B	Ba	Be	Bi	Cd	Co	Cr	Cu	F	Hg	La	Li	Mo	Nb	Ni	Pb	Sb	Sn	Sr	Th	U	V	W	Y	Zn	Zr
异常分级	1	1	1	0	0	0	1	0	1	1	2	0	1	0	0	0	0	1	0	0	0	0	0	0	2	0	1	0	0

注：0 代表在黄花滩矿区基本不存在异常，不作为找矿指示元素。

从表 3-102 中可以看出，在黄花滩矿区存在异常的微量元素有 Ni、Cu、Co、V、Cr、Bi、Au、Ag、As、Hg、Y 共计 11 种。这 11 种微量元素在研究区内的地球化学异常剖析图如图 3-62 所示。

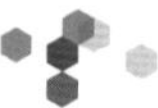

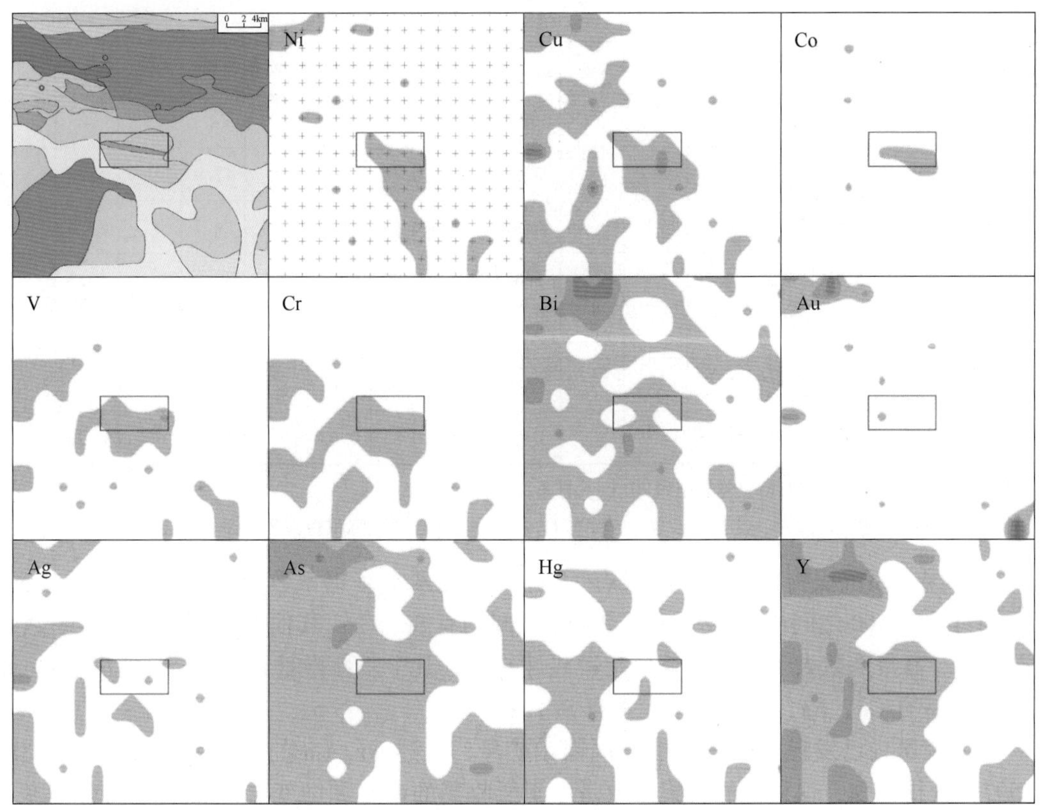

图 3-62 区域化探地球化学异常剖析图
(地质图为图 3-59 黄花滩铜镍铂矿区域地质图)

上述 11 种元素可以作为黄花滩铜镍铂矿在区域化探工作阶段的找矿指示元素组合。在这 11 种元素中 Cu、V 具有 2 级异常，Ni、Co、Cr、Bi、Au、Ag、As、Hg、Y 具有 1 级异常。

3.15.3.2 岩石地球化学勘查

A 元素含量统计参数

本次收集到黄花滩矿区岩石 14 件样品的 15 种微量元素含量数据（梁有彬，1981；党智财，2015；赵泽霖等，2016），其中不同类型的矿石 3 件、蚀变岩 2 件、较新鲜岩石 9 件。计算岩石中元素平均值相对其在中国水系沉积物（*CSS*）中的富集系数，将其地球化学统计参数列于表 3-103 中。

表 3-103 矿区岩石样品元素含量[①]统计参数

元素	Ag	As	Au	B	Ba	Be	Bi	Cd	Co	Cr	Cu	F	Hg	La	Li
样品数	4				7				8	6	8			4	
最大值	1600				100				27.7	205	26.5			16.9	
最小值	20700				680				1290	342	54100			28.9	
中位值	11650				381				42.1	205	375			18.5	
平均值	11400				400				344	228	13124			20.7	
标准差	7643				177				513	51.0	19771			4.8	
富集系数[②]	148				0.82				28.5	3.87	597			0.53	

续表 3-103

元素	Mo	Nb	Ni	Pb	Sb	Sn	Sr	Th	U	V	W	Y	Zn	Zr	
样品数		4	8	4			4	4	4	2		4		4	
最大值		5.28	54	5.3			533	1.0	0.76	50		17.9		58.8	
最小值		7.58	37200	6.5			613	5.0	0.93	50		24.7		84.4	
中位值		5.38	425	6.1			568	2.3	0.80	50		22.2		69.2	
平均值		5.90	9519	6.0			570	2.7	0.82	50		21.7		70.4	
标准差		0.97	15432	0.5			29.6	1.5	0.07	0		2.44		9.5	
富集系数②		0.37	381	0.25			3.93	0.22	0.33	0.63		0.87		0.26	

注：数据引自梁有彬（1981）、党智财（2015）、赵泽霖等（2016）。

①元素含量的单位见表 2-4；②富集系数=平均值/*CSS*，*CSS*（中国水系沉积物）数据详见表 2-4。

与中国水系沉积物相比，矿区岩石 15 种微量元素中富集系数大于 100 的有 Cu、Ni、Ag；介于 10~100 之间的有 Co；介于 3~10 之间的有 Sr、Cr；其他微量元素的富集系数均小于 1.2。富集系数大于 1.2 的微量元素共计 6 种，其中基性微量元素有 Ni、Co、Cr，热液成矿元素有 Cu、Ag，造岩微量元素有 Sr。

在研究区内已发现有黄花滩小型铜镍铂矿床，上述 Ni、Cu 的富集系数分别高达 381 和 597。分析认为，这种高的富集系数是由于所收集的矿石和蚀变岩样品数量相对较多且品位较高所致。

B　地球化学异常剖面图

本次在矿区范围内所收集的岩石有矿石、蚀变岩与较新鲜岩石，尤其是含有一定量的蚀变岩和矿石，元素含量可采用平均值来表征，该平均值的大小取决于所收集岩石中矿石和蚀变岩相对较新鲜岩石的多少。

依据上述矿区岩石中元素含量的平均值，采用全国定值七级异常划分方案评定 15 种微量元素的异常分级，结果见表 3-104。

表 3-104　黄花滩矿区岩矿石中元素异常分级

元素	Ag	As	Au	B	Ba	Be	Bi	Cd	Co	Cr	Cu	F	Hg	La	Li	Mo	Nb	Ni	Pb	Sb	Sn	Sr	Th	U	V	W	Y	Zn	Zr
异常分级	5				0				7	1	7			0			0	7	0			1	0	0	0		0		0

注：0 代表在黄花滩矿区基本不存在异常，不作为找矿指示元素。

从表 3-104 中可以看出，在黄花滩矿区存在异常的微量元素有 Ni、Cu、Co、Cr、Ag、Sr 共计 6 种，这 6 种元素可作为黄花滩铜镍铂矿床在岩石地球化学勘查工作阶段的找矿指示元素组合。在这 6 种元素中 Ni、Cu、Co 具有 7 级异常，Ag 具有 5 级异常，Cr、Sr 具有 1 级异常。

3.15.3.3　勘查地球化学特征简表

综合上述勘查地球化学特征，内蒙古达茂旗黄花滩铜镍铂矿床的勘查地球化学特征可归纳列入表 3-105 中。

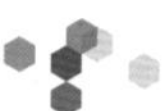

表 3-105 内蒙古达茂旗黄花滩铜镍铂矿床勘查地球化学特征简表

矿床编号	项目名称	Ag	As	Au	B	Ba	Be	Bi	Cd	Co	Cr	Cu	F	Hg	La	Li
151901	区域富集系数	0.88	0.66	1.26	0.54	1.84	0.65	0.82	0.50	0.50	0.65	0.67	0.51	0.42	0.60	0.49
151901	区域异常分级	1	1	1	0	0	0	1	0	1	1	2	0	1	0	0
151901	岩石富集系数	148				0.82				28.5	3.87	597			0.53	
151901	岩石异常分级	5				0				7	1	7			0	
矿床编号	项目名称	Mo	Nb	Ni	Pb	Sb	Sn	Sr	Th	U	V	W	Y	Zn	Zr	
151901	区域富集系数	0.74	0.57	0.51	0.83	0.65	0.45	1.80	0.71	0.41	0.55	0.56	0.68	0.54	0.68	
151901	区域异常分级	0	0	1	0	0	0	0	0	0	2	0	1	0	0	
151901	岩石富集系数		0.37	381	0.25			3.93	0.22	0.33	0.63		0.87		0.26	
151901	岩石异常分级		0	7	0			1	0	0	0		0		0	

注：该表可与矿床基本信息、地质特征简表依据矿床编号建立对应关系。

3.15.4 地质地球化学找矿模型

内蒙古达茂旗黄花滩铜镍铂矿床为一小型铜镍铂硫化物矿床，位于内蒙古包头市达茂旗百灵庙镇境内，矿体呈出露状态，赋矿建造为中二叠世黄花滩中基性岩体和新太古代片麻岩。成矿与黄花滩中基性岩体关系密切，黄花滩岩体岩性主要为辉长岩和闪长岩，其成岩年龄约 262Ma。矿体受黄花滩中基性岩体形态、产状及矿区断裂控制明显，矿石类型以斜长角闪岩型原生硫化物矿石为主，矿体呈似层状、透镜状、囊状、脉状等，成矿年龄约 262Ma。围岩蚀变主要有次闪石化、绿泥石化、绢云母化、绿帘石化、蛇纹石化、碳酸盐化等。因此，矿床类型属于基性超基性岩铜镍矿床。

内蒙古达茂旗黄花滩矿床区域化探找矿指示元素组合为 Ni、Cu、Co、V、Cr、Bi、Au、Ag、As、Hg、Y 共计 11 种，其中 Cu、V 具有 2 级异常，Ni、Co、Cr、Bi、Au、Ag、As、Hg、Y 具有 1 级异常。矿区岩石化探找矿指示元素组合为 Ni、Cu、Co、Cr、Ag、Sr 共计 6 种，其中 Ni、Cu、Co 具有 7 级异常，Ag 具有 5 级异常，Cr、Sr 具有 1 级异常。

4 结　语

本书在技术方法介绍的基础上以实例形式提出了典型矿床地球化学建模的工作流程，进而建立了我国 15 个典型镍矿床的地球化学找矿模型集。每一个典型矿床可作为典型矿床地球化学找矿模型集数据库的一条记录（含有矿床基本信息 8 个字段，地质特征简述 11 个字段），其中勘查地球化学特征作为子表，基于矿床编号字段形成关系表。

虽然富集系数是刻画元素地球化学特征的重要参数之一，但富集系数仅基于背景值一把标尺，适用于同一元素同类介质（如岩石、土壤、水系沉积物）在不同地区之间的比较。针对不同元素和不同介质因元素边界品位不同、母岩岩性及样品风化程度不同，富集系数无法针对不同元素、不同介质进行科学有效的相互比较。

地球化学七级异常划分方案是基于元素边界品位和背景值两把标尺而提出的创新性技术，是一种客观的、无须考虑数据分布类型的、多变量的、变值的异常下限确定和评判方法。该方法既具有个性（仅适用于对其风化行为已进行定量表征的微量元素），又具有普适性（不同元素的异常分级均可划分为 7 级，传统化探样品如岩石、土壤和水系沉积物均可适用），单个样品同样也采用该方法进行异常的确定和分级评判。七级异常划分方案的核心技术是定量表征元素风化行为的经验方程，可定量表征消除母岩岩性和风化程度影响的客观背景值，是本书作者团队提出的创新性科研成果。

尽管地球化学七级异常划分方案可以消除母岩岩性和风化程度影响来确定和评判地球化学异常，但这仅适用于已进行定量表征的微量元素，且仅为单元素地球化学异常。针对其他微量元素的经验方程也有待提出，目前已提出的经验方程也有待进一步完善。

近年来，本书作者团队提出的地球化学基因技术，尤其是金矿化地球化学基因和钨矿化地球化学基因，其矿化相似度可作为多元素综合指标来确定和评价地球化学综合异常。这些矿化基因是否适合镍矿地球化学勘查，以及是否需要构建针对镍矿勘查的镍矿化地球化学基因等有待进一步研究。

本书作为中国镍矿典型矿床地球化学找矿模型集，研究的矿床数量仅有 15 个，针对新近发现的以及其他典型镍矿床有待建立更多的地球化学找矿模型，并且有待对已建立的模型进行深化归纳和总结，这是今后地球化学找矿模型研究的发展方向。

参考文献

奥琮，2014. 青海东昆仑夏日哈木镍矿矿床地质特征及成因研究［D］. 长春：吉林大学：1-73.

奥琮，孙丰月，李碧乐，等，2014. 青海夏日哈木矿区中泥盆世闪长玢岩锆石 U-Pb 年代学、地球化学及其地质意义［J］. 西北地质，47（1）：96-106.

曾明果，1998. 遵义黄家湾镍钼矿地质特征及开发前景［J］. 贵州地质，15（4）：305-310.

曾认宇，赖建清，毛先成，2013. 金川铜镍硫化物矿床岩浆通道系统的成矿模式［J］. 矿产与地质，27（4）：276-282.

曾认宇，赖健清，毛先成，等，2016. 金川铜镍硫化物矿床铂族元素地球化学差异及其演化意义［J］. 中国有色金属学报，26（1）：149-163.

柴凤梅，2006. 新疆北部三个与岩浆型 Ni-Cu 硫化物矿床有关的镁铁-超镁铁质岩的地球化学特征对比研究［D］. 北京：中国地质大学（北京），1-152.

柴仁杰，罗世华，1963. 吉林省盘石红旗岭镍矿区 1 号岩体中间储量计算报告书［R］. 吉林省有色金属第七勘探队（内部资料）.

畅斌，温汉捷，2008. 贵州遵义黄家湾下寒武统牛蹄塘组镍-钼富集层电子探针研究［J］. 矿物学报，28（4）：439-446.

陈继平，廖群安，张雄华，等，2013. 东天山地区黄山东与香山镁铁质-超镁铁质杂岩体对比［J］. 地球科学（中国地质大学学报），38（6）：1183-1196.

陈锦荣，崔学武，武玉海，等，2002. 云南墨江金厂金矿床成岩成矿年龄研究［J］. 黄金地质，8（1）：1-5.

陈静，谢智勇，李彬，等，2013. 东昆仑拉陵灶火钼多金属矿床含矿岩体地质地球化学特征及其成矿意义［J］. 地质与勘探，49（5）：813-824.

陈兰，2005. 湘黔地区早寒武世黑色岩系沉积学及地球化学研究［D］. 北京：中国科学院，1-103.

陈聆，郭科，柳柄利，等，2012. 地球化学矿致异常非线性分析方法研究［J］. 地球物理学进展，27（4）：1701-1707.

陈民扬，庞春勇，肖孟华，1994. 煎茶岭镍矿床成矿作用特征［J］. 地球学报，（1-2）：138-144.

陈世杰，李建伟，高关军，2014. 陕西省勉县李家沟金矿床成矿地质条件及矿床地质特征［J］. 甘肃地质，2014，36（3）：69-74.

陈淑珍，1989. 大庸大坪钒矿床的地质特征及成因探讨［J］. 湘潭矿业学院学报，4（2）：129-134.

陈毓川，王登红，2010a. 重要矿产和区域成矿规律研究技术要求［M］. 北京：地质出版社，1-179.

陈毓川，王登红，2010b. 重要矿产预测类型划分方案［M］. 北京：地质出版社，1-222.

陈子诚，孟繁兴，林平波，等，1965. 红旗岭矿区Ⅰ号岩体地质勘探补充报告 1962—1964 年 12 月［R］. 吉林有色金属第七勘探队（内部资料）.

迟清华，鄢明才，2007. 应用地球化学元素丰度数据手册［M］. 北京：地质出版社，1-148.

丛冲，2009. 云南富宁渭沙金矿床地质、地球化学特征及成因研究［D］. 昆明：昆明理工大学，1-57.

崔进寿，2010. 甘肃省黑山铜镍矿床地质特征［J］. 甘肃科技，26（4）：71-74，24.

代军治，陈荔湘，石小峰，等，2014. 陕西略阳煎茶岭镍矿床酸性侵入岩形成时代及成矿意义［J］. 地质学报，88（10）：1861-1873.

代俊峰，2015. 金川与喀拉通克 Cu-Ni 硫化物矿床构造环境及成矿作用对比研究［D］. 兰州：兰州大学，1-55.

代玉财，马雷，郗文亮，等，2013. 新疆哈密市黄山南铜镍矿床地质特征及成因浅谈［J］. 新疆有色金属，（4）：39-44.

戴慧敏，宫传东，鲍庆中，等，2010. 区域化探数据处理中几种异常下限确定方法的对比——以内蒙古查巴奇地区水系沉积物为例［J］. 物探与化探，34（6）：782-786.

戴塔根，尹学朗，张德贤，2013. 喀拉通克铜镍矿成岩成矿模式［J］. 中国有色金属学报，23（9）：2567-2573.

党智财，2015. 内蒙古中部地区镁铁质-超镁铁质岩岩石学、地球化学、年代学及含矿性评价［D］. 北京：中国地质科学院，1-117.

邓津辉，史基安，王琪，等，2003. 金川镍矿含矿岩体的稀土元素及微量元素地球化学特征［J］. 矿物岩石，23（1）：61-64.

邓宇峰，2011. 新疆北天山黄山东与黄山西镁铁-超镁铁岩体及 Cu-Ni 硫化物矿床成因［D］. 北京：中国科学院研究生院，1-157.

邓宇峰，宋谢炎，颉炜，等，2011. 新疆北天山黄山东含铜镍矿镁铁-超镁铁岩体的岩石成因：主量元素、微量元素和 Sr-Nd 同位素证据［J］. 地质学报，85（9）：1435-1451.

邓远文，胡夕鹏，江林香，2014. 不同化探数据处理方法在找矿中的应用——以四川会理县银星铁铜矿为例［J］. 四川地质学报，34（1）：136-139，152.

翟裕生，姚书振，蔡克勤，2011. 矿床学［M］. 3 版. 北京：地质出版社，1-417.

丁振举，姚书振，刘丛强，等，2003. 东沟坝多金属矿床喷流沉积成矿特征的稀土元素地球化学示踪［J］. 岩石学报，19（4）：792-798.

董耀松，2003. 吉林红旗岭铜镍矿床综合找矿模型［J］. 吉林大学学报（地球科学版），33（2）：152-155，177.

董耀松，范继璋，杨言辰，等，2004. 吉林红旗岭铜镍矿床的地质特征及成因［J］. 现代地质，18（2）：197-202.

窦慧茹，2015. 那坪金矿矿床地质特征及成因［J］. 地球，（2）：2.

杜坤，闵正贵，耿旭，2011. 四川荥经铜厂沟铜矿床地质特征及成因初探［J］. 内蒙古石油化工，（6）：174-175.

杜佩轩，1998. EGMA 系统及其应用效果——找矿靶区的定位预测［J］. 物探与化探，22（5）：371-378.

杜玮，凌锦兰，周伟，等，2014. 东昆仑夏日哈木镍矿床地质特征与成因［J］. 矿床地质，33（4）：713-726.

杜小全，赵远由，张志强，2011. 贵州遵义地区钼镍矿规模远景及开发中存在的问题［J］. 矿产勘查，2（4）：376-382.

樊艳云，2012. 云南省富宁尾洞铜镍矿区采矿工程地质条件研究［D］. 昆明：昆明理工大学，1-83.

范广华，等，1965. 内蒙古乌盟黄花滩—小南山一带铜镍矿物化探普查工作报告［R］. 内蒙古地质局物探大队（内部资料）.

范小军，陈冲，王晓刚，等，2012. 西北半干旱地区岩屑地球化学异常提取方法的研究［J］. 地质学刊，36（1）：23-32.

方维萱，胡瑞忠，谢桂青，等，2001. 墨江镍金矿床（黄铁矿）硅质岩的成岩成矿时代［J］. 科学通报，46（10）：857-860.

费光春，李佑国，温春齐，等，2008. 子区中位数衬值滤波法在川西斑岩型铜矿区地球化学异常的筛选与查证中的应用［J］. 物探与化探，32（1）：66-69.

丰成友，赵一鸣，李大新，等，2016. 东昆仑祁漫塔格山地区夏日哈木镍矿床矿物学特征［J］. 地质论评，62（1）：215-228.

冯彩霞，池国祥，胡瑞忠，等，2011. 遵义黄家湾 Ni-Mo 多金属矿床成矿流体特征：来自方解石流体包裹体、REE 和 C、O 同位素证据［J］. 岩石学报，27（12）：3763-3776.

冯光英，刘燊，冯彩霞，等，2011. 吉林红旗岭超基性岩体的锆石 U-Pb 年龄、Sr-Nd-Hf 同位素特征及岩石成因［J］. 岩石学报，27（6）：1594-1606.

冯开平，张纯刚，2013. 富宁县安定铜镍矿区物化探找矿应用效果［J］. 矿物学报，33（4）：545-550.

符志强，王亮，陈列猛，等，2015. 甘肃金川铜镍硫化物矿床1号矿体铂族元素空间分布及成因［J］. 山东工业技术，（6）：90-91.

甘肃省地质矿产局第六地质队，1984. 白家咀子硫化铜镍矿床地质［M］. 北京：地质出版社，1-225.

高辉，Hronsky J，曹殿华，等，2009. 金川铜镍矿床成矿模式、控矿因素分析与找矿［J］. 地质与勘探，45（3）：218-228.

高军波，魏怀瑞，刘坤，等，2011. 贵州遵义-纳雍一带寒武系黑色岩系中钼镍矿层的沉积特征［J］. 地质与资源，20（3）：234-239.

高萍，2011. 新疆喀拉通克铜镍矿矿物特征研究［D］. 西安：长安大学，1-72.

高强祖，黄满湘，2006. 金川铜镍硫化物矿床成因探讨［J］. 西部探矿工程，（6）：113-115.

高亚林，2009. 金川矿区地质特征、时空演化及深边部找矿研究［D］. 兰州：兰州大学，1-145.

高亚林，乔富贵，卢健全，等，2014. 金川铜镍硫化物矿床中特富矿分布特征及成因［J］. 地球科学与环境学报，36（1）：68-79.

郜兆典，1988. 罗城宝坛锡矿一洞—五地矿区431矿带找隐伏矿初探［J］. 广西地质，1（1）：21-29.

葛文春，李献华，李正祥，等，2000. 宝坛地区透闪石化镁铁质岩石成因的地质地球化学证据［J］. 地球化学，29（3）：253-258.

葛文春，李献华，李正祥，等，2001a. 桂北新元古代两类过铝花岗岩的地球化学研究［J］. 地球化学，30（1）：24-34.

葛文春，李献华，梁细荣，等，2001b. 桂北元宝山宝坛地区约825Ma镁铁-超镁铁岩的地球化学及其地质意义［J］. 地球化学，30（2）：123-130.

龚庆杰，喻劲松，韩东昱，等，2015. 豫西牛头沟金矿地球化学找矿模型与定量预测［M］. 北京：冶金工业出版社，1-174.

龚英，2011. 喀拉通克铜镍矿区一号矿床铜镍金属元素的空间分布特征［J］. 新疆有色金属，（增刊2）：1-2.

官建祥，宋谢炎，2010. 四川攀西地区几个小型镁铁-超镁铁岩体含矿性的铂族元素示踪［J］. 矿床地质，29（2）：207-217.

韩宝福，季建清，宋彪，等，2004. 新疆喀拉通克和黄山东含铜镍矿镁铁-超镁铁杂岩体的SHRIMP锆石U-Pb年龄及其地质意义［J］. 科学通报，49（22）：2324-2328.

韩春明，肖文交，赵国春，等，2006. 新疆喀拉通克铜镍硫化物矿床Re-Os同位素研究及其地质意义［J］. 岩石学报，22（1）：163-170.

韩东昱，龚庆杰，向运川，2004. 区域化探数据处理的几种分形方法［J］. 地质通报，23（7）：714-719.

韩润生，金世昌，刘丛强，等，2000. 陕西勉略阳区铜厂矿田矿床（化）类型及其特征［J］. 地质与勘探，36（4）：11-15，40.

韩善楚，胡凯，曹剑，等，2012. 华南早寒武世黑色岩系镍钼多金属矿床矿物学特征研究［J］. 矿物学报，32（2）：269-280.

郝立波，孙立吉，赵玉岩，等，2012. 吉林红旗岭2号岩体锆石SHRIMP U-Pb定年及其地质意义［J］. 吉林大学学报（地球科学版），42（S3）：166-178.

郝立波，孙立吉，赵玉岩，等，2013. 吉林红旗岭镍矿田茶尖岩体锆石SHRIMP U-Pb年代学及其意义［J］. 地球科学（中国地质大学学报），38（2）：233-240.

郝立波，吴超，孙立吉，等，2014. 吉林红旗岭铜镍硫化物矿床Re-Os同位素特征及其意义［J］. 吉林大学学报（地球科学版），44（2）：507-517.

何周虎，李时谦，胡志科，2004. 关于铋矿床工业指标的讨论［J］. 华南地质与矿产，（2）：32-34.

贺令邦，杨绍祥，2011. 湖南张家界市三岔镍钼矿成矿地质特征［J］. 中国矿业，20（7）：69-73.

胡沛青，任立业，傅飘儿，等，2010. 新疆哈密黄山东铜镍硫化物矿床成岩成矿作用［J］. 矿床地质，29（1）：158-168.

胡廷辉，曾昭光，余崇玺，2008. 遵义松林地区镍钼多金属矿床地质特征及找矿远景分析［J］. 贵州地质，25（2）：95-98.

胡云中，唐尚鹑，王海平，等，1995. 哀牢山金矿地质［M］. 北京：地质出版社，1-278.

湖南省地质局 405 队，1975. 湖南省大庸县天门山矿区大坪—晓坪矿段镍钼矿地质详查报告［R］. 湖南省地质局 405 队（内部资料）.

黄杰，刘耀辉，莫江平，2007. 桂北宝坛地区铜镍硫化物矿床成矿模式［J］. 矿产与地质，21（4）：425-428.

黄庆，2013. 云南富宁尾洞铜镍矿矿床地质特征研究［D］. 昆明：昆明理工大学，1-54.

黄燕，2011. 湖南张家界地区寒武系牛蹄塘组黑色岩系沉积地球化学研究［D］. 成都：成都理工大学，1-53.

嵇振山，宋守伯，董履义，等，1976. 黑龙江省鸡东县五星铂钯矿区详查报告［R］. 黑龙江省地质第 7 队（内部资料）.

姜常义，凌锦兰，周伟，等，2015. 东昆仑夏日哈木镁铁质-超镁铁质岩体岩石成因与拉张型岛弧背景［J］. 岩石学报，31（4）：1117-1136.

姜修道，魏钢锋，聂江涛，2010. 煎茶岭镍矿——是岩浆还是热液成因［J］. 矿床地质，29（6）：1112-1124.

蒋敬业，程建萍，祁士华，等，2006. 应用地球化学［M］. 武汉：中国地质大学出版社，1-340.

焦建刚，闫海卿，刘瑞平，2006. 龙首山几个镁铁-超镁铁质岩体比较［J］. 地质与勘探，42（5）：60-65.

焦建刚，汤中立，闫海卿，等，2012. 金川铜镍硫化物矿床的岩浆质量平衡与成矿过程［J］. 矿床地质，31（6）：1135-1148.

焦建刚，刘欢，段俊，等，2014. 金川铜镍硫化物矿床 Hf 同位素地球化学特征与岩浆源区［J］. 地球科学与环境学报，36（1）：58-67.

焦世宏，吴立成，张金奎，等，1963. 黑龙江省密山县五星矿区普查报告［R］. 黑龙江省地质局第 1 普勘大队（内部资料）.

金俊杰，陈建国，2011. 地球化学异常提取的自适应衬值滤波法［J］. 物探与化探，35（4）：526-531.

康维海，2013. 青海地矿局与黄河水电将携手联合开发夏日哈木镍矿［J］. 青海国土经略，（3）：36.

孔德岩，2012. 青海省东昆仑夏日哈木 Cu-Ni 硫化物矿床地质特征及成岩成矿研究［D］. 西宁：青海大学，1-62.

雷浩，2016. 滇东南富宁地区基性侵入岩的岩石学研究［D］. 昆明：昆明理工大学，1-60.

雷祖志，李钧，白海流，等，1988. 陕西煎茶岭镍矿区化探原生晕数理统计分析［J］. 地质与勘探，（5）：41-48.

李百祥，腾汉仁，辛承奇，1999. 黑山铜镍矿重磁电异常解释［J］. 甘肃地质学报，8（2）：65-71.

李宝林，刘金玉，顾天喜，等，2011. 吉林省磐石市红旗岭镍矿区 2 号岩体详查报告［R］. 吉林昊融有色金属集团有限公司（内部资料）.

李宝强，孙泽坤，2004. 区域地球化学异常信息提取方法研讨［J］. 西北地质，37（1）：102-108.

李宝强，张晶，孟广路，等，2010. 西北地区矿产资源潜力地球化学评价中成矿元素异常的圈定方法［J］. 地质通报，29（11）：1685-1695.

李宾，李随民，韩腾飞，等，2012. 趋势面方法圈定龙关地区化探异常及应用效果评价［J］. 物探与化探，36（2）：202-207.

李光辉，梁树能，孙景贵，等，2009. 黑龙江省五星 Cu-Ni-Pt-Pd 矿床的 PGE-Au 元素地球化学特征与成因探讨［J］. 地质科学，44（1）：118-127.

李光辉，孙景贵，黄永卫，等，2010. 黑龙江鸡东五星铂钯矿床含矿岩体的锆石 U-Pb 年龄及其地质意义［J］. 世界地质，29（1）：28-32.

李光辉，2011. 黑龙江完达山—太平岭成矿带成矿系列与找矿预测［D］. 北京：中国地质大学（北京），1-124.

李静，董王仓，郭立宏，等，2014. 陕西煎茶岭镍矿床控矿因素及找矿标志［J］. 西北地质，47（3）：54-61.

李蒙文，战明国，赵财胜，等，2006. 稳健估计法在内蒙古新忽热地区水系沉积物测量异常评价中的应用［J］. 矿床地质，25（1）：27-35.

李胜荣，肖启云，申俊峰，等，2002. 湘黔下寒武统铂族元素来源与矿化年龄的同位素制约［J］. 中国科学（D 辑），32（7）：568-575.

李世金，孙丰月，高永旺，等，2012. 小岩体成大矿理论指导与实践——青海东昆仑夏日哈木铜镍矿找矿突破的启示及意义［J］. 西北地质，45（4）：185-191.

李彤泰，2011. 新疆哈密市黄山基性-超基性岩带铜镍矿床地质特征及矿床成因［J］. 西北地质，44（1）：54-60.

李维绳，1959. 吉林省盘石县红旗岭铜镍矿区 1959 年物化探报告书［R］. 吉林省冶金局地质勘探公司（内部资料）.

李文昌，李丽辉，尹光候，2006. 西南三江南段地球化学数据不同方法处理及应用效果［J］. 矿床地质，25（4）：501-510.

李献华，苏犁，宋彪，等，2004. 金川超镁铁侵入岩 SHRIMP 锆石 U-Pb 年龄及地质意义［J］. 科学通报，49（4）：401-402.

李学峰，双宝，2012. 五星铜镍铂钯矿床成矿模式研究［J］. 科技传播，（8）：112-113.

李亚辉，蒋秀坤，2012. 云南富宁地区铜镍矿成矿地质条件分析［J］. 云南地质，31（2）：182-187.

李莹，2010. 攀西地区力马河镁铁-超镁铁质岩体的岩石学和地球化学研究［D］. 北京：中国地质大学（北京），1-58.

李有禹，陈淑珍，1987. 大庸天门山地区镍钼多金属矿床地质特征［J］. 湘潭矿业学院学报，（2）：18-24.

李玉春，李彬，陈静，等，2013. 东昆仑拉陵灶火矿区花岗闪长岩 Sr-Nd-Pb 同位素特征及其地质意义［J］. 矿物岩石，33（3）：110-115.

李毓芳，2010. 新疆阿尔泰山南缘喀拉通克大型铜镍矿中间报告的审查与特富矿储量的科学预见及社会效应［J］. 新疆有色金属，（增刊 1）：25-27，31.

李元，1992. 墨江金矿床的成矿物质来源探讨［J］. 云南地质，11（2）：130-143.

李长江，麻土华，1999. 矿产勘查中的分形、混沌与 ANN［M］. 北京：地质出版社，1-140.

连廷宝，宋增贤，1960. 内蒙古乌盟达茂联合旗黄花滩铜镍矿区普查报告［R］. 内蒙古地质局乌盟地质队（内部资料）.

梁树能，2009. 黑龙江省鸡东与基性杂岩有关的 Cu-Ni-Pt 矿床成因研究［D］. 长春：吉林大学，1-53.

梁有彬，1981. 黄花滩铂矿地质特征及其找矿方向［J］. 地质与勘探，（12）：17-21.

梁有彬，朱文凤，1995. 湘西北天门山地区镍钼矿床铂族元素富集特征及成因探讨［J］. 地质找矿论丛，10（1）：55-65.

梁有彬，刘同有，宋国仁，等，1998. 中国铂族元素矿床［M］. 北京：冶金工业出版社，1-185.

廖俊红，等，1995. 陕西省略阳县煎茶岭镍矿床地质详查报告［R］. 西北有色地质勘查局 711 总队（内部资料）.

廖文建，2016. 金川铜镍矿区构造岩相填图、应力场分析和深部成矿预测［D］. 北京：中国地质大学（北京），1-84.

林进姜，马富君，杨开泰，等，1986. 宝坛锡矿床地球化学及稳定同位素地质研究［J］. 广西地质，(2)：23-31.

刘崇民，李应桂，史长义，2000. 大型铜多金属矿床地球化学异常评价指标的量化研究［J］. 物探与化探，24（4）：241-245，249.

刘凡珍，周树亮，满永路，等，2009. 红旗岭 3 号岩体中②号镍矿体矿石成分特征［J］. 吉林地质，28（4）：32-34.

刘继顺，杨振军，伊利军，等，2010. 与溢流性玄武岩有关的铜镍硫化物矿床地质地球学特征与成矿潜力分析——以广西罗城县清明山铜镍硫化物矿床为例［J］. 地质与勘探，46（4）：687-697.

刘建东，孙伟，2014. 湖南张家界杆子坪黑色岩系型镍钼矿床工艺矿物学研究［J］. 矿物学报，34（2）：267-271.

刘金玉，郗爱华，葛玉辉，等，2010. 红旗岭 3 号含矿岩体地质年龄及其岩石学特征［J］. 吉林大学学报（地球科学版），40（2）：321-326.

刘君，唐顺娟，邓波，2015. 四川会理黄土坡铜镍矿区物化探特征及意义［J］. 四川地质学报，35（3）：367-371.

刘俊梅，张宏，冯修云，等，2010. 红旗岭矿区 2 号岩体岩浆型硫化铜镍矿床成矿规律及找矿意义［J］. 吉林地质，29（4）：39-42.

刘民武，2003. 中国几个镍矿床的地球化学比较研究［D］. 西安：西北大学，1-145.

刘默，2005. 吉林红旗岭铜镍硫化物矿床地质特征及成因研究［D］. 长春：吉林大学，1-56.

刘铁庚，叶霖，王兴理，等，2005. 中国首次发现菱镉矿［J］. 中国地质，32（3）：443-446.

刘星，王德会，1992. 墨江金厂金镍矿床中的绿色水云母对找矿的指示意义［J］. 西南矿产地质，(2)：49-52.

罗泰义，张欢，李晓彪，等，2003. 遵义牛蹄塘组黑色岩系中多元素富集层的主要矿化特征［J］. 矿物学报，23（4）：296-302.

罗先熔，文美兰，欧阳菲，等，2007. 勘查地球化学［M］. 北京：冶金工业出版社，1-261.

吕林素，刘珺，张作衡，等，2007. 中国岩浆型 Ni-Cu-(PGE) 硫化物矿床的时空分布及其地球动力学背景［J］. 岩石学报，23（10）：2561-2594.

吕琴音，敬荣中，2015. 东昆仑夏日哈木铜镍硫化物矿的岩矿石极化率特征及其找矿意义［J］. 物探化探计算技术，37（2）：177-181.

马开义，刘光海，1993. 喀拉通克岩浆型铜镍硫化物矿床的成矿与找矿模式［J］. 中国地质科学院矿床地质研究所所刊，(1)：142-152.

马莉燕，2010. 张家界天门山地区镍钼矿床地质地球化学特征［D］. 成都：成都理工大学，1-57.

马振东，龚鹏，龚敏，等，2014. 中国铜矿地质地球化学找矿模型及地球化学定量预测方法研究［M］. 武汉：中国地质大学出版社，1-444.

毛景文，杜安道，2001. 广西宝坛地区铜镍硫化物矿石 982Ma Re-Os 同位素年龄及其地质意义［J］. 中国科学（D 辑），31（12）：992-998.

毛景文，张光弟，杜安道，等，2011. 遵义黄家湾镍钼铂族元素矿床地质、地球化学和 Re-Os 同位素年龄测定——兼论华南寒武系底部黑色页岩多金属成矿作用［J］. 地质学报，75（2）：234-243.

孟繁兴，陈子诚，张月英，等，1965. 红旗岭镍矿区 7 号岩体地质报告［R］. 东北有色金属工业管理局地质勘探公司一〇二队（内部资料）.

孟广路，2008. 新疆哈密黄山东铜镍硫化物矿床成岩成矿作用研究［D］. 兰州：兰州大学，1-46.

孟广路，王斌，范堡程，等，2013. 黄山东铜镍矿床 PGE 特征及其意义［J］. 矿产与地质，27（3）：185-191.

孟艳宁，范洪海，王凤岗，等，2013. 中国钍资源特征及分布规律［J］. 铀矿地质，29（2）：86-92.

牟宗彦，1959. 黑龙江省密山县五星铜矿普查报告［R］. 黑龙江省牡丹江专署地质局密山地质队（内部资料）.

牟宗彦，王中英，梁庆初，1962. 黑龙江省密山县五星矿区地质普查报告［R］. 黑龙江省地质局牡丹江分局第五地质队（内部资料）.

聂江涛，2010. 陕西省煎茶岭金镍矿田构造特征及其控岩控矿作用［D］. 西安：长安大学，1-157.

聂江涛，李赛赛，魏刚锋，等，2012. 煎茶岭金镍矿田构造特征及控岩控矿作用探讨［J］. 地质与勘探，48（1）：119-131.

潘彤，2015. 青海省柴达木南北缘岩浆熔离型镍矿的找矿——以夏日哈木镍矿为例［J］. 中国地质，42（3）：713-723.

潘振兴，2007. 喀拉通克与白马寨矿床成矿作用对比研究［D］. 西安：长安大学，1-55.

庞春勇，陈民扬，1993. 煎茶岭地区同位素地质年龄数据及其地质意义［J］. 矿产与地质，7（5）：354-360.

庞奖励，裘愉卓，刘雁，1994. 论超基性岩在煎茶岭金矿床成矿过程中的作用［J］. 地质找矿论丛，9（3）：59-65.

彭国忠，庄汝礼，刘新山，等，1978. 湖南省大庸县天门山矿区杆子坪—汪家寨矿段镍钼矿详查——初勘地质报告［R］. 湖南省地质局 405 队（内部资料）.

亓春英，杨云保，2011. 云南富宁里达锑矿地质及找矿前景［J］. 云南地质，30（3）：294-298.

秦克章，张连昌，丁奎首，等，2009. 东天山三岔口铜矿床类型、赋矿岩石成因与矿床矿物学特征［J］. 岩石学报，25（4）：845-861.

秦宽，1995. 红旗岭岩浆硫化铜镍矿床地质特征［J］. 吉林地质，14（3）：17-30.

青海省第五地质矿产勘查院，2014. 青海省格尔木市夏日哈木铜镍矿区Ⅰ号异常区详查报告（内部资料）［R］.

全权顺，2014. 黑龙江鸡东五星铂钯铜镍矿床的铂钯元素赋存规律［J］. 黄金，35（4）：25-31.

冉凤琴，钟康惠，陆茂欣，2015. 会理县力马河铜镍矿成矿要素及成矿模式研究［J］. 四川有色金属，（4）：43-46.

任华，2011. 煎茶岭控矿构造特征及其对金、镍、铁矿的控制作用［D］. 西安：长安大学，1-60.

任立业，2010. 新疆喀拉通克铜镍硫化物矿床流体组成特征及成矿意义［D］. 兰州：兰州大学，1-53.

任文清，周鼎武，1999. 煎茶岭金、镍、铁矿床形成的构造岩浆作用［J］. 西北地质，32（2）：19-24.

任小华，2000. 陕西煎茶岭金矿床地质特征及其成因意义［J］. 矿产与地质，14（2）：70-75.

任小华，2008. 陕西勉略宁地区金属矿床成矿作用与找矿靶区预测研究［D］. 西安：长安大学，1-139.

阮天健，朱有光，1985. 地球化学找矿［M］. 北京：地质出版社，1-286.

邵小阳，2010. 甘肃北山地区黑山铜镍矿地质特征及成矿规律［D］. 兰州：兰州大学，1-55.

邵小阳，孙柏年，李相传，等，2010. 甘肃肃北黑山铜镍矿成矿地质特征及成因探讨［J］. 甘肃地质，19（3）：19-25.

沈大兴，杨山福，樊正烈，等，2015. 贵州黔北松林钼镍矿地质特征及可行性试验技术［J］. 中国西部科技，14（3）：36-38.

沈奇，等，1984. 内蒙古自治区达尔罕茂明安联合旗黄花滩外围土壤测量普查报告［R］. 内蒙古地矿局第二物探化探队（内部资料）.

石文杰，魏俊浩，王启，等，2011. 分区上异点校正法在干旱地区 1：50000 地球化学异常圈定中的应用［J］. 地质科技情报，30（1）：34-41.

史长义，1993. 勘查数据分析（EDA）技术的应用［J］. 地质与勘探，（11）：52-58.

史长义，1995. 异常下限与异常识别之现状［J］. 国外地质勘探技术，（3）：19-25.

史长义，张金华，黄笑梅，1999. 子区中位数衬值滤波法及弱小异常识别［J］. 物探与化探，23（4）：250-257.

宋恕夏，1983. 金川硫化铜镍矿床二矿区地质特征［J］. 地质与勘探，（11）：8-14.

孙立吉，2013. 红旗岭铜镍硫化物矿床地质地球化学特征及找矿技术方法研究［D］. 长春：吉林大学，1-157.

孙涛，2009. 黄山东铜镍矿成矿作用与成矿深部过程研究［D］. 西安：长安大学，1-48.

孙涛，2011. 新疆东天山黄山岩带岩浆硫化物矿床及成矿作用研究［D］. 西安：长安大学，1-98.

孙英华，周树亮，权承珍，等，2015. 吉林省红旗岭矿区3号含矿岩体同位素年龄研究［J］. 吉林地质，34（3）：55-61.

孙英华，荆振刚，孙超，等，2016. 吉林省红旗岭矿区铜镍硫化物矿床成矿规律、矿床成因、找矿标志［J］. 地质与资源，25（1）：52-55，59.

汤正江，程治民，洪大军，2011. 太平沟水系沉积物异常特征及找矿效果［J］. 物探与化探，35（5）：584-587.

汤中立，任瑞进，薛增瑞，等，1994. 中国矿床（上册）［M］. 北京：地质出版社，207-270.

汤中立，李文渊，1995. 金川铜镍硫化物（含铂）矿床成矿模式及地质对比［M］. 北京：地质出版社，1-208.

汤中立，闫海卿，焦建刚，等，2007. 中国小岩体镍铜（铂族）矿床的区域成矿规律［J］. 地学前缘，14（5）：92-103.

唐文龙，杨言辰，2007. 吉林红旗岭镁铁-超镁铁质岩的地球化学特征及地质意义［J］. 世界地质，26（2）：164-172.

陶琰，胡瑞忠，王兴阵，等，2006. 峨眉山大火成岩省 Cu-Ni-PGE 成矿作用——几个典型矿床岩石地球化学特征的分析［J］. 矿物岩石地球化学通报，25（3）：236-244.

陶琰，胡瑞忠，漆亮，等，2007. 四川力马河镁铁-超镁铁质岩体的地球化学特征及成岩成矿分析［J］. 岩石学报，23（11）：2785-2800.

陶琰，胡瑞忠，屈文俊，等，2008. 力马河镍矿 Re-Os 同位素研究［J］. 地质学报，82（9）：1292-1304.

田秉钧，1963. 富宁镍矿尾硐矿区评价报告［R］. 云南省地质局第2地质队（内部资料）.

田素梅，2010. 红旗岭地区构造特征及对铜镍硫化物矿床的控制意义［D］. 长春：吉林大学，1-50.

田永安，宋来忠，1982. 新疆主要构造体系与铜矿的关系［J］. 西北地质，（3）：18-29.

田毓龙，包国忠，汤中立，等，2009. 金川铜镍硫化物矿床岩浆通道型矿体地质地球化学特征［J］. 地质学报，83（10）：1515-1525.

田战武，2007. 新疆喀拉通克铜镍矿成矿预测研究［D］. 西安：长安大学，1-59.

佟依坤，龚庆杰，韩东昱，等，2014. 化探技术之成矿指示元素组合研究——以豫西牛头沟金矿为例［J］. 地质与勘探，50（4）：712-724.

汪金榜，1982. 一个富锡矿床成矿地质特征的初步认识［J］. 地质论评，28（3）：258-262.

王斌，王建中，王勇，2011. 新疆喀拉通克九号矿床地质特征与成因研究［J］. 新疆有色金属，（3）：26-29.

王富春，陈静，谢志勇，等，2013. 东昆仑拉陵灶火钼多金属矿床地质特征及辉钼矿 Re-Os 同位素定年［J］. 中国地质，40（4）：1209-1217.

王冠，孙丰月，李碧乐，等，2013. 东昆仑夏日哈木矿区早泥盆世正长花岗岩锆石 U-Pb 年代学、地球化学及其动力学意义［J］. 大地构造与成矿学，37（4）：685-697.

王冠，2014. 东昆仑造山带镍矿成矿作用研究［D］. 长春：吉林大学，1-200.

王冠，孙丰月，李碧乐，等，2014a. 东昆仑夏日哈木矿区闪长岩锆石 U-Pb 年代学、地球化学及其地质意义［J］. 吉林大学学报（地球科学版），44（3）：876-891.

王冠，孙丰月，李碧乐，等，2014b. 东昆仑夏日哈木铜镍矿镁铁质-超镁铁质岩体岩相学、锆石 U-Pb 年代学、地球化学及其构造意义［J］. 地学前缘［中国地质大学（北京）；北京大学］，21（6）：381-401.

王建中，2010. 新疆喀拉通克铜镍硫化物矿床成矿作用与成矿潜力研究［D］. 西安：长安大学博士学位论文，1-143.

王琨，周永章，高乐，2012. 庞西垌地区地球化学异常圈定方法讨论［J］. 地质学刊，36（1）：64-69.

王磊，杨建国，王小红，等，2013. 甘肃北山拾金滩岩体与邻区超基性岩体岩石地球化学特征对比及成矿潜力浅析［J］. 新疆地质，31（1）：65-70.

王立成，刘玉洪，王敏，2005. 内蒙古自治区达茂旗黄花滩铜镍铂矿区Ⅴ号矿体资源储量核实报告［R］. 中国建材工业地质勘查中心内蒙古总队（内部资料）.

王泸文，2012. 甘肃金川铜镍硫化物矿床 1 号矿体地质地球化学研究［D］. 兰州：兰州大学，1-84.

王瑞廷，赫英，王新，2000. 煎茶岭大型金矿床成矿机理探讨［J］. 西北地质科学，21（1）：19-26.

王瑞廷，2002. 煎茶岭与金川镍矿床成矿作用比较研究［D］. 西安：西北大学，1-143.

王瑞廷，赫英，王东生，等，2003. 煎茶岭含钴硫化镍矿床成矿作用研究［J］. 西北大学学报（自然科学版），33（2）：185-190.

王瑞廷，毛景文，任小华，等，2005a. 煎茶岭硫化镍矿床成岩成矿作用的同位素地球化学证据［J］. 地球学报，26（6）：513-519.

王瑞廷，毛景文，任小华，等，2005b. 煎茶岭硫化镍矿床矿石组分特征及其赋存状态［J］. 地球科学与环境学报，27（1）：34-38.

王睿，陈列锰，宋谢炎，2015. 甘肃金川超基性岩体原始产状的恢复［J］. 矿物学报，（增）：1040-1041.

王润民，李楚思，1987. 新疆哈密黄山东铜镍硫化物矿床成岩成矿的物理化学条件［J］. 成都地质学院学报，14（3）：1-9.

王润民，王志辉，1993. 新疆喀拉通克一号岩体及铜镍硫化物矿床地质特征［J］. 中国地质科学院院报，（27-28）：95-102.

王若嵘，2011. 喀拉通克铜镍矿区找矿标志浅论［J］. 新疆有色金属，（增刊 2）：58-59.

王文全，2016. 湘黔地区海相磷块岩地球化学特征及铀多金属富集作用［D］. 北京：核工业北京地质研究院，1-137.

王小红，2006. 煎茶岭金矿床地球化学及成因探讨［D］. 西安：长安大学，1-56.

王小敏，张晓军，华杉，等，2010. 小波勒山地区 1∶5 万地球化学数据处理与异常评价［J］. 地质与勘探，46（4）：681-686.

王新，王瑞廷，赫英，2000. 煎茶岭与金川超大型镍矿中的伴生金及其比较分析［J］. 西北地质科学，21（1）：37-45.

王亚磊，2011. 甘肃北山地区黑山岩体岩石成因及成矿作用［D］. 西安：长安大学，1-56.

王玉往，王京彬，龙灵利，等，2015. 新疆准噶尔北缘早石炭世金-铜-钼成矿事件：年代学证据［J］. 岩石学报，31（5）：1448-1460.

王振民，张庆洲，李泊洋，2012. 内蒙古中部区泛克里格法化探数据处理效果［J］. 化工矿产地质，34（1）：47-51.

王志辉，王润民，李楚思，等，1986. 黄山东铜镍硫化物矿床矿石物质成分的研究［J］. 矿物岩石，6（3）：87-102.

王忠禹，2015. 新疆黄山东铜镍硫化物矿床地质、地球化学特征与成矿规律［D］. 长春：吉林大学，1-60.

卫晓峰，2015. 新疆乔夏哈拉—阿克塔斯一带金矿成因及找矿方向研究［D］. 北京：北京科技大学，1-173.

卫晓峰，阴元军，黄兴凯，等，2016. 新疆阿克塔斯金矿含金石英脉 40Ar/39Ar 年代学及其地质意义［J］. 矿产勘查，7（1）：65-71.

魏连喜，2013. 黑龙江省有色、贵金属成矿规律及定量预测研究［D］. 长春：吉林大学，1-192.
魏俏巧，2015. 吉林省中东部地区晚海西期—印支期镁铁-超镁铁质岩与铜镍成矿作用［D］. 长春：吉林大学，1-124.
吴家聪，等，1978. 富宁幅（F-48-4）1/20 万区域地质调查报告［R］. 云南省地质局第 2 区调队（内部资料）.
吴利仁，等，1959. 云南富宁基性岩及硫化铜镍矿床［R］. 中国科学院地质研究所（内部资料）.
吴树宽，杨启安，马玉辉，等，2016. 东昆仑夏日哈木铜镍矿床特征［J］. 现代矿业，（1）：134-135，170.
吴锡生，1993. 化探数据处理方法［M］. 北京：地质出版社，1-132.
郗爱华，顾连兴，李绪俊，等，2005. 吉林红旗岭铜镍硫化物矿床的成矿时代讨论［J］. 矿床地质，24（5）：521-526.
夏露寒，2015. 新疆东天山黄山东铜镍矿矿体分布规律探讨［J］. 甘肃冶金，37（4）：123-125.
夏明哲，2009. 新疆东天山黄山岩带镁铁-超镁铁质岩石成因及成矿作用［D］. 西安：长安大学，1-138.
夏旭丽，2014. 中国典型钨矿床区域地球化学找矿模型研究［D］. 北京：中国地质大学（北京），1-66.
向运川，任天祥，牟绪赞，等，2010. 化探资料应用技术要求［M］. 北京：地质出版社，1-82.
向运川，龚庆杰，刘荣梅，等，2014. 区域地球化学推断地质体模型与应用——以花岗岩类侵入体为例［J］. 岩石学报，30（9）：2609-2618.
项仁杰，1999. 第十章镍矿 . 见朱训 . 中国矿情　第二卷　金属矿产［M］. 北京：科学出版社，312-331.
谢桂青，胡瑞忠，倪培，等，2001a. 云南墨江金矿床含金石英脉中流体包裹体的地球化学特征及意义［J］. 矿物学报，21（4）：613-618.
谢桂青，胡瑞忠，方维萱，等，2001b. 云南墨江金矿床硅质岩的地质地球化学特征及其意义［J］. 矿物学报，21（1）：95-101.
谢桂青，胡瑞忠，方维萱，等，2001c. 云南墨江金矿床硅质岩沉积环境的地球化学探讨［J］. 地球化学，30（5）：491-497.
谢桂青，胡瑞忠，毛景文，等，2004. 云南省墨江金矿床成矿时代探讨［J］. 矿床地质，23（2）：253-260.
谢燮，杨建国，王小红，等，2016. 甘肃北山大山头—黑山一带基性-超基性岩成矿条件与找矿前景［J］. 西北地质，49（1）：15-25.
谢元清，1987. 陕南东沟坝金银矿床地质特征［J］. 陕西地质，5（1）：79-91.
熊先孝，黄巧，2000. 中国雄黄雌黄矿床成因类型及找矿方向［J］. 广西地质，13（4）：41-46.
熊伊曲，2014. 滇西墨江金厂热液金镍矿床成矿作用［D］. 北京：中国地质大学（北京），1-95.
熊伊曲，杨立强，邵拥军，等，2015. 滇西南墨江金厂金镍矿床金、镍赋存状态及成矿过程探讨［J］. 岩石学报，31（11）：3309-3330.
徐刚，2013. 甘肃北山地区黑山铜镍硫化物矿床成矿作用研究［D］. 西安：长安大学，1-153.
徐志刚，陈毓川，王登红，等，2008. 中国成矿区带划分方案［M］. 北京：地质出版社，1-138.
晏祥云，1993. 浅析云南省墨江金厂硫化镍矿床成矿地质条件及其矿床特征［M］. 西南矿产地质，（3）：26-31.
杨博，2014. 新疆黄山地区基性-超基性岩的成矿成晕研究［M］. 北京：中国地质大学（北京）硕士学位论文，1-83.
杨刚，杜安道，卢记仁，等，2004. 金川镍-铜-铂矿床块状硫化物矿石的 Re-Os（ICP-MS）定年［J］. 中国科学 D 辑，35（3）：241-245.
杨建国，王磊，王小红，等，2012. 甘肃北山地区黑山铜镍矿化基性-超基性杂岩体 SHRIMP 锆石 U-Pb 定年及其地质意义［J］. 地质通报，31（2-3）：448-454.

杨菊，郭江波，潘国军，等，2008. 贵州省遵义县松林镇黄家湾钼镍矿详查地质报告［R］. 中化地质矿山总局贵州地质勘查院（内部资料）.

杨平，徐云端，程勘，等，2013. 云南墨江金厂金矿床成矿条件及找矿方向［J］. 矿物学报，33（4）：585-591.

杨瑞东，朱立军，高慧，等，2005. 贵州遵义松林寒武系底部热液喷口及与喷口相关生物群特征［J］. 地质论评，51（5）：481-492.

杨胜洪，陈江峰，屈文俊，等，2007. 金川铜镍硫化物矿床的 Re-Os“年龄”及其意义［J］. 地球化学，36（1）：27-36.

杨素红，2014. 新疆喀拉通克铜镍矿岩石学、岩石地球化学及矿物学研究［D］. 西安：长安大学，1-85.

杨永军，2010. 贵州遵义松林地区寒武系牛蹄塘组下部烃源岩评价［D］. 成都：成都理工大学，1-68.

杨振军，刘继顺，尹利君，等，2010a. 桂北宝坛地区铜镍矿床成矿规律与成矿潜力分析［J］. 矿物学报，30（3）：379-388.

杨振军，刘继顺，欧阳玉飞，等，2010b. 桂北地区清明山基性-超基性岩体的地球化学特征及含矿性分析［J］. 地质找矿论丛，25（2）：141-146.

杨振军，2011. 桂北清明山铜镍硫化物矿床地质地球化学特征及找矿预测［D］. 长沙：中南大学，1-151.

姚佛军，2006. 荒漠戈壁区金属矿床波谱特征和蚀变遥感异常信息提取研究及在矿产资源评价中的应用［D］. 北京：中国地质科学院，1-112.

姚涛，陈守余，廖阮颖子，2011. 地球化学异常下限不同确定方法及合理性探讨［J］. 地质找矿论丛，26（1）：96-101.

叶亮山，毛进书，曹斌，等，2014. 金川铜镍矿东部矿区地质条件分析［J］. 西部探矿工程，（3）：95-96，100.

叶霖，李朝阳，刘铁庚，等，2006. 铅锌矿床中镉的表生地球化学研究现状［J］. 地球与环境，34（1）：55-60.

尹福光，唐文清，1999. 陕西略阳东沟坝金银铅锌多金属矿床成因［J］. 特提斯地质，（23）：96-102.

应汉龙，王登红，刘和林，2005. 云南墨江金厂镍-金矿床镍矿化地质特征及形成时间［J］. 矿床地质，24（1）：44-51.

尤敏鑫，2014. 攀西地区超基性岩地质地球化学与成矿特征［D］. 北京：中国地质科学院，1-88.

尤敏鑫，张照伟，王亚磊，2014. 铂族元素对攀西地区岩浆 Cu-Ni-（PGE）硫化物矿床成矿过程的指示［J］. 矿床地质，33（增）：471-472.

游先军，2010. 湘西下寒武统黑色岩系中的镍钼钒矿研究［D］. 长沙：中南大学，1-137.

余旭，2008. 新疆喀拉通克基性岩体的地球化学特征与岩石成因［D］. 西安：长安大学，1-63.

俞军真，曾南石，陈雪源，等，2014. 黑山镍铜硫化物矿床地质特征及成矿机制［J］. 现代矿业，537（1）：59-61，72.

俞钟辉，孙宝田，2002. 吉林省磐石市红旗岭铜镍矿［M］. 见《中国矿床发现史 · 物化探卷》编委会，中国矿床发现史 · 物化探卷 . 北京：地质出版社，338-339.

展新忠，刘桂萍，蔡宏明，等，2015a. 新疆喀拉通克铜镍硫化物矿床成因及成矿模式［J］. 矿产与地质，29（4）：420-426.

展新忠，张晓帆，陈川，等，2015b. 新疆黄山东铜镍硫化物矿床成因及成矿模式探讨［J］. 矿产勘查，6（6）：652-660.

张本仁，陈德兴，胡以铿，1986. 陕西略阳煎茶岭镍矿床成矿及矿石变质过程的地球化学研究［J］. 地球科学—武汉地质学院学报，11（4）：351-365，445-446.

张纯义，1990. 新疆喀拉通克铜镍硫化矿区二、三号矿床特征及成因［J］. 矿物岩石，10（1）：79-87.

张广良，吴福元，2005. 吉林红旗岭地区造山后镁铁-超镁铁岩体的年代测定及其意义［J］. 地震地质，27（4）：600-608.

张国宾，2014. 黑龙江省东部完达山地块区域成矿系统研究［D］. 长春：吉林大学，1-179.

张海虎，王丽华，2014. 世界级超大型镍矿夏日哈木“破茧化蝶”——青海省第五地质矿产勘查院找矿重大突破纪实［J］. 青海国土经略，(4)：38-40.

张乐安，等，1973. 广西罗城县清明山铜镍矿床地质评价总结报告书［R］. 广西冶金地勘公司 270 队（内部资料）.

张玲玲，刘鸿福，张新军，等，2014. 趋势面分析法圈定氡异常［J］. 煤田地质与勘探，42（1）：79-82.

张世涛，马东升，陆建军，等，2016. 桂北平英花岗岩锆石 U-Pb 年代学、Hf 同位素、地球化学特征及其地质意义［J］. 高校地质学报，22（1）：92-104.

张仕容，1987. 遵义新土沟下寒武统镍钼钒矿矿石特征及成矿条件［J］. 贵州地质，4（4）：473-478.

张小连，2010. 黄山—镜儿泉铜镍矿床同韧性剪切变形与叠加机制研究［D］. 乌鲁木齐：新疆大学，1-41.

张新虎，冯军，殷勇，等，2012. 甘肃肃北黑山镍铜矿床产出特征及对比研究［J］. 西北地质，45（4）：134-144.

张贻，沈冰，周家云，等，2011. 四川会理—小关河地区主要矿床类型、成矿规律和找矿评价［J］. 矿物学报，(增)：190-191.

张招崇，闫升好，陈柏林，等，2003. 新疆喀拉通克基性杂岩体的地球化学特征及其对矿床成因的约束［J］. 岩石矿物学杂志，22（3）：217-224.

张招崇，李莹，赵莉，等，2007. 攀西三个镁铁-超镁铁质岩体的地球化学及其对源区的约束［J］. 岩石学报，23（10）：2339-2352.

张照伟，李文渊，钱兵，等，2015. 东昆仑夏日哈木岩浆铜镍硫化物矿床成矿时代的厘定及其找矿意义［J］. 中国地质，42（3）：439-451.

张志欣，杨富全，李超，等，2012. 新疆准噶尔北缘乔夏哈拉铁铜金矿床成岩成矿时代［J］. 矿床地质，31（2）：347-358.

张志仲，等，1967. 云南墨江金厂金矿普查评价报告书［R］. 云南省地质局第 16 地质队（内部资料）.

张致民，乌统旦，巴哈特汗，等，1996. 中国矿床发现史 · 新疆卷［M］. 北京：地质出版社，79-80.

张作衡，柴凤梅，杜安道，等，2005. 新疆喀拉通克铜镍硫化物矿床 Re-Os 同位素测年及成矿物质来源示踪［J］. 岩石矿物学杂志，24（4）：285-293.

仉宝聚，张书成，2005. 钍矿成矿特征与地质勘查［J］. 世界核地质科学，22（4）：203-210.

赵宁博，傅锦，张川，等，2012. 子区中位数衬值滤波法在地球化学异常识别中的应用［J］. 世界核地质科学，29（1）：47-51.

赵新运，2015. 吉林省东部镁铁-超镁铁质岩体铂族元素地球化学特征及其成矿潜力分析［D］. 长春：吉林大学，1-130.

赵玉梅，2009. 新疆喀拉通克铜镍矿床矿石矿物微区分析［D］. 西安：长安大学，1-54.

赵泽霖，李俊建，党智财，等，2016. 内蒙古黄花滩铜镍矿区辉长岩 LA-ICP-MS 锆石 U-Pb 定年及地球化学特征［J］. 岩矿测试，35（2）：208-216.

赵振华，钱汉东，2008. 金川铜镍硫化物矿床两类矿石的稀土元素地球化学特征研究［J］. 矿床地质，27（5）：613-621.

郑崔勇，刘建党，袁波，等，2007. 与煎茶岭金矿有关超基性岩体地球化学特征［J］. 地质与勘探，43（6）：52-57.

郑国龙，2014. 云南富宁县安定铜镍矿地质特征及矿床成因［J］. 云南地质，33（4）：550-554.

支学军，2005. 吉林红旗岭铜镍矿床成矿规律及找矿远景评价［D］. 长春：吉林大学，1-60.

中国科学院地质研究所，1957. 云南墨江金厂矽酸镍矿报告［R］. 中国科学院地质研究所（内部资料）.

中国矿床发现史黑龙江卷编委会，1996. 中国矿床发现史黑龙江卷［M］. 北京：地质出版社，63-64.

周蒂，陈汉宗，1991. 稳健统计学与地球化学数据的统计分析［J］. 地球科学——中国地质大学学报，16（3）：273-279.

周洁，胡凯，2008. 贵州遵义下寒武统黑色页岩镍、钼多金属矿床的形态硫特征及成矿模式［J］. 资源调查与环境，29（2）：87-91.

周洁，胡凯，边立曾，等，2008. 贵州遵义下寒武统黑色岩系 Ni-Mo 多金属矿地球化学特征及成矿作用［J］. 矿床地质，27（6）：742-750.

周洁，胡凯，毛建仁，2009a. 遵义黄家湾镍钼多金属矿成矿特征与成因［J］. 地质找矿论丛，24（2）：111-116.

周洁，胡凯，边立曾，2009b. 遵义下寒武统黑色岩系 Ni-Mo 多金属矿的生物成矿作用［J］. 资源调查与环境，30（2）：96-101.

周金城，王孝磊，邱检生，等，2003. 桂北中-新元古代镁铁质-超镁铁质岩的岩石地球化学［J］. 岩石学报，19（1）：9-18.

周树亮，孙英华，张向东，等，2009. 吉林省红旗岭镍矿区 3 号岩体成矿地质特征及找矿方向［J］. 吉林地质，28（2）：38-44.

周树亮，万文周，孙雪峰，等，2010. 吉林省红旗岭茶尖矿区镁铁-超镁铁岩石地球化学特征及找矿意义［J］. 地质与资源，19（2）：109-114，98.

周文龙，2013. 云南富宁基性-超基性岩区铜镍矿床地球化学特征研究［D］. 昆明：昆明理工大学，1-83.

周文龙，李波，黄庆，等，2013. 富宁基性岩区尾硐铜镍硫化物矿床矿化特征及矿床成因探讨［J］. 科学技术与工程，13（20）：5908-5914.

周云，段其发，曹亮，等，2015. 湘西后坪沉积型镍钼多金属矿床地球化学特征研究及矿床成因探讨［J］. 有色金属（矿山部分），67（2）：27-31.

朱崇仁，1977. 云南省墨江县金厂金矿四十八两山矿段 V1~V4 矿脉储量计算说明书［R］. 云南省冶金局地勘公司 311 队（内部资料）.

朱晖，周元昆，李迅，等，2010. 云南富宁尾洞岩体铜镍矿化特征及成矿条件［R］. 矿产勘查，（4）：334-338.

朱建兴，贾文艳，李福占，2014. 内蒙古黄花滩铜、镍矿矿床地质特征及矿床成因［J］. 西部资源，（1）：128-130.

朱明波，2010. 云南省富宁县牙牌—安定夕卡岩型铁矿矿床特征及成因研究［D］. 昆明：昆明理工大学，1-66.

朱训，尹惠宇，项仁杰，等，1999. 中国矿情（第二卷：金属矿产）［M］. 北京：科学出版社，1-665.

朱志敏，2010. 四川黎溪地区黑箐 Sedex 铜矿的厘定及意义［J］. 矿床地质，29（增）：765-766.

Barthel F，Dahlkamp F J，朱益平，1992. 钍矿及其利用［J］. 国外铀金地质，（1）：30-38.

Turcotte D L，著 . 陈颙，郑捷，李颖，译，1993. 分形与混沌——在地质学和地球物理学中的应用［M］. 北京：地震出版社，1227.

Cheng Q M，Agterberg F P，Ballantyne S B，1994. The separation of geochemical anomalies from background by fractal methods［J］. Journal of Geochemical Exploration，51（2）：109-130.

Cheng Q M，1995. The perimeter-area fractal model and its application to geology［J］. Mathematical Geology，27：69-82.

Cheng Q M，Agterberg F P，Bonham-Carter G F，1996. Fractal pattern integration for mineral potential estimation［J］. Nonrenewable Resources，5（2）：117-130.

Deng J，Wang Q F，Yang L Q，et al.，2010. Delineation and explanation of geochemical anomalies using fractal models in the Heqing area，Yunnan Province，China［J］. Journal of Geochemical Exploration，105：95-105.

DZ/T 0199—2002：铀矿产地质勘查规范［S］.

DZ/T 0200—2002：铁、锰、铬矿产地质勘查规范［S］.

DZ/T 0201—2002：钨、锡、汞、锑矿产地质勘查规范［S］.

DZ/T 0202—2002：铝土矿、冶镁菱镁矿地质勘查规范［S］.

DZ/T 0203—2002：稀有金属矿产地质勘查规范［S］.

DZ/T 0204—2002：稀土矿产地质勘查规范［S］.

DZ/T 0205—2002：岩金矿地质勘查规范［S］.

DZ/T 0209—2002：磷矿地质勘查规范［S］.

DZ/T 0211—2002：重晶石、毒晶石、萤石、硼矿地质勘查规范［S］.

DZ/T 0214—2002：铜、铅、锌、银、镍、钼矿地质勘查规范［S］.

Gao J F, Zhou M F, 2013. Generation and evolution of siliceous high magnesium basaltic magmas in the formation of the Permian Huangshandong intrusion（Xinjiang, NW China）［J］. Lithos, 162：128-139.

GB/T 2260—2007：中华人民共和国行政区划代码［S］.

Gong Q J, Deng J, Wang C M, et al., 2013. Element behaviors due to rock weathering and its implication to geochemical anomaly recognition：A case study on Linglong biotite granite in Jiaodong peninsula, China［J］. Journal of Geochemical Exploration, 128：14-24.

Gong Q J, Deng J, Jia Y J, et al., 2015. Empirical equations to describe trace element behaviors due to rock weathering in China［J］. Journal of Geochemical Exploration, 152：110-117.

Hao L B, Wei Q Q, Zhao Y Y, 2015. Newly identified Middle-Late Permian mafic-ultramafic intrusions in the southeastern margin of the Central Asian Orogenic Belt：petrogenesis and its implications［J］. Geochemical Journal, 49（2）：157-173.

Hao L B, Zhao X Y, de Boorder H, et al., 2016. Origin of PGE depletion of Triassic magmatic Cu-Ni sulfide deposits in the central-southern area of Jilin province, NE China［J］. Ore Geology Reviews, 63：226-237.

Li C J, Ma T H, Zhu X S, et al., 2002. Fractal principle of mineral deposit size forecasting and its implication for gold resource potential evaluation in China［J］. Acta Geologica Sinica, 75（3）：378-386.

Li Z X, Li X H, Kinny P D, et al., 1999. The breakup of Rodinia：did it start with a mantle plume beneath South China?［J］. Earth Planetary Science Letters, 173：171-181.

Lü L S, Mao J W, Li H B, et al., 2011. Pyrrhotite Re-Os and SHRIMP zircon U-Pb dating of the Hongqiling Ni-Cu sulfide deposits in Northeast China［J］. Ore Geology Reviews, 43：106-119.

Mandelbrot B B, 1967. How long is the coast of Britain? Statistical self-similarity and fractional dimension［J］. Science, 155：636-638.

Mao J W, Yang J M, Qu W J, et al., 2003. Re-Os age of Cu-Ni ores from the Huangshandong Cu-Ni sulfide deposit in the East Tianshan Mountains and its implication for geodynamic processes［J］. Acta Geologica Sinica-English Edition, 77（2）：220-226.

Shi C H, Cao J, Hu K, et al., 2014. New understandings of Ni-Mo mineralization in early Cambrian black shales of South China：Constraints from variations in organic matter in metallic and non-metallic intervals［J］. Ore Geology Reviews, 59：73-82.

Wu F Y, Wilde S A, Zhang G L, et al., 2004. Geochronology and petrogenesis of the post-orogenic Cu-Ni sulfide-bearing mafic-ultramafic complexes in Jilin Province, NE China［J］. Journal of Asian Earth Sciences, 23：781-797.

Xie W, Song X Y, Deng Y F, et al., 2012. Geochemistry and petrogenetic implications of a Late Devonian mafic-ultramafic intrusion at the southern margin of the Central Asian Orogenic Belt［J］. Lithos, 144-145：209-230.

Xu J, Li Y L, 2015. An SEM study of microfossils in the black shale of the Lower Cambrian Niutitang Formation,

Southwest China: Implications for the polymetallic sulfide mineralization [J]. Ore Geology Reviews, 65: 811-820.

Yan T T, Wang X Q, Liu D S, et al., 2021. Continental-scale spatial distribution of chromium (Cr) in China and its relationship with ultramafic - mafic rocks and ophiolitic chromite deposit [J]. Applied Geochemistry, (4): 104896.

Zhang Z H, Mao J W, Du A D, et al., 2008. Re-Os dating of two Cu-Ni sulfide deposits in northern Xinjiang, NW China and its geological significance [J]. Journal of Asian Earth Sciences, 32 (2): 204-217.

Zhou M F, Lesher C M, Yang Z X, et al., 2004. Geochemistry and petrogenesis of 270 Ma Ni-Cu-(PGE) sulfide-bearing mafic intrusions in the Huangshan district, Eastern Xinjiang, Northwest China: implications for the tectonic evolution of the Central Asian orogenic belt [J]. Chemical Geology, 209 (3): 233-257.

Zhou M F, Arndt N T, Malpas J, et al., 2008. Two magma series and associated ore deposit types in the Permian Emeishan large igneous province, SW China [J]. Lithos, 103: 352-368.